A HISTÓRIA DA
NEUROCIÊNCIA

Como desvendar os mistérios do cérebro e da consciência

A HISTÓRIA DA NEUROCIÊNCIA

Anne Rooney

M.Books do Brasil Editora Ltda.

Rua Jorge Americano, 61 - Alto da Lapa
05083-130 - São Paulo - SP - Telefone: (11) 3645-0409
www.mbooks.com.br

Dados de Catalogação na Publicação

ROONEY, Anne.
A História da Neurociência: Como Desvendar os Mistérios do Cérebro e da Consciência/ Anne Rooney.
2018 – São Paulo – M.Books do Brasil Editora Ltda.

1. História 2. História da Neurociência

ISBN: 978-85-7680-308-9

Do original em inglês: The Story of Neuroscience
Publicado originalmente pela Arcturus Publishing Limited.

Editor: Milton Mira de Assumpção Filho

Tradução: Maria Beatriz de Medina
Produção editorial: Lucimara Leal
Editoração e capa: Crontec

2018
M.Books do Brasil Editora Ltda.

SUMÁRIO

Introdução
MENTE E CORPO

"Se o cérebro humano fosse tão simples que conseguíssemos entendê-lo, seríamos tão simples que não o conseguiríamos."
Emerson Pugh, filósofo, 1938

Enquanto você lê este livro, seu cérebro trabalha com afinco. Além de processar as informações que você lê, ele recebe os impulsos dos olhos, transforma-os em informações e forma lembranças. Faz seus dedos virarem as páginas e move seus olhos pelas linhas de texto. Se, mais tarde, alguém perguntar o que você leu, ele lhe permitirá entender a pergunta e formular a resposta. E, como sempre, seu cérebro e seu sistema nervoso controlam o coração, a respiração e o sistema digestivo. Se algo estranho acontecer — o alarme de incêndio disparar ou uma vespa o picar —, ele provocará uma série de reações apropriadas. Todo o mecanismo de controle constituído pelo sistema nervoso (cérebro, medula espinhal e nervos) é o tema da neurociência.

A história da neurociência começou na época pré-histórica, embora só tenha se tornado realmente "neurociência" nos últimos cem anos, mais ou menos. Seu escopo vai do estudo da ação individual dos neurônios (células nervosas) em nível celular e molecular à compreensão de como os sistemas nervosos como um todo funcionam para produzir movimentos, sensações e cognição.

Bem no coração da neurociência está um problema espinhoso: de algum modo, os processos físicos e químicos do cérebro e dos nervos criam a miríade de efeitos intangíveis da consciência, do pensamento, da imaginação, da memória, da intenção, da emoção, da personalidade. Mas como?Como a experiência humana surge de um aglomerado de processos bioquímicos?Como a intenção mental de fazer alguma coisa se traduz em movimento físico, ou o impacto de um estímulo, como uma imagem ou um som, se traduz em alegria ou angústia, que não parecem se localizar em nenhuma parte do corpo?

CONHEÇA SEU CÉREBRO

O cérebro fica dentro do crânio, protegido por membranas chamadas meninges. Tem três partes principais. A maior é o telencéfalo, que é dividido em metades simétricas e apresenta dobras profundas. A camada externa, chamada córtex cerebral, tem funções distintas, como cuidar das informações trazidas pelos sentidos e controlar as ações físicas, e funções mentais mais elevadas como a linguagem e o pensamento abstrato. O pequeno cerebelo, na parte de trás da cabeça, é importante no controle motor, no equilíbrio e na coordenação. A terceira parte é o tronco encefálico, responsável por transferir informações entre o cérebro e o corpo. O material perto da parte externa do cérebro é cinzento, o interior é esbranquiçado. A substância cinzenta é formada pelo corpo celular dos neurônios, e a branca consiste de feixes de axônios (fibras nervosas) que os ligam.

A neurociência é uma palavra nova e uma nova disciplina. Os primeiros milênios de nossa narrativa têm, necessariamente, de vir de outras disciplinas, como filosofia, fisiologia, física, química e outras ciências. A partir delas, podemos revelar o surgimento da compreensão de como funcionam nossos sistemas sensoriais, de como controlamos o corpo e de como operam o aprendizado e a memória. Mas nosso entendimento está longe de ser completo; a história da neurociência é uma narrativa que ainda se desenrola.

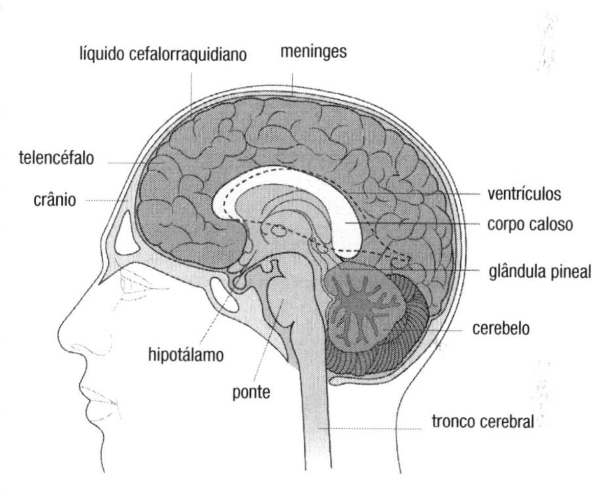

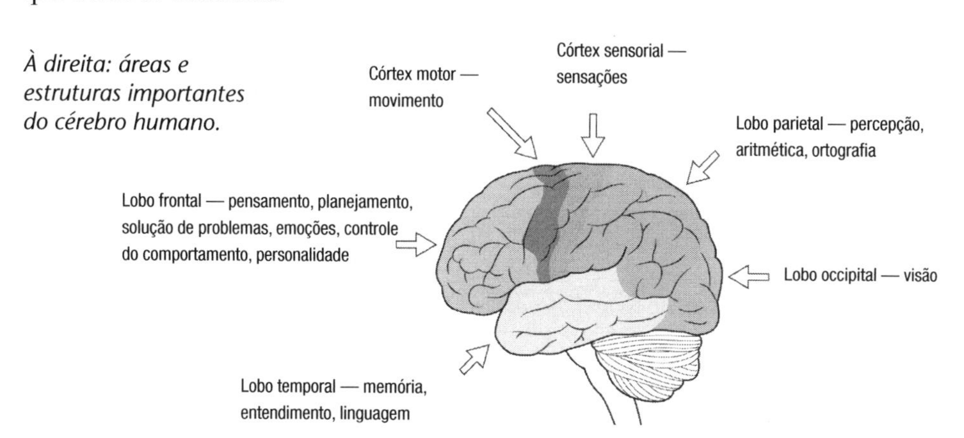

À direita: áreas e estruturas importantes do cérebro humano.

CYPRUS

CAPÍTULO 1

Quem está no **CONTROLE?**

"Dize-me onde se cria a afeição,
Se é na cabeça ou no coração?"

William Shakespeare,
O mercador de Veneza,
Ato III, Cena 2

É claro que algo no corpo é responsável por coordenar tudo o que ele faz. Alguma parte nossa obviamente controla a percepção dos sentidos, o movimento e as funções automáticas, como a respiração, e permite a atividade emocional e intelectual que atribuímos à mente. Mas há pouco que ligue essas funções ao cérebro, ou mesmo sugira que sejam todas realizadas pelo mesmo órgão. Por essa razão, para nossos ancestrais não foi óbvio de imediato que o cérebro cumpria essas funções.

Uma manobra atlética como esta exige muito do cérebro e do corpo.

Coração x cérebro

Muitas culturas antigas associavam as emoções e o pensamento a órgãos internos. Mas não há indícios físicos no corpo que nos ajudem a localizar as emoções, a personalidade ou a consciência, que foram ligados a diversas partes do corpo por diversas culturas. Na Mesopotâmia, quatro mil anos atrás, acreditava-se que o coração abrigasse o intelecto, enquanto o fígado era considerado o centro do pensamento e dos sentimentos, o útero, o centro da compaixão (obviamente, os homens não eram compassivos) e o estômago, o centro da esperteza. Na Babilônia e na Índia, o coração também reinava.

Primeiros cérebros

Em certo momento, os antigos egípcios perceberam a importância do cérebro no controle do corpo. O texto médico mais antigo que se conhece é o papiro de Edwin Smith, produzido por volta de 1700 a. C. mas, provavelmente, baseado em material mil anos mais antigo. Ele contém a descrição de 48 casos de lesões, com o objetivo de guiar o cirurgião para determinar se tenta tratar o paciente. O cirurgião percebe que, se o pescoço estiver quebrado, o paciente pode ficar paraplégico ou quadriplégico, pois a conexão entre o cérebro e os membros se perde e não pode ser restaurada. O papiro faz a primeira

O papiro de Edwin Smith preserva o conhecimento médico egípcio e data, provavelmente, de cerca de 2700 a. C.

descrição que temos do cérebro humano. Diz que se parece com "aquelas corrugações que se formam no cobre derretido" e que o cirurgião pode sentir algo "pulsando" e "tremulando" sob seus dedos, como "o lugar fraco da moleira de um bebê antes que se feche".

Mesmo assim, os egípcios tinham tanta certeza de que o cérebro não era um órgão vital que o extraíam pelo nariz e o descartavam ao mumificar um cadáver, mas preservavam outros órgãos em vasos canópicos. Como várias civilizações antigas, os egípcios consideravam que o coração era o centro do intelecto e o lar da mente.

Talvez não surpreenda que o papel complexo do cérebro fosse obscuro. Um pequeno exame *post mortem* revela a função aproximada da maioria dos principais órgãos. O coração está ligado aos vasos sanguíneos, os rins à bexiga, o intestino liga a boca e o ânus numa rota sinuosa; mas não fica claro *para que* serve o cérebro.

Defensores do cérebro

O cérebro foi promovido pela primeira vez a sede do intelecto pelo antigo filósofo grego Alcmeão de Crotona, no século V a. C. Ele foi a primeira pessoa conhecida a realizar dissecações com a intenção de descobrir como o corpo funciona. Dissecou o nervo óptico e escreveu sobre o cérebro como centro do processamento das sensações e da composição do pensamento. Mais ou menos na mesma época, Hipócrates, que escrevia sobre medicina, também atribuiu poder considerável ao cérebro:"Sou da opinião de que o cérebro exerce o maior poder no homem. [...] Os olhos, os ouvidos, a língua e os pés administram essas coisas enquanto o cérebro cogita. [...] O cérebro é que é o mensageiro do entendimento. "No entanto, essa não era, de modo algum, a única opinião nem a que predominava na Grécia Antiga.

> *"A sede da sensação fica no cérebro. Este contém a faculdade de governar. Todos os sentidos estão ligados de algum modo ao cérebro.[...] Esse poder do cérebro de sintetizar as sensações o torna também a sede do pensamento: o armazenamento de percepções nos dá a memória e a crença, e quando esses se estabilizam temos o conhecimento."*
>
> Alcmeão de Crotona, século V a. C.

O voluptuoso fígado

O filósofo grego pré-socrático Demócrito (460-371 a. C.) dividia entre três órgãos as funções que hoje atribuímos ao cérebro. Ele atribuía a consciência e o pensamento ao cérebro, as emoções ao coração e a luxúria e o apetite ao fígado. Mais tarde, Platão (428-347 a. C.) desenvolveu essa ideia nas três partes da alma (ver a página 18), localizando a razão ou intelecto no cérebro, que declarou ser "a mais divina de nossas partes, que comanda o resto".

O tratado de Hipócrates sobre epilepsia, *Da doença sagrada*, escrito por volta de 425 a. C. , cita o cérebro como a fonte do prazer, do pesar e de todos os outros sentimentos. Ele diz que o coração torna possíveis o julgamento e a percepção dos sentidos e também é a sede da loucura, do delírio, do terror e das causas de insônia e memória fraca.

O filósofo grego Demócrito localizava a consciência no cérebro.

A MATÉRIA IMPORTA

Demócrito ensinava que toda matéria é formada de porções minúsculas e "incortáveis" chamadas átomos e que os diversos tipos de matéria surgiam com a combinação e a configuração dos diversos tipos de átomos dentro dela. Em seu modelo, a matéria mais refinada era formada pelos menores átomos esféricos. A psique (alma ou mente) era formada por esses átomos refinados e concentrava-se no cérebro. Átomos maiores e mais lentos predominavam no coração, que ele considerava o centro das emoções, e átomos ainda mais grosseiros no fígado, lar dos apetites.

Cérebro e nervos

Os primeiros anatomistas a realizar um estudo detalhado do cérebro humano e a dissecá-lo foram Herófilo (c. 335-280 a. C.) e Erasístrato (304-250 a. C.), em Alexandria, no Egito. Dizem também que realizaram vivissecções de prisioneiros humanos, prática defendida pelo escritor romano Celso no século I d. C. "Também não é cruel, como defendem muitos, que remédios para os inocentes de todos os tempos sejam buscados no sacrifício dos culpados de crimes, e somente alguns poucos desses, aliás."

Atribui-se a Herófilo a descoberta dos nervos; ele teria sido o primeiro a distinguir nervos, vasos sanguíneos e tendões (que são bem parecidos). É possível que ele e Erasístrato tivessem percebido a distinção entre nervos motores e sensoriais (ver a página 86); com certeza, Herófilo sabia que a lesão de alguns nervos podia provocar paralisia. Eles também consideravam o cérebro responsável pelo pensamento e pela sensação, distinguiam o cerebelo e o telencéfalo e deram nome às meninges (membranas que cercam o cérebro) e aos ventrículos (espaços cheios de líquido cefalorraquidiano). Herófilo reconhecia o cérebro como centro do intelecto e colocava o centro de comando no quarto ventrículo. Ele comparava a cavidade no assoalho posterior do quarto ventrículo aos cálamos usados em Alexandria. A cavidade ainda é chamada em latim de *calamus scriptorius* ou *calamus Herophili*.

Ressurgimento do coração

Pode parecer que o palco já estava preparado para que surgisse um entendimento estável da função do cérebro, mas, infelizmente, um pensador influente adotou outro ponto de vista. O filósofo Aristóteles (384-322 a. C.) estava convencido de que o coração era o "centro de comando" do corpo, responsável pelas sensações, pelo movimento e pela atividade psicológica, enquanto o cérebro servia apenas como um tipo de câmara resfriadora. Ele

Herófilo e Erasístrato são as primeiras pessoas conhecidas a trabalhar com os nervos, aqui mostrados num desenho de 1532.

argumentou contra a hegemonia do cérebro em várias questões, a maioria delas inexata:

- O coração está ligado a todo o resto do corpo pelos vasos sanguíneos, enquanto o cérebro não tem conexões comparáveis (tem, mas é difícil ver os nervos numa dissecação com instrumentos primitivos).
- Nem todos os animais têm cérebro (quase todos têm, mas alguns invertebrados não).
- O coração se desenvolve antes do cérebro no embrião.
- O coração fornece o sangue, que é necessário para a sensação, enquanto o cérebro não tem suprimento sanguíneo (nada disso é verdade).
- O coração é quente, mas o cérebro é frio (eles têm praticamente a mesma temperatura).
- O coração é essencial para a vida, mas o cérebro, não (verdadeiro em alguns animais primitivos).
- O coração é sensível ao toque, mas o cérebro, não, e o coração é afetado pelas emoções.

Como veremos (página 31), Aristóteles rejeitava a noção de uma entidade metafísica como um espírito, alma ou mente que habite o corpo e seja separável dele. Ele acreditava que o "*pneuma*"ou sopro da vida que anima o corpo é inteiramente material e expira com a morte do organismo. Isso significava que ele tinha de localizar todas as funções psíquicas no corpo físico, e escolheu o coração.

> *"O cérebro não é responsável por absolutamente nenhuma das sensações."*
>
> Aristóteles, século IV a. C.

A antiga reverência dos egípcios pelo coração como sede da sabedoria e da alma está por trás do motivo da "pesagem do coração". Depois da morte, dois deuses, Toth e Anúbis, pesam o coração do morto para determinar o valor do indivíduo (c.984 a. C.).

Os filósofos estoicos do século III a. C. adotaram a posição de Aristóteles, argumentando que a fala está associada ao pensamento e à respiração, e, como sobe pela traqueia, a fala tem de se originar no peito; portanto, o pensamento que leva a ela também tem de vir do peito. (O raciocínio pode parecer esquisito, mas, mais tarde, a observação de que olhos, ouvidos, nariz e boca estão todos na cabeça, perto do cérebro, foi considerado um bom ponto de apoio da noção de que as informações sensoriais são processadas pelo cérebro.)

Os gladiadores de Galeno

No século II d. C. , o médico romano Galeno se convenceu de que o cérebro era o órgão mais importante em termos do controle do corpo. Ele estava em posição muito melhor do que Aristóteles para tomar uma decisão bem informada. Galeno era cirurgião e tratava gladiadores que sofriam grande variedade de ferimentos arrasadores. Ele logo descobriu que o rompimento da coluna vertebral privava as partes do corpo abaixo da lesão de sensações e movimento. Ele também notou que a extensão do dano à respiração, à fala e a outras funções dependia da localização e da extensão das lesões de nervos e músculos. E aprendeu a distinguir nervos sensoriais e motores em termos da aparência e da função, traçando sua conexão com a medula espinhal e o cérebro.

O porco decide

A insistência de Galeno de que o cérebro era o centro de controle do corpo soava um pouco esquisita, pois seu paciente mais importante era o filósofo estoico e imperador romano Marco Aurélio, e a primazia do coração era amplamente aceita pelos estoicos.

Sem desanimar, Galeno imaginou uma demonstração pública para provar conclusivamente que o cérebro controla os músculos por meio dos nervos. A demonstração envolveu um porco desafortunado. (Houve muitos animais desafortunados, geralmente porcos ou macacos, envolvidos nas experiências e demonstrações de Galeno.)Essa demonstração específica surgiu depois que Galeno acidentalmente cortou os nervos laríngeos (que vão à laringe, onde ficam as cordas vocais) durante um estudo da respiração. O porco envolvido estava amarrado e guinchava (compreensivelmente) enquanto era operado. Quando Galeno cortou o nervo, o porco continuou a se debater, mas parou de guinchar. A investigação revelou que Galeno cortara o nervo que ligava a laringe ao cérebro. Como envolvia um animal e não um paciente humano, a experiência podia ser repetida. Galeno organizou demonstrações públicas em que cortou o nervo laríngeo de porcos amarrados, silenciando assim tanto o porco quanto seus adversários.

O porco que guinchava se tornou uma das demonstrações fisiológicas mais famosas de todos os tempos e foi a primeira prova experimental de que o cérebro controla o comportamento. Quando um dos retóricos que originalmente desafiara Galeno disse que ele só provara que o cérebro controla os guinchos do porco e não a racionalidade do falante humano, Galeno respondeu que vira o nervo laríngeo ser acidentalmente cortado durante a operação de um paciente humano, e o efeito de destruir o poder de falar foi o mesmo. Esse “acidente” parece uma coincidência de muita sorte para Galeno, se seu relato for verdadeiro.

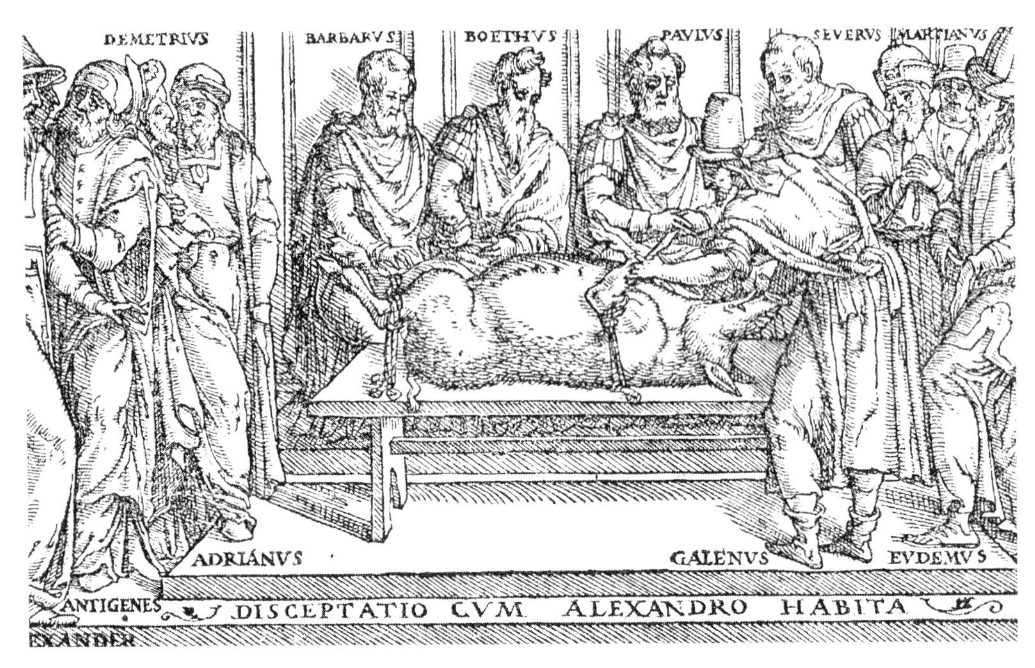

Galeno prepara-se para uma demonstração que nunca deu muito certo para o porco.

Mas a questão não foi resolvida com tanta facilidade. Ainda é um conceito generalizado que o coração é a origem das emoções fortes. Embora as opiniões de Platão e Galeno dominassem o pensamento do mundo árabe até a Idade Média, a tendência paralela que promovia o controle do coração também continuou a existir. Algumas autoridades chegaram a considerar que a responsabilidade se dividia entre o coração e o cérebro. O médico árabe Ibn Sina (980-1037), também conhecido como Avicena, defendia que o cérebro era responsável pela cognição, pela sensação e pelo movimento, mas achava que ele era controlado pelo coração. Era como se o coração delegasse ao cérebro elementos importantes da administração do corpo. A maioria dos animais não passa bem se o coração ou o cérebro for removido, e era difícil provar com experiências se um ou ambos eram necessários para o movimento e a cognição.

As Regras de Ibn Sina sobre remédios do coração.

GALENO 129-C.-200 D. C.

Galeno nasceu numa família de classe alta da Turquia, então parte do Império Romano. Ele começou a estudar medicina aos 16 anos, depois que o pai sonhou que tinha de afastar os estudos do filho da matemática e da filosofia. Galeno teve sucesso no aprendizado da medicina, mas até os 28 anos trabalhou mais na pesquisa do que na prática clínica. Já tendo produzido vários livros, ele foi então nomeado médico dos gladiadores de sua cidade natal de Pérgamo. Isso lhe daria experiência considerável com lesões traumáticas.

Em 161, a guerra fechou a escola de gladiadores, e Galeno se mudou para Roma. Ele obteve imenso sucesso e elevado respeito social e foi nomeado médico particular de três imperadores em sequência. Teve muitas discussões com outros médicos e filósofos e escreveu extensamente sobre fisiologia, medicina e anatomia.

A obra de Galeno sobre fisiologia e anatomia se baseava na prática e na observação detalhada. Ele foi o profissional e pensador médico mais consumado do mundo clássico e seu trabalho dominou a prática médica e a fisiologia até o século XVI. No entanto, as dissecações de Galeno foram realizadas com animais, e muitas descrições e conclusões a que chegou não se aplicavam à anatomia humana. Mas seu trabalho era tido em tão alta conta que até esses erros grosseiros só foram questionados na época dos anatomistas do Renascimento.

Os três grandes mestres antigos da Medicina: Galeno (romano), Avicena (persa) e Hipócrates (grego), mostrados num texto médico do início do século XV.

Cérebro, nervos e "alma"

A demonstração com o porco foi fisiológica: o corte do nervo impediu o funcionamento das cordas vocais. No modelo de funcionamento dos nervos de Galeno, esse efeito se devia ao impedimento do fluxo de pneuma (ver a página 14) através deles. Mas Galeno acreditava que os nervos e o cérebro realizavam mais do que uma simples função mecânica. Ele distinguia uma alma motora e uma alma sensorial. A alma sensorial tinha cinco atributos, equivalentes às cinco faculdades perceptivas, mas a alma motora só tinha um: o movimento. Galeno também acreditava que a alma racional tinha três funções: razão, imaginação e memória. Nisso, portanto, ele identificava as três funções principais do cérebro: percepção e sensação, controle do movimento e atividade psicológica.

A questão da alma

Aristóteles acreditava que o pneuma entrava pelos bronquíolos do pulmão como respiração, viajava pela veia pulmonar até o coração e, lá, se convertia em "pneuma vital". Este, por sua vez, era levado pelos vasos sanguíneos até os músculos, provocando sua contração. Como Aristóteles, Galeno acreditava num pneuma vital feito pelo corpo com componentes tirados do alimento consumido e do ar inspirado. No modelo de Galeno, o pneuma mais básico é feito no fígado, onde os produtos da digestão se misturam com o sangue para lhe infundir espíritos naturais. O sangue assim reforçado vai para o coração, onde as impurezas são removidas e novos espíritos vindos do pulmão se misturam a ele, formando o próximo estágio do pneuma: os espíritos vitais. Do coração, o sangue enriquecido flui para uma rede de vasos sanguíneos em torno da base do cérebro chamada rete mirabile, onde é ainda mais enriquecido e se torna a forma mais elevada de pneuma — espíritos psíquicos. Na verdade, a rete mirabile não existe em seres humanos; Galeno a viu na

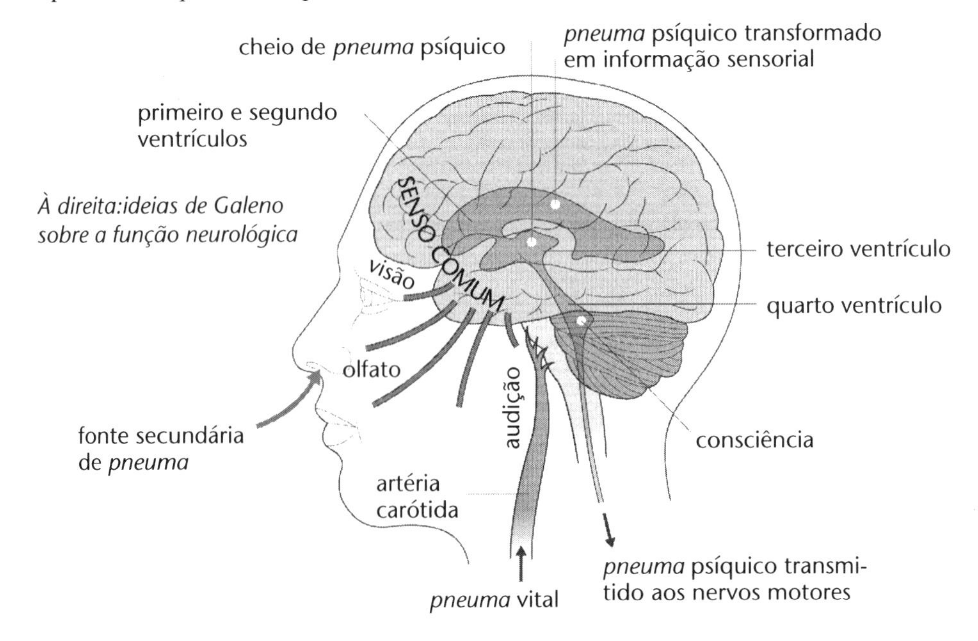

À direita:ideias de Galeno sobre a função neurológica

LOCALIZAR A RAZÃO

Antes que Galeno localizasse os ventrículos do cérebro como área responsável pela razão, vários filósofos tinham defendido que ela ficava em vários lugares:

- Platão tornou-a cabeça inteira responsável pela razão.
- Estratão situava a razão no espaço entre as sobrancelhas.
- Erasístrato localizava a razão nas meninges, membranas que envolvem o cérebro
- Herófilo defendia os ventrículos do cérebro como responsáveis pela razão.
- Parmênides preferia o tórax.
- Aristóteles situava a razão no peito.
- Empédocles achava que o sangue dentro e em torno do coração fornecia a razão.

dissecação do cérebro de bovinos e supôs que também estivesse presente no cérebro humano. Ainda assim, como o pneuma psíquico também não existe, isso não tem muita importância. De acordo com Galeno, o pneuma psíquico vai então para os ventrículos do cérebro, de onde pode ser enviado a áreas do corpo para ter um efeito sobre os músculos ou usado no cérebro para efetuar atividades mentais.

Um bom ponto de partida

Na época da morte de Galeno, havia boas razões para considerar o cérebro como o centro de controle do corpo, que se comunica com o resto do organismo por meio de nervos sensoriais e motores, distintos entre si, e que também é a fonte de muita ou toda a atividade mental.

O verdadeiro problema era que não havia indícios que mostrassem como tudo funcionava. Sem uma base na fisiologia, a questão do que o cérebro e os nervos fazem e de como fazem foi abordada a partir de crenças ou pressupostos filosóficos. Então, séculos de filosofia se basearam na obra de Galeno, enraizada não no exame detalhado da anatomia humana, mas em conjeturas e em dissecações de animais. Em séculos posteriores, a ênfase passou à tentativa de embasar a teoria do que fazem o cérebro e os nervos em observações de sua estrutura.

Observando o cérebro

As primeiras pessoas que abriram deliberadamente o cérebro para examiná-lo viviam em Kos, na Grécia, por volta de 300 a. C. Praxágoras, o primeiro a distinguir artérias de veias, descreveu as "longas flexuosidades e voltas e dobras" das convoluções do córtex cerebral. Mas isso não dá nenhuma indicação do que podem fazer as convoluções ou "flexuosidades".

Erasístrato comparou o cérebro de vários animais com o dos seres humanos e descobriu que o humano tem mais convoluções. E concluiu que a inteligência superior acompanha o cérebro mais convoluto — ideia depois ridicularizada por Galeno, que ressaltou que o cérebro do burro tem mais convoluções do que o humano. A partir daí, o córtex, a imensa e complexa superfície do cérebro, foi ignorada. Esse não foi um bom começo.

A partir das lacunas

Galeno foi o primeiro a localizar funções dentro do cérebro. Ele defendia que os nervos sensoriais vão para a frente do cérebro, e que tanto os nervos quanto aquela parte

> *"Até os asnos têm um cérebro complexo e convoluto, embora, devido a seu temperamento estúpido, esses animais devessem ter um cérebro muito simples e uniforme.[...] Em minha opinião, o grau de inteligência não depende da quantidade de pneuma psíquico, mas de sua qualidade."*
>
> Galeno

do cérebro têm a mesma natureza, sendo macios e impressionáveis e, portanto, adequados para lidar com a percepção. Ele acreditava que os nervos motores "mais duros" tinham sua raiz na parte traseira do cérebro e daí se estendiam pelo corpo; assim, Galeno concluiu que a porção posterior do cérebro se relacionava com o movimento.

Acompanhar os feixes de nervos que entram no cérebro vindos dos olhos, dos ouvidos, do nariz, da boca e da medula espinhal deu uma indicação clara de que o cérebro estava envolvido na recepção de informações sensoriais e no controle do movimento do corpo. Mas não ajudava a explicar aquela outra função mais nebulosa do cérebro: a atividade psicológica que nos torna humanos e individuais. Não há estruturas físicas que se relacionem claramente com a atividade mental. Galeno atribuía a alma racional ao cérebro todo, mas com a faculdade superior da razão localizada nos ventrículos, que ele considerava cheios de *pneuma* vital.

O modelo de três células do cérebro

Nos primeiros anos do cristianismo, os padres da Igreja se esforçaram para acomodar a ideia da alma incorpórea dentro do corpo físico (ver as páginas 33 a 35). Eles ligavam a alma à função cognitiva, mas não queriam localizá-la na estrutura sólida do cérebro; assim, os ventrículos cheios de líquor pareciam um local mais apropriado para a mediação entre o corpo sólido e a alma insubstancial.

O filósofo e bispo grego cristão Nemésio desenvolveu, por volta de 390 d. C. , uma teoria de localização ventricular. Ele propunha que o cérebro contém três células que correspondem aos ventrículos (com os ventrículos laterais combinados numa única célula), cada uma delas responsável por um tipo diferente de capacidade cognitiva ou perceptiva.

Nemésio acompanhou a crença de Galeno de que as percepções sensoriais são recebidas na frente do cérebro e localizou a percepção dos sentidos na primeira célula. Ele acreditava que ali as percepções são processadas pelo "senso comum" (*sensus communis*) para produzir o entendimento do objeto percebido. Isso se consegue reunindo as informações de todos os sentidos, com a alma atuando sobre os dados para produzir uma impressão unificada. Por exemplo, combinar aparência, tato e cheiro produz o reconhecimento e o entendi-

> *"Como o esvaziamento do pneuma dos ocos do cérebro quando ferido ao mesmo tempo deixa os homens sem movimento e sem sensação, com certeza deve ser porque esse pneuma é a própria substância da alma ou seu órgão primário."*
>
> Galeno, *Do uso da respiração*

O modelo de três células do cérebro, de uma edição de Philosophia Naturalis de Alberto Magno publicada em 1506.

mento da laranja. Como a visão envolve a produção de imagens, outros processos que envolvam a visão, como a fantasia e a imaginação, também devem se localizar nessa primeira célula, que passou a se chamar *cellula phantastica*. A segunda célula era considerada a sede do raciocínio, do pensamento e do juízo. Era a *cellula logistica*. A última célula, a *cellula memorialis*, era onde o conhecimento era armazenado como memória. Há, portanto, um fluxo claro de informações em *pneuma* psíquico pelo forâmen(os canais que vão de um ventrículo a outro), com uma progressão que, a partir da percepção, passa pelo processamento cognitivo e vai ao conhecimento armazenado ou memória,com a informação se deslocando da frente do cérebro para a parte de trás.

Nemésio declarou ter obtido indícios disso ao observar o impacto de lesões no cérebro. Ele afirmava que as lesões nos ventrículos frontais prejudicam a percepção sensorial mas não o intelecto. Os danos à parte central do cérebro causam desarranjo mental, mas não afetam a percepção sensorial, enquanto danos ao cerebelo provocam perda de memória mas não prejudicam a percepção nem os processos de pensamento. Essa doutrina da localização ventricular, como passou a ser conhecida, foi aceita sem questionamento durante cerca de mil anos.

Mestre Nicolau Salernitano (possivelmente de Salerno), escritor do século XII,deu um passo adiante e listou as características das três células em termos da teoria humoral (ver quadro na página 23). Ele achava que deveria haver quantidades variáveis de “medula” e “espírito”que refletissem suas condições em termos dos humores, sendo quentes ou frios e úmidos ou secos.

De acordo com Nicolau Salernitano, a *cellula phantastica* é quente e seca e abundante em espírito. Calor e secura atraem o espírito animal, e a presença deste espírito ajuda o fluxo de espírito que traz informações. Há pouca medula, que impediria o fluxo do espírito e a apreensão da natureza das coisas. A *cellula logistica* é quente e úmida porque isso facilita a discriminação, permitindo que o cérebro processe as ideias que vêm da *cellula phantastica*, distinguindo as verdadeiras das falsas, as honestas das desonestas e assim por diante. Mais uma vez, o espírito é abundante porque ele

Construir o objeto "laranja" a partir de dados sensoriais é uma tarefa mental complexa.

"[O cérebro] se divide em três células, a cellula phantastica na parte anterior da cabeça, a cellula logistica no meio, a cellula memorialis na parte posterior. Na cellula phantastica, dizem que a imaginação tem sua sede, a razão na cellula logistica, a memória na cellula memorialis.[...] Primeiro reunimos as ideias na cellula phantastica, na segunda célula as pensamos, na terceira guardamos nossos pensamentos; isto é, os registramos na memória."

A anatomia do Mestre Nicolau, *c.*1150-1200

NO CÉREBRO MAS NÃO DO CÉREBRO

Nemésio era cristão, e seu conceito da alma concordava com sua religião e não com o modelo aristotélico. Ele não considerava a alma como parte integrante do corpo, mas como substância distinta e separada que se misturava com o corpo ou o habitava pela duração da vida. Para ele, os atos de emoção, pensamento, percepção e assim por diante eram atos da alma e não do cérebro. A distinção é importante e continua a ter impacto sobre a neurociência.

é necessário para a atividade da célula, mas também há bastante medula, que reabastece os espíritos quando eles se esgotam. A *cellula memorialis* é fria e seca, porque essas propriedades ajudam a retenção. A medula é abundante, para que "possa ser facilmente gravada com as impressões de diversas ideias, mas não muito espírito, que pode fluir e remover a impressão das ideias".

Células, espíritos e sentidos

É bastante claro que essas noções das células, de sua natureza e de sua função não foram deduzidas a partir da observação do cérebro morto ou do cérebro ativo de um animal. Todo o construto foi montado com base nas noções filosóficas de como se pensava que o cérebro deveria funcionar e como se encaixaria nos modelos existentes de um corpo controlado por humores e um cérebro que abrigava as capacidades mentais nos ventrículos.

Vários escritores árabes e cristãos primitivos aumentaram o número desses sentidos internos de três para cinco e depois sete. Só havia três células onde localizá-los, e eles tiveram de dividir o espaço. Alguns autores deram localizações exatas para cada um; por exemplo, dividiam uma ou mais células em superior, intermediária e inferior.

Alguns escritores aumentaram para quatro o número de células; todos consi-

HUMORES DE CORPO E ALMA

Uma ideia que se originou da medicina hipocrática no século V a. C. considerava o corpo governado por diversos "humores" correspondentes aos quatro fluidos. Os humores se relacionavam com os quatro tipos de matéria ou "raízes" estabelecidos por Empédocles no século V a. C. As raízes da matéria eram terra, água, ar e fogo, que tinham as propriedades de calor/frio e umidade/secura.

Hipócrates descreveu no corpo humano os quatro humores seus correspondentes identificados a quatro fluidos corporais: melancólico (bile negra), colérico (bile amarela), sanguíneo (sangue) e fleumático (fleuma). Ele ensinava que a saúde humana dependia de manter os humores no equilíbrio correto. De acordo com a teoria, cada indivíduo tem seu próprio equilíbrio natural de humores, que dita tanto seu temperamento quanto sua saúde.

deravam que os diversos sentidos internos eram executados por tipos distintos de espírito. O tratamento dos espíritos/faculdades e sua localização era mais preciso nos textos filosóficos do que nos médicos — o que era revelador, já que os textos filosóficos não tinham nenhuma base anatômica nem precisavam dela. Os textos médicos, por sua vez, supunham que o dano a uma célula do cérebro afetaria (ou poderia afetar) todas as faculdades ali residentes. Quando lesões ou doenças não provocavam os sintomas esperados, o dogma entranhado geralmente triunfava sobre a observação. Assim, quando investigou um paciente com grave lesão no ventrículo posterior mas sem nenhuma perda de memória, o cirurgião francês Guy de Chauliac (1300-1368) supôs que o dano não tivera gravidade suficiente para causar a perda de memória, mas não questionou a validade da localização da memória.

Leonardo e o cérebro

O modelo de três células do cérebro não sofreu questionamento até o século XVI, quando a dissecação humana rigorosa começou no Renascimento europeu. Ou quase: pelo menos uma pessoa achou defeitos nela um pouco antes, mas as ideias nunca escaparam de seus cadernos particulares para ganhar circulação maior.

O grande cientista e polímata Leonardo da Vinci (1452-1519) tinha interesse específico pelo modo como o cérebro processa informações sensoriais e as passa à alma. Ele dissecou e desenhou o cérebro, chegando a produzir descrições mais detalhadas e estritamente anatômicas do que todos os antecessores. Seus primeiros desenhos se baseavam bastante nas interpretações árabes de Galeno e na tradição medieval. Dessa maneira, sua representação do sistema visual mostra a conexão do olho à primeira "célula"; ele também ligou as orelhas à primeira célula.

Vários anos depois desses primeiros desenhos do cérebro, Leonardo começou a fazer moldes de cera para descobrir o formato dos ventrículos. Isso funcionou bem. Ele descreveu uma técnica para fazer

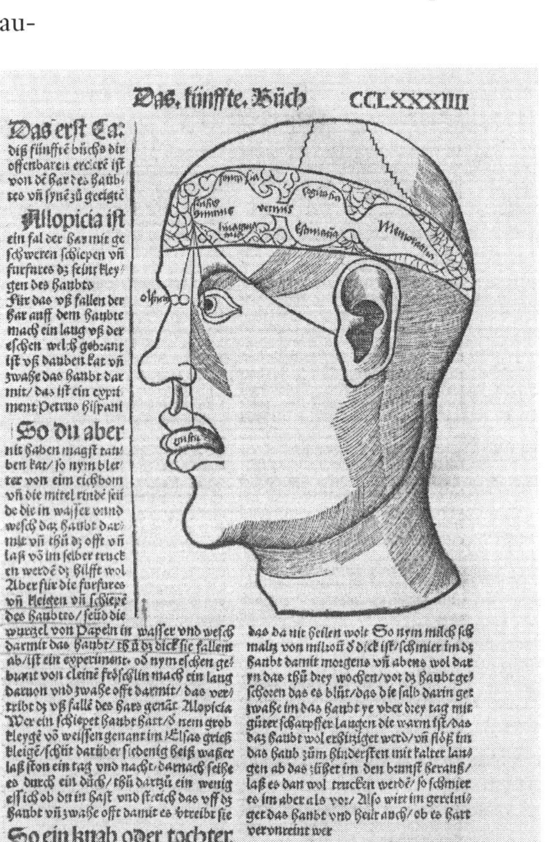
Das fünffte Büch CCLXXXIIII

Das erst Ca:
diß fünfften büchs dir offenbaren etc. ist von dē har des haubtes vñ synē zū geeigtē

Allopicia ist
ein fal der har mit geschweren schiepen vñ furfures dz seint kleygen des haubts
Für das vß fallen der har auff dem haubte mach ein laug vß der eschen welch gebrant ist vß dauben kat vñ zwahe das haubt darmit/ das ist ein experiment Petrus hispani

So du aber
nit haben magst tauben kat/ so nym bletter von eim eichbom vñ die mitel rindē seiude die in wasser vnnd wesch daz haubt darmit vñ thū dz offt vñ laß võ im selber trucken werdē dz hilfft wol
Aber für die furfures vñ kleigen vñ schiepē des haubtes/ seüd die wurzel von Papeln in wasser vnd wesch darmit das haubt/ thū dz dick sie fallent ab/ ist ein experiment. od nym eschen gebrant von cleinē fröschlin mach ein laug darvon vnd zwahe offt darmit/ das vertribt dz vß fallē des hars genāt Alopicia
Wer ein schiepet haubt hatt/ d nem grob kleygē võ weissen genant im Elsas griess kleigē/ schüt darüber siedenig heiß wasser laß ston ein tag vnd nacht/ darnach seihe es durch ein düch/ thū dartzū ein wenig essich ob dē in hast vnd streich das vff dz haubt vñ zwahe offt damit es vertreibt sie

So ein knab oder tochter
von zwentzig iaren ein vnrein haubt hat das da nit heilen wolt So nym milch sch maltz von milzoū d dick ist/ schmier im dz haubt damit morgens vñ abens wol dar yn das thū drey wochen/ vor dz haubt geschoren das es blüt/ das die salb darin ge zwahe im das haubt ye vber drey tag mit güter scharpffer laugen die warm ist/ das daz haubt wol erhitziget werd/ vñ flöß im das haub züm hindersten mit kalter laugen ab das züber im den brunst herauß/ laß es dan wol trucken werdē/ so schmier es im aber als vor/ Also wirt im gereiniget das haubt vnd heilt auch/ ob es hart verunreint wer

Wer aber wiest und het

Localização das funções nas três células do cérebro, Gregor Reisch, Margarita Philosophica, 1503.

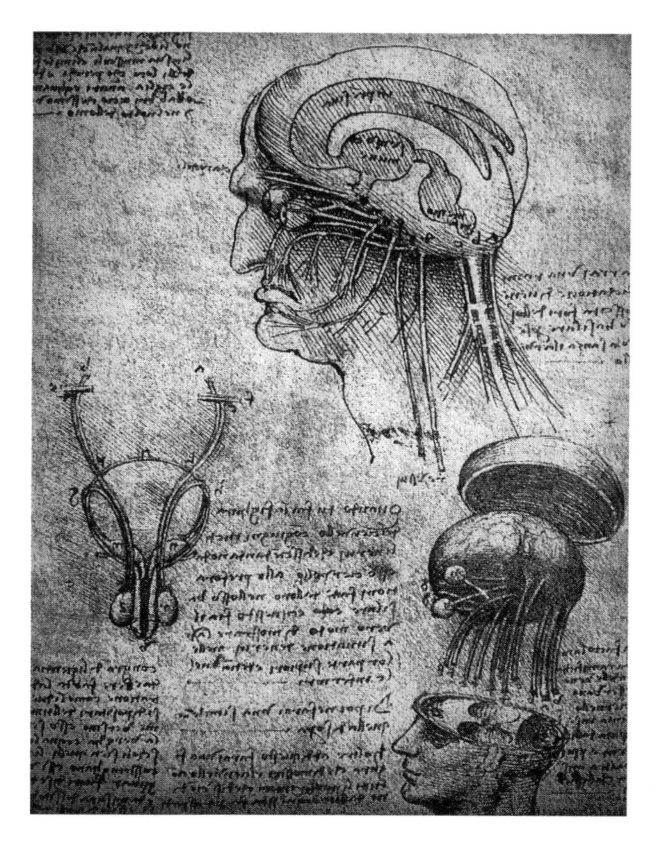

Nesse diagrama, Leonardo da Vinci apresentou o primeiro corte anatômico transversal transparente (alto) e primeiro diagrama anatômico explodido (embaixo à direita)

furos nos ventrículos (de um cadáver), inserir tubos estreitos nos furos para permitir a saída de ar e líquido e depois encher o ventrículo de cera derretida com uma seringa. Depois de endurecida a cera, ele removia os tecidos do cérebro para revelar o molde do ventrículo. A mesma técnica só voltou a ser usada para modelar espaços do corpo no século XVIII, quando o anatomista holandês Frederik Ruysch a redescobriu.

Leonardo realizou muitas dissecações acompanhando o caminho dos nervos, principalmente dos olhos, nariz e boca ao cérebro, incluindo o nervo vago que se conecta com o abdome e os nervos da mão. Ele finalmente rompeu com a tradição de localizar o *sensus communis* na primeira célula, movendo-o para a segunda célula (terceiro ventrículo). Parece que foi levado a fazer a mudança quando descobriu que o nervo trigêmeo (responsável pelas sensações no rosto e pela atividade de mastigar) e os auditivos (responsáveis pela audição) terminam ali. Leonardo achou que todas as informações táteis iam para a terceira célula (quarto ventrículo), o que confundia bastante o sistema. Na verdade, ele desistiu de descrever e deixou os nervos contarem sua própria história nos diagramas posteriores. Infelizmente, Leonardo não publicou seu trabalho anatômico, que não teve impacto sobre seus contemporâneos.

> *"Um espírito tolo e extravagante, cheio de formas, figuras, formatos, objetos, ideias, apreensões, movimentos, revoluções: esses são gerados no ventrículo da memória."*
>
> William Shakespeare, *Trabalhos de amor perdidos*, Ato IV, Cena 2

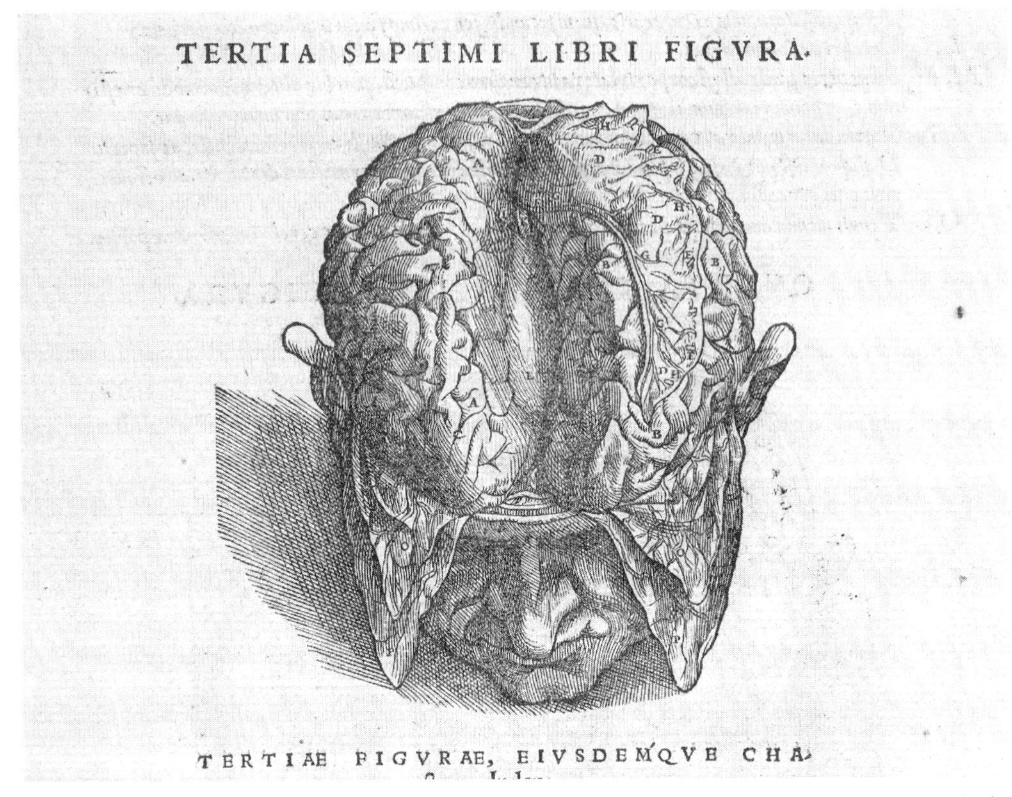

Em De humani corporis, *Vesálio publicou digramas complexos do cérebro dissecado. Aqui, a pele é puxada para trás para revelar o córtex cerebral e o encéfalo dividido para separar os hemisférios.*

Refeitura do cérebro

O modelo das três células foi finalmente questionado (e até ridicularizado) pelo grande anatomista flamengo André Vesálio (1514-1564). Ele ressaltou que muitos animais têm ventrículos, mas não os dotamos de alma; portanto, a alma humana não pode residir nos ventrículos.

> *"Todos os nervos surgem manifestamente da medula espinhal [...] e a medula espinhal consiste da mesma substância do cérebro, da qual deriva."*
>
> Leonardo da Vinci, cadernos

Vesálio trabalhou com base em dissecações humanas realizadas pessoalmente. Ele rejeitava a vivissecção animal, pois considerava errado tirar dos animais sua capacidade cognitiva, mesmo que fossem inferiores às habilidades humanas. Sua decisão de trabalhar somente com seres humanos fez com que estivesse em boas condições de assinalar alguns erros que persistiam desde a época de Galeno e que foram atribuídos à prática deste de examinar o cérebro de bois e macacos.

Vesálio foi a primeira pessoa a publicar diagramas complexos do cérebro dissecado. Eles foram publicados em 1543 na obra pioneira *De humani corporis fabrica* (Do funcionamento do corpo humano). Ele não desenhou as ilustrações; encomendou-as a um artista (possivelmente Jan van Calcar), que trabalhou sob sua direção durante a dissecação.

A obra de Vesálio foi fundamental para que o ponto de vista do estudo do cérebro passasse do endosso a opiniões filosóficas já existentes para a compreensão de descobertas anatômicas. Era esse o espírito do Renascimento europeu, época em que os cientistas finalmente começaram a questionar a autoridade de autores clássicos e, pelo menos em alguns aspectos, o dogma da Igreja cristã.

Queda na real

Nos séculos XVI e XVII, a dissecação revelou muito mais sobre a estrutura do cérebro, mas ainda havia pouca informação disponível sobre seu funcionamento ou como a forma se relaciona com a função. Então, na década de 1660, dois anatomistas que trabalhavam de forma independente se dispuseram a questionar a autoridade de Galeno. O médico inglês Thomas Willis publicou sua Anatomia do cérebro em 1664, e o anatomista holandês Nicolaus Steno publicou Aula sobre a anatomia do cérebro em 1669.

Willis afirmou que os ventrículos se formam "acidentalmente pela complicação do cérebro" e não faziam parte do plano de Deus de produzir um lugarzinho aconchegante para a alma. Ele fez um trabalho importante para revelar a estrutura cerebral. Especificamente, injetou tinta nos vasos sanguíneos, o que lhe permitiu acompanhar seu caminho em torno e através do cérebro. Steno teve ousadia suficiente para afirmar que o *sensus communis* não existe; ele estudou meticulosamente os ventrículos e não achou sinais dele. E rejeitou a teoria dos espíritos animais de Galeno.

É aqui, com o consenso a favor do cérebro no controle das funções físicas e mentais e na comunicação com o corpo por algum meio desconhecido (mas não espíritos animais) que se pode localizar o início da neurociência moderna.

CORAÇÃO OU CÉREBRO NOVAMENTE

Finalmente, a questão de quem está no controle, se o coração ou o cérebro, pelo menos no caso da atividade motora, foi decidida por uma experiência. Em 1664, o microscopista holandês Jan Swammerdam (1637-1680) realizou uma demonstração bem repugnante para provar ao botânico dinamarquês Olaf Borch que o coração não é a fonte do movimento nem é necessário para a transmissão dos nervos aos músculos.

Swammerdam cortou o coração de uma rã viva e pôs o animal de volta na água, onde ela continuou a nadar por algum tempo — não alegremente, imagina-se, mas com sucesso. Quando repetiu a experiência mas removeu o cérebro da rã, ela não pôde mais nadar. Qualquer dúvida que restasse de que a ação que controlava os músculos se originava no cérebro foi dirimida pela pobre rã de Swammerdam.

Die Seele deß Menſchen

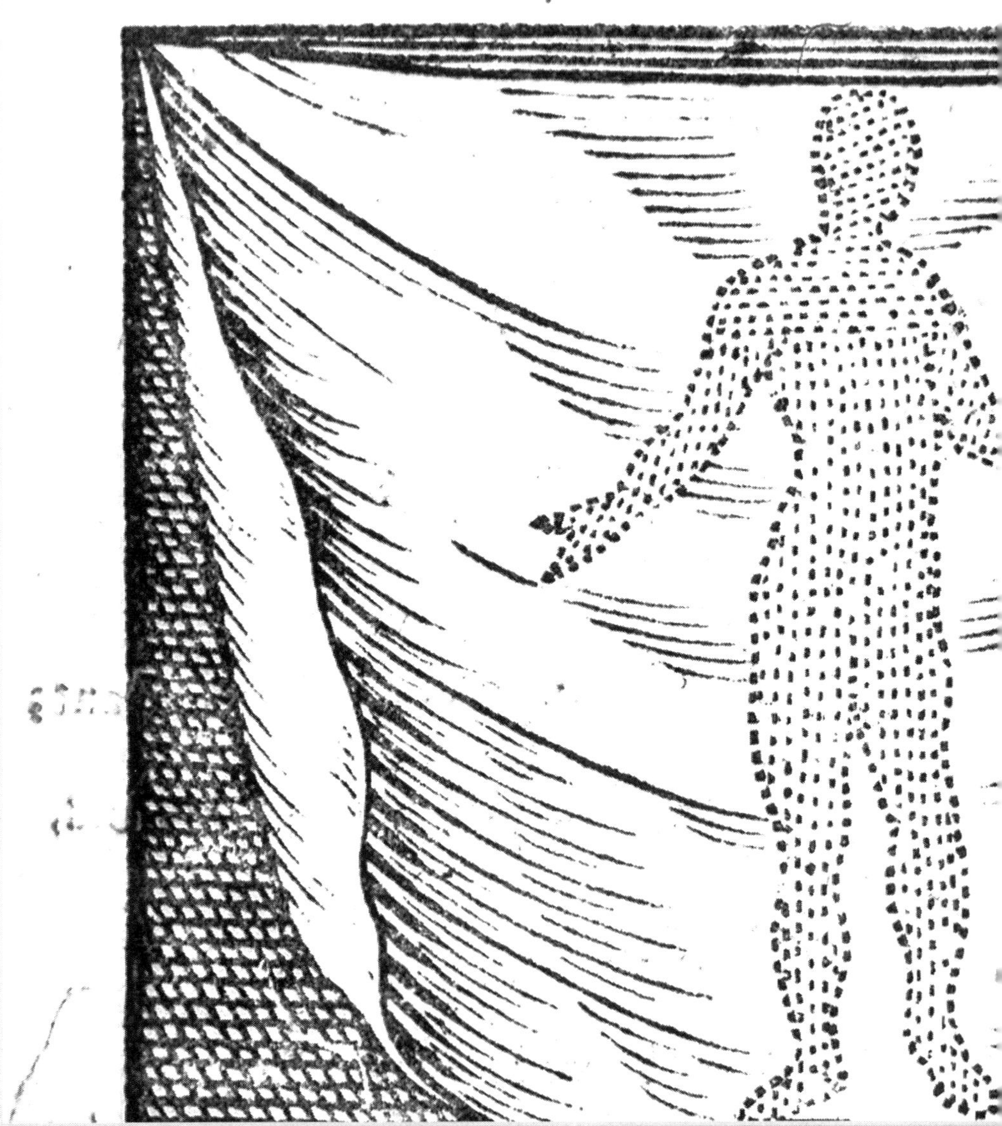

CAPÍTULO 2

O fantasma na MÁQUINA

"O homem se compõe de dois ingredientes bem diversos, espírito e matéria, mas como duas substâncias tão antagônicas e desproporcionadas deveriam agir uma sobre a outra nenhum conhecimento humano poderia ainda lhe revelar."

Samuel Johnson, 1755

Todos percebemos algum aspecto interno nosso que associamos a pensamento, sentimento, memória, volição e outros processos psicológicos. Esse aspecto já foi chamado de alma, mente ou consciência. A fusão, integração ou comunicação entre mente e corpo ou alma e corpo é um enigma antiquíssimo que também está no coração da neurociência.

A ideia de uma alma que anima o corpo tem milhares de anos. Alguns pensadores a localizaram num órgão específico, outros a consideraram distribuída pelo corpo inteiro, como aqui, nesta imagem do século XI da alma de um homem, de Johannes Amos Comenius.

Corpo e alma

Quer fosse o coração, quer fosse a mente no controle do corpo, os antigos pensadores precisavam ter um conceito do que estava exercendo esse controle. A noção de que os seres humanos são formados por elementos corpóreos e não corpóreos — um corpo e uma alma ou mente — existe desde os primeiros registros escritos e, provavelmente, antecede a escrita. Ela está por trás dos conceitos religiosos de vida após a morte, em todas as suas muitas formas, e é um meio de explicar a vida e a atividade mental.

Alma, psique, espírito ou mente

É evidente que algo distingue as coisas vivas das não vivas. Até os termos que usamos para elas — animadas e inanimadas — preservam a noção de que há uma alma (anima) que "anima" as coisas vivas. O tigre está vivo, mas a pedra, não. A planta está viva, mas a maçaneta, não. Em geral, temos pouca dificuldade para decidir se algo está vivo ou não. Dar nome a alguma força vital, mente, alma ou energia animante ajuda a fazer e explicar a distinção entre vivo e morto; a perda da força explica a transição, na morte, para matéria inanimada.

A poesia homérica do século IX a. C. ou anterior considerava a alma ou psique como o "sopro da vida" que distinguia os vivos dos mortos e partia na morte para viver no mundo subterrâneo. Só seres humanos eram mostrados com almas, e só

Esta representação do mundo subterrâneo num vaso grego mostra as sombras dos mortos indistinguíveis dos personagens vivos.

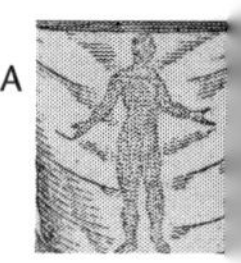

almas humanas se encontravam no mundo subterrâneo.

Aristóteles rejeitava a noção de que corpo e alma eram duas entidades de que se pudesse falar separadamente de maneira significativa. Para ele, a psique era apenas a capacidade ou o funcionamento do ser. Falar de corpo e alma como a tradição cristã ou mesmo como Platão, tutor do próprio Aristóteles, não fazia sentido, pois a psique só existia enquanto o organismo fosse capaz de pôr em prática suas funções e habilidades. É tão tolo perguntar "se a cera e sua forma são uma só" quanto se o corpo e a alma são uma única unidade; eles estão integrados, "assim como a pupila e a visão formam o olho". Isso punha Aristóteles em condições de localizar toda a função psíquica no corpo físico.

TRÊS GRAUS DE ALMA

Na opinião de Aristóteles, as capacidades de um organismo se igualam às suas necessidades como ser vivo. Sua capacidade de satisfazer essas necessidades define que tipo de alma o organismo tem. As plantas têm necessidades simples e, portanto, capacidades simples, portanto têm a mais simples das "almas". Podem reproduzir-se, nutrir-se e crescer. Os animais têm necessidades e habilidades mais complexas, pois também têm os poderes de locomoção, percepção e sensibilidade. Finalmente, os seres humanos têm as necessidades e capacidades da psique nutritiva (planta) e da sensível (animal), mas também poderes racionais.

Acreditava-se que os diversos tipos de psique inspiravam e davam vida ao organismo, permitindo-lhe realizar suas funções enquanto vivesse.

A questão da alma

No modelo grego, portanto, um tipo de pneuma era considerado um princípio vital responsável pelo pensamento, pelo sentimento e pelo impulso à ação. Era uma substância física composta de uma mistura de ar e vapor do sangue quente.

ALMAS E ÍMÃS

Na Grécia do século VI ou V a. C., a "alma" se aplicava a outras coisas vivas além dos seres humanos. Tales de Mileto chegou a falar da alma dos ímãs, presumivelmente porque eles podiam iniciar movimentos em matéria suscetível (como o ferro). Também se atribuíam qualidades pessoais à alma. Ainda mantemos essa ideia; embora não acreditemos mais em sua verdade literal, usamos expressões metafóricas como "alma boa" para descrever uma pessoa compassiva. A alma, então, se torna responsável por (ou um repositório de) características e traços da personalidade.

A crença dominante entre os antigos gregos era que toda matéria sob o céu se compunha de quatro elementos ou raízes — terra, água, ar e fogo —, estabelecida no século V a. C. por Empédocles. A mistura desses elementos explicava as características dos diversos tipos de matéria. A alma não era feita de matéria diferente do corpo; era apenas uma versão mais refinada, com partículas menores. Acreditava-se que a alma era principalmente ar e fogo, que são leves

e móveis, enquanto outras matérias incluíam uma parte maior dos elementos pesados e lentos, terra e água. Como corpo e alma eram feitos essencialmente do mesmo tipo de matéria, isso significava que não havia nenhum problema específico em pensar que interagiam. A descrição de Aristóteles do *pneuma* refinado em diversos graus estava totalmente de acordo com a ideia de que a alma se compunha de matéria ordinária (embora, apenas uma vez, Aristóteles sugerisse que podia ter algo semelhante à classe especial de matéria chamada "éter", que ele acreditava formar as esferas celestes).

O filósofo Epícuro (341-270 a. C.) e os estoicos (a partir do século III a. C.) consideravam a afinidade entre corpo e psique suficiente para provar que a psique é o mesmo que o corpo. Como alma e corpo afetam um ao outro e somente corpos materiais podem ter efeito sobre outros corpos materiais, os dois precisavam da mesma natureza.

Epícuro sugeriu que a psique é formada de matéria muito delicada, distribuída por todo o corpo físico. Portanto, corpo e mente são um agregado, em vez de a alma se localizar numa única região ou órgão.

Os antigos modelos gregos do cosmo consideravam que toda a matéria corpórea era formada de quatro elementos: terra, água, fogo e ar. Aristóteles acrescentou um quinto elemento incorpóreo, o éter.

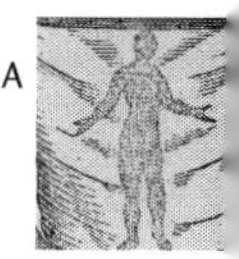

Os atos de sensação e percepção são possíveis porque a mente é integrada às partes do corpo e, assim, trabalha prontamente em afinidade com elas, noção repetida por Nemésio no século IV d. C.

O filósofo romano Lucrécio (99-55 a. C.) imaginou uma divisão tripartite de corpo e alma, com a alma dividida em parte pensante (*animus*) e parte sensível (*anima*). Mais uma vez, ele os via como inextricavelmente ligados e, mais uma vez, feitos do mesmo tipo de matéria, só que com gradações diferentes. Ele ressaltou que um golpe físico afeta os sentidos e o pensamento. Do mesmo modo, a depressão causa impacto no corpo físico e nas sensações e pensamentos — "a natureza da mente e da alma é corporal". Lucrécio não concordava com a antiga visão da alma que sobrevive à morte e vai para o mundo subterrâneo; em sua opinião, as partículas que formam mente, corpo e alma se separam com a morte. Toda a matéria é reutilizada, mas a pessoa única que já criaram desaparece para sempre.

"Nada incorpóreo interage com o corpo, e nenhum corpo com o incorpóreo, mas um corpo interage com outro corpo. Agora, a alma interage com o corpo quando está doente e sendo cortado, e o corpo com a alma;assim, quando a alma sente vergonha e medo, o corpo se torna respectivamente vermelho e pálido. Portanto, a alma é um corpo."

Nemésio, *c.* 390 d. C.

Deus entra em cena

Com o advento do cristianismo, a questão da alma foi sequestrada pela Igreja. Houve modelos tripartites e bipartites da composição de corpo e alma. Na visão tripartite, a alma, o espírito e o corpo são separados; no bipartite, só há corpo e alma, o espírito sendo, simplesmente, um outro nome da alma. Esta era considerada a parte imortal que anseia pela comunhão com Deus. Era um fragmento do Espírito Santo, não feita de matéria corpórea, e considerava-se que sobrevivia à morte e era estorvada pelo corpo.

A Igreja não estava demasiadamente preocupada com o modo como as partes (alma, mente e corpo) se comunicavam, mas era claríssimo que os anseios do corpo geralmente punham a alma em perigo, a menos que o indivíduo, pela razão ou pela graça, conseguisse subjugar os instintos do corpo e agisse de forma virtuosa. O paradigma dominante era o da batalha ou, no melhor dos casos, o da tensão entre corpo e alma. A Igreja certamente não considerava a alma parte do corpo nem residente num órgão específico dentro dele. Quando mencionado, o local da atividade mental é, com mais frequência, o coração, mas isso não significava que o coração fosse realmente considerado o tabernáculo da alma, como explicou Santo Agostinho (354-430 d. C.): "Nas Sagradas Escrituras [...] a palavra *coração*, nome de uma parte do corpo, é aplicada à alma em sentido metafórico, enquanto esses filósofos defendem que é o próprio órgão que aparece quando as vísceras são expostas."

Agostinho localizava no cérebro a memória e as funções sensorial e motora, mas mantinha a razão e o intelecto como ope-

O destino da alma depois da morte foi discutido durante milênios. Neste afresco do século XIV, ela irá para o Céu ou para o Inferno.

rações da alma não localizada. Na Idade Média, o espírito assumiu um aspecto de divindade que não tinha para Galeno. Para ele, o espírito não era, de modo algum, sobrenatural.

Vários espíritos

O texto de Galeno chegou à Idade Média europeia por uma rota sinuosa. Ele foi desenvolvido por filósofos e escritores médicos árabes antes de ser reintroduzido no sul da Europa a partir do século XII. Ibn Sina (ver a página 16) acrescentou suas opiniões e descreveu de que modo os espíritos animais sofriam mudanças ao se mover da primeira à terceira célula, adquirindo progressivamente capacidades mais avançadas. Na primeira célula, eles são capazes de percepção e imaginação; na segunda, acrescentam a cognição; na terceira, são capazes de memória.

Houve aqui uma mudança clara desde Galeno, pois, na opinião de Ibn Sina, não era o ventrículo, mas o espírito nele contido, que tinha essas habilidades e funções. Ele também achava que o espírito que havia nos nervos motores e sensoriais não era o mesmo espírito que estava nos ventrículos e constituía um tipo totalmente diferente.

Onde fica?

Se o corpo é animado por uma alma, uma pergunta sensata a fazer é:onde ela se localiza?Pode se espalhar pelo corpo inteiro, mas isso seria um problema no caso de uma lesão. E se um membro fosse cortado?O que aconteceria com a parte da alma que estivesse nele?Em 1533, a Igreja Católica ordenou uma autópsia depois da morte das gêmeas xifópagas Joana e Melchiora Ballestero para determinar

se tinham almas separadas ou uma alma só. A autópsia encontrou dois corações e concluiu, portanto, que cada gêmea tinha uma alma, indicando que a Igreja acreditava que a alma se localizava no coração.

Era quase como se todo o debate cérebro/coração nunca se resolvesse: embora o controle dos músculos e sentidos tivesse sido conclusivamente localizado no cérebro, a alma — ou talvez até o pensamento — ainda poderia estar no coração.

Dois em um?

A fragmentação do espírito não ajudou muito a explicar como funcionavam os diversos sentidos ou capacidades cognitivas. No século XVII, o monge cisterciense Eustáquio de São Paulo (1573-1640) sugeriu combinar todos os espíritos num só. Ele o chamou de imaginação e o localizou na célula intermediária, deixando a primeira para a percepção sensorial e a terceira para o controle motor.

> *"Suponho que o ser humano não passa de uma estátua ou máquina feita de terra."*
>
> René Descartes, *Tratado do homem*, 1662 (publicado postumamente)

O corpo mecânico

Ao mesmo tempo, o filósofo francês René Descartes (1596-1650) promovia o modelo mecanicista do corpo humano. Ele se inspirou nos autômatos que viu nos jardins do Palácio de Versalhes, perto de Paris. Os autômatos eram movidos pela pressão de fluidos que corriam por tubos alimentados pelo subterrâneo. Ao ver que a simples pressão hidráulica podia ser aproveitada para produzir movimento e conhecendo também o mecanismo dos relógios, Descartes especulou que o corpo humano poderia igualmente seguir leis físicas. Ele acreditava que seria possível encontrar explicações puramente mecânicas para"a digestão do alimento, o batimento do coração e das artérias, a nutrição e o crescimento dos membros, a respiração, o despertar e o sono, a recepção, pelos órgãos externos dos sentidos, da luz, dos sons, dos cheiros, dos sabores, do calor e de outras qualidades assemelhadas".

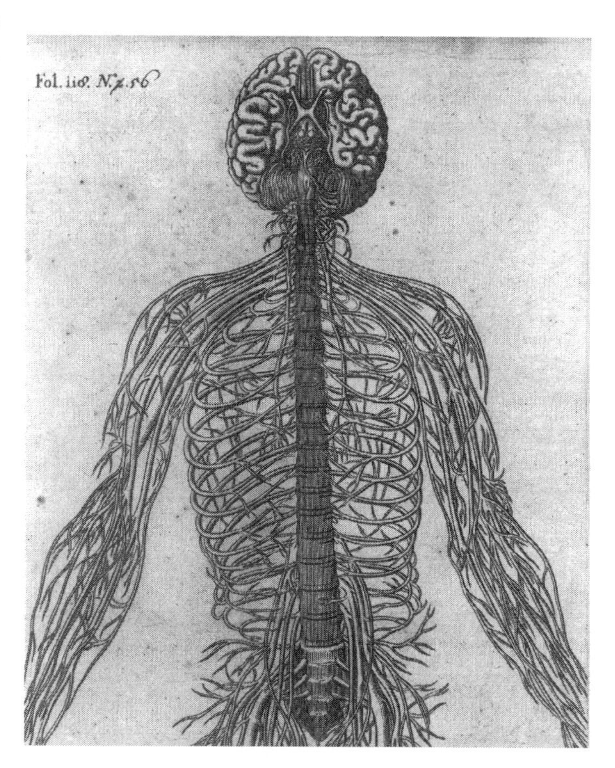

O cérebro e o sistema nervoso, tirado de "De homine", de Descartes.

Descartes foi além e disse que os aspectos nutritivos e sensoriais/locomotores da concepção clássica da alma não eram necessários; eles podiam ser inteiramente controlados pela mecânica do corpo físico.

Todos os tipos de atividade mental e física também realizados por outros animais Descartes considerava inteiramente mecânicos, que não exigiam nenhum tipo de alma ou espírito. Um cão ou uma abelha conseguem perceber cores, ouvir sons e reagir a estímulos dolorosos; portanto, é claro que a alma humana racional e imortal não participa dessas atividades. Mas e a imaginação, a paixão, a consciência e essas outras faculdades consideradas exclusivas de seres humanos? Embora o conceito do corpo como máquina funcionasse bastante bem para processos físicos como o fluxo do sangue ou a inspiração e expiração de ar e até para a percepção, ele não poderia explicar o pensamento, o "eu" consciente. Descartes ainda precisava de uma alma racional atrelada ao corpo mecânico.

No mesmo caminho de Eustáquio, ele propôs que uma única entidade englobasse todos os tipos de atividade puramente mental, como pensamento, imaginação, vontade, razão e consciência. Ele chamou essa parte de *res cogitans*, que se igualava bastante bem à consciência. Efetivamente, ele resolveu o problema de manter a peculiaridade da humanidade, mas criou outro. Como a alma, que considerava rarefeita e sem substância física, conseguiria interagir com o corpo? Como algo que não é material poderia mover e mudar a matéria? Sem dúvida, a alma ou mente (por falta de palavra melhor) interage com o corpo físico: decidimos mover o braço e ele se move; derramamos lágrimas quando tristes ou feridos. De maneiras incontáveis, nossa mente e nosso corpo interagem e causam impacto um no outro.

O ponto de contato

Descartes precisava de um ponto de contato entre corpo e alma; ele escolheu a glândula pineal, uma pequena estrutura profundamente enfiada no cérebro. Era um afastamento significativo do modelo ventricular o fato de ele ter escolhido uma estrutura física sólida, não uma fenda cheia de líquido e espírito, como sede da atividade mental — embora acreditasse incorretamente que a glândula pineal se localizava num dos ventrículos. Ao pôr a glândula pineal suspensa no ventrículo cheio de fluido, ele poderia dar uma explicação mecânica para a interação entre o corpo e a res cogitans. "O mais leve movimento por parte dessa glândula pode alterar muitíssimo o curso desses espíritos [que fluem entre os ventrículos]; por sua vez, qualquer mudança, por mais leve que seja, que ocorra no curso dos espíritos muito faz para mudar o movimento da glândula." (1649)

Ele raciocinava que, como não tem dois lobos e se localiza entre os dois hemisférios, a glândula pineal estaria bem situada para receber informações dos dois hemisférios, portanto dos dois lados do corpo, e fundi-las numa impressão única para que a alma compreendesse. A glândula pineal também é muito pequena. Sua aproximação a não ter extensão física também pode ter chamado sua atenção como lar da *res cogitans*, que em si não ocupa nenhum espaço físico.

Embora Descartes se satisfizesse ao encontrar um local físico para a alma, poucos se convenceram. Nos séculos XVII

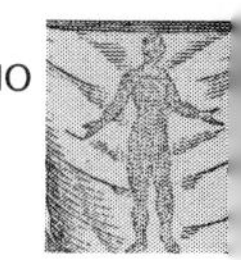

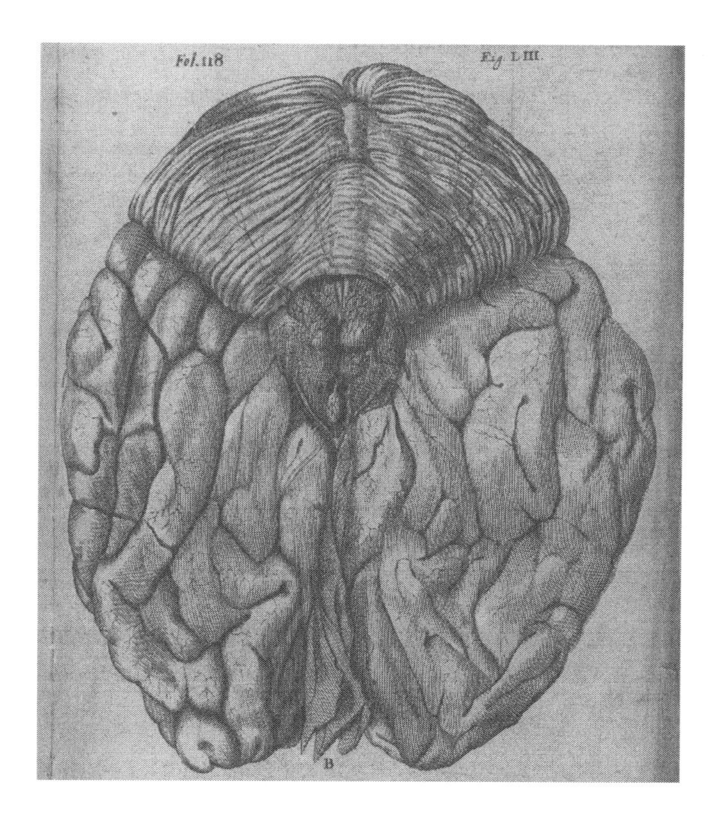

Este diagrama de Descartes da visão posterior do cérebro mostra a glândula pineal no centro.

e XVIII, os anatomistas continuaram tentando localizar a fonte do "espírito animal" e, com ela, a sede da alma ou da consciência. O cientista cerebral Thomas Willis declarou que o cérebro era a "Capela viva e arfante da Deidade". Ele considerava provável que o cerebelo fosse o órgão fundamental, já que danos causados a ele são sempre fatais. Alguns outros consideravam o corpo caloso como fonte dos espíritos animais, e outros ainda escolhiam locais diferentes, mas os ventrículos tinham perdido a preferência.

Nunca se chegou a um consenso; a dificuldade de conciliar a dualidade corpo-alma permaneceu insolúvel. A neurociência ainda não tem uma resposta definitiva: há neurocientistas que acreditam na existência de alguma entidade metafísica e neurocientistas que acreditam que o construto inteiro é material.

Análise do mecanismo

A posição materialista remove a necessidade de explicar como se consegue a interação. Ela oferece a possibilidade de finalmente discernir exatamente como funcionam todos os aspectos do corpo, inclusive o cérebro envolvido em suas atividades menos substanciais. O médico dinamarquês Nicolaus Steno explicou sucintamente: "Sendo o cérebro uma máquina, não temos razão para esperar descobrir seu projeto por meios diferentes daqueles usados para descobrir o projeto de outras máquinas. A única coisa a fazer é o que faríamos com outras máquinas: desmontar seus componentes peça por

peça e considerar o que fazem, juntos e em separado."

A opinião dominante mantinha algum papel para a alma/mente imaterial, mas ainda deixava bastante espaço para demonstrar o mecanismo corporal peça por peça.

A partir do século XVI, a exploração científica da anatomia e da fisiologia do cérebro, dos nervos e da medula espinhal revelou um número crescente de mecanismos que permitem nossa interação física e mental com o mundo que nos cerca.

O domínio cada vez menor da alma

Conforme crescia a compreensão da fisiologia do sistema nervoso, o espaço deixado para uma res cogitans imaterial ser efetiva diminuiu. O médico inglês Thomas Laycock realizou estudos extensos da "histeria", nome genérico do comportamento nervoso (ver o quadro ao lado). Ao relatar seus achados em 1839, ele incluiu a afirmação de que "os gânglios cranianos, embora sede da consciência e da vontade, estão sujeitos às mesmas leis que governam os outros gânglios". (Um gânglio é um grupo de células nervosas ou os corpos das células nervosas; há gânglios espinhais ao longo da medula espinhal e gânglios cranianos dentro do cerebro.) A sugestão de que talvez até algumas funções mentais sejam passíveis de explicação fisiológica foi espantosa. Estava pronto o palco para a extensão inevitável desse princípio ao órgão mente/cérebro como um todo.

John Hughlings Jackson (ver quadro na página ao lado), talvez mais famoso por seu trabalho sobre a epilepsia, deu o passo final: negar que algum tipo de alma ou entidade metafísica era necessário para fazer o corpo e a mente humana funcionarem. Ele não via razão para o cérebro ser diferente em princípio de qualquer outro

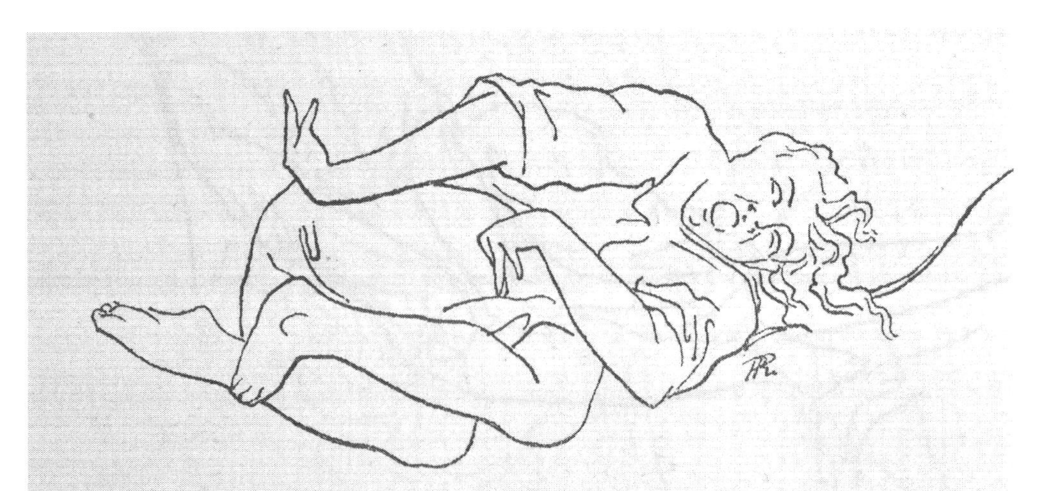

A epilepsia, aqui representada em 1881, ofereceu à neurociência oportunidades frutíferas de pesquisa.

órgão físico, além da complexidade. Ele aproveitou as leis recém-descobertas da conservação de energia e a ideia de que o sistema nervoso compreende um conjunto de órgãos separados que trabalham juntos. Com base nisso, seu modelo preferido era o de um sistema nervoso inteiramente sensório-motor, inclusive nos aspectos mais elevados de funcionamento mental.

Três modelos

Hughlings Jackson reconhecia três possíveis soluções para o problema mente-corpo. A primeira era o dualismo cartesiano com a mente; nas palavras de Jackson, "atuar pelo sistema nervoso por meio de uma agência imaterial". A segunda, o modelo materialista, tornava mente e corpo idênticos; "as atividades dos centros mais elevados e os estados mentais são exatamente a mesma coisa", de modo que a mente é inteiramente física. O terceiro modelo via mente e cérebro como dife-

O ESPÍRITO SOME SEM AVISAR

É difícil estudar a função do cérebro ou da mente/espírito no contexto de seu funcionamento normal. Na história da neurociência, os pesquisadores recorreram extensamente aos indícios advindos de defeitos e diferenças. As lesões cerebrais (danos causados por doenças ou acidentes), a epilepsia, os vários tipos de doença mental, as doenças neurológicas como a de Alzheimer e estados especiais como a hipnose fornecem indícios por contraste. A epilepsia se mostrou uma riquíssima área de pesquisa. A histeria, antigamente associada à epilepsia, não é mais considerada um diagnóstico isolado. Hoje, ela é vista como um tipo de somatização, quando o corpo converte o sofrimento ou estresse psicológico em sintomas físicos, como comportamento errático, perda de consciência, convulsões, amnésia seletiva, mutismo eletivo e muitos outros.

JOHN HUGHLINGS JACKSON (1835-1911)

Hughlings Jackson estudou medicina e depois trabalhou em Londres, no London Hospital e no Hospital Nacional de Paralisia e Epilepsia. Seu trabalho mais famoso foi com pacientes epiléticos, no qual documentou com detalhes minuciosos o progresso das convulsões e identificou suas diferentes formas.

Além da fisiologia, ele se interessava por filosofia e proclamou como sua meta descobrir o funcionamento de todo o sistema nervoso. Agnóstico que desdenhava o metafísico, ele acreditava que uma explicação dessas poderia englobar tudo o que está envolvido em sermos humanos: "Um homem, visto fisicamente, é um mecanismo sensório-motor [...] Se a doutrina da evolução for verdadeira, todos os centros nervosos terão constituição sensório-motora." (1884)

Enfermos suplicam a um relicário pela cura milagrosa. O homem no alto sofre de epilepsia ou doença mental, indicada pelos demônios em forma de morcegos acima de sua cabeça.

rentes, mas atuando em paralelo; não havia interação causal entre eles, mas os dois seguiam o mesmo caminho. Uma ideia semelhante, sugerida pelo filósofo alemão Gottfried Leibniz no século XVII, usava a analogia de dois relógios postos em movimento no mesmo instante, ambos dando a mesma hora, embora não houvesse nenhum vínculo entre eles. Hughlings Jackson a chamava de Doutrina da Concomitância. Embora rejeitasse a metafísica, Hughlings Jackson se entusiasmou com a Doutrina da Concomitância por dar liberdade à neurologia dentro do corpo sem ter de negar (nem aceitar) uma res cogitans imaterial.

Desmontado

Ao adotar a Doutrina da Concomitância, Hughlings Jackson efetivamente libertou a neurologia para se desenvolver como disciplina clínica por direito próprio. Ela poderia tratar inteiramente dos sinais e sintomas sensório-motores dos pacientes e desdenhar quaisquer fatores mentais. Embora soubesse, como os neurocientistas posteriores, que o estado de espírito e eventos com carga emocional influenciavam a saúde física, Hughlings Jackson acreditava que não deviam ser levados em conta ao avaliar e tratar os aspectos sensório-motores das doenças neurológicas. Isso teve o impacto adicional de forçar a separação entre neurologia e psicologia. A psicologia trataria da mente imaterial, da relação do eu com o mundo, enquanto a neurologia trataria das manifestações físicas da doença e da angústia. A neurociência seguiu o caminho que ele abriu, embora, em vez de ignorar as preocupações da psicologia, ela tente explicá-las ou elucidá-las fazendo referência aos processos físicos do cérebro.

Embora separasse o aspecto mental do aspecto físico, Hughlings Jackson também rejeitava a ideia de uma mente inconsciente. Ele sentia que, se houvesse algo que a mente fizesse abaixo do nível da consciência humana, isso deveria ser visível em pacientes inconscientes, mas parece que não acontece nada quando um paciente está inconsciente (é claro que ele não podia usar a tecnologia moderna para verificar a atividade cerebral). Em última análise, ele só queria se livrar da complexidade da mente:"Como evolucionista, não estou preocupado com essa questão [da mente], e, com propósitos médicos, ela não me importa" (1888).

ATRAVESSAR O LIMITE

Hughlings Jackson fechou os olhos para o impacto mental e emocional sobre o corpo, mas hoje esses fatores são cada vez mais importantes. É comum os neurologistas receberem pacientes com sintomas físicos genuínos cuja causa somática (ligada ao corpo) não se consegue encontrar. A ideia de que sua doença está "toda na cabeça", ou seja, é psicossomática, angustia os pacientes, pois insinua que eles a estão inventando. Mas a dor somatizada não é inventada; é uma experiência tão real quanto a dor com causa física. Como veremos no capítulo 7, toda dor é produzida no cérebro.

Conhecer o sofrimento emocional que está sendo somatizado é útil para o clínico. Por um lado, isso pode impedir tratamentos e exames invasivos que nunca darão certo, porque o problema não está na parte do corpo que apresenta os sintomas. Por outro, permite a oportunidade de conseguir um tratamento eficaz lidando com a situação que leva o paciente a produzir sintomas físicos. A dificuldade de confirmar com confiança que um sintoma é angústia somatizada e não uma doença não diagnosticada é considerável e, em grande medida, se baseia na exclusão de outras opções. A somatização é um exemplo de que a mente passa dos limites, por assim dizer, em sua influência sobre o corpo físico.

SLYNESS
PRIDE
Doctrina Particularum
Self Knowledge
BUMPS
Sold by
ROYAL PATENT
PHRENOLOGICAL
HATS
ADAPTED TO EVERY
FACULTY OR ORGAN
ABSTRACTION
Belle Brain
SCOTT
TREMAINE

CAPÍTULO 3

A localização da **FUNÇÃO CEREBRAL**

"Entre as várias partes de um corpo animado submetido à investigação anatômica, nenhuma se presume mais fácil ou mais conhecida do que o cérebro; mas, entrementes, não há nenhuma menos [...] perfeitamente entendida."

Thomas Willis, 1644

O cérebro parece bastante homogêneo ao observador ocasional, mas no século XVI já lhe era atribuída uma série de habilidades. Surgiu naturalmente a questão da existência de áreas especializadas (e até mesmo órgãos separados) ou se todas essas funções são misturadas. Nossa melhor resposta, depois de uns quinhentos anos de trabalho, é que é um pouco de ambos.

Um método antigo de atribuir diversas funções a partes diferentes do cérebro foi a frenologia, ridicularizada pela comunidade médica mas adotada com entusiasmo por muita gente.

Uma coisa ou muitas?

Os modelos mais antigos do cérebro já fizeram alguma tentativa de localizar funções em diversas regiões, mas se baseavam mais em como o cérebro deveria funcionar do que na observação de como funciona. A suposição de Galeno de que as informações sensoriais e o controle motor são processados na frente do cérebro e as faculdades mentais nos ventrículos estabeleceu um padrão de localização geral, desenvolvido e refinado nos séculos seguintes. Finalmente, no século XVII, as ideias sobre localização começaram a se basear no estudo anatômico e não na filosofia e na tradição.

Platão usava a alegoria do carro para descrever a alma humana. O condutor representa o intelecto e a razão; os cavalos, a emoção e o desejo. O condutor está encarregado de dirigir os cavalos no rumo constante do esclarecimento.

No fim do século XV, a dissecação humana e animal recomeçou, depois de um hiato de cerca de mil e oitocentos anos. Além de examinarem seus cadáveres com cuidado, os anatomistas também registraram o que viam em textos ilustrados. Desde a época de Vesálio, no século XVI, os anatomistas descobriram, ou pelo menos admitiram, que muitas estruturas do corpo (inclusive o cérebro) não correspondem às descrições de Galeno.

Embora descrições mais exatas da estrutura do cérebro surgissem quando os anatomistas se puseram a trabalhar, sua compreensão do que o cérebro faz ou como faz continuava confusa. Boa parte do cérebro parece relativamente homogênea. A massa do córtex, desdenhada desde o começo como "casca", não tem estruturas delicadas óbvias como as pequenas projeções do revestimento do intestino (vilosidades) ou as bolsas de ar dos pulmões (alvéolos).

Rumo à neurologia

A primeira pessoa a investigar meticulosamente a anatomia do cérebro foi o médico inglês Thomas Willis (1621-1675). Professor de "filosofia natural" (ciência) na Universidade de Oxford, Willis publicou em 1664 uma influente monografia chamada Cerebri Anatome (A anatomia do cérebro). Nela, fez uma descrição detalhada da estrutura do cérebro e cunhou a palavra "neurologia". Willis não partiu da mesma pauta que um anatomista moderno; ele afirmava que queria "destravar os lugares secretos da mente do homem e olhar a capela viva e arfante da Deidade".

A dissecação estava na base do trabalho de Willis. Ele dirigia as dissecações realizadas por seu assistente, o médico Richard

"Os homens deveriam saber que de nada além do cérebro vêm as alegrias, os prazeres, o riso e os esportes, e tristezas, pesares, desânimo e lamentações. E com isso, de maneira especial, adquirimos sabedoria e conhecimento, vemos e ouvimos, sabemos o que é imundo e o que é belo, o que é mau e o que é bom, o que é doce e o que é insosso; alguns discriminamos por hábito, alguns percebemos pela utilidade. Com isso, distinguimos objetos de prazer e desprazer, de acordo com as estações; e as mesmas coisas nem sempre nos agradam. E com o mesmo órgão nos tornamos loucos e delirantes, e temores e terrores nos afrontam, alguns á noite, alguns de dia, e sonhos e devaneios inoportunos, e cuidados que não são adequados, e a ignorância das atuais circunstâncias, desuso [inércia] e inabilidade."

Hipócrates, *Da doença sagrada*, c. 400 a. C.

Lower, em salas dos fundos de estalagens e residências particulares. Willis examinava as estruturas expostas usando uma lente de aumento ou microscópio, e elas eram desenhadas por Christopher Wren (o famoso arquiteto da catedral de São Paulo, em Londres). Ele injetava pigmento nos vasos sanguíneos do cérebro para acompanhar sua trajetória e fez um trabalho considerável sobre a circulação do cérebro.

Willis tentou descobrir as funções das diferentes áreas que viu e descreveu. Ele propôs que os giros (as saliências do córtex cerebral) controlam a memória e a vontade, tornando-se a primeira pessoa a localizar funções psicológicas no córtex em vez dos ventrículos. Ele atribuiu as muitas convoluções do córtex humano à capacidade psicológica dos seres humanos, maior do que a dos outros animais. A percepção visual ele atribuía ao corpo caloso, uma faixa larga de fibras nervosas que une os dois hemisférios e é a maior massa de substância branca do cérebro. Ele parece tê-la imaginado como uma tela na qual as imagens eram projetadas para que a alma racional observasse. Willis também atribuiu outros tipos de sensação e movimento ao corpo estriado. O movimento involuntário e as funções vitais ele localizou no cerebelo, na parte traseira inferior do cérebro.

As sugestões de Willis relativas à função se basearam mais em suas ideias sobre a alma do que em evidências empíricas. Ele acreditava em três tipos de alma, seguindo mais ou menos o padrão de Aristóteles e Platão. Além da alma sensível e da alma vital em comum com os animais, os seres humanos teriam uma alma imortal capaz de pensamento, vontade e juízo mais elevados. A alma imortal não tem forma material, mas, na opinião de Willis, atuava sobre o cérebro. Ele não tinha explicação para a interação dos dois. A alma material (em comum com os animais) ele explicava com certo detalhamento. Como Galeno, ele descreveu os espíritos animais presentes no cérebro e nos nervos, que são refinados a partir dos espíritos vitais que circulam no sangue. E disse que os espíritos animais são gerados no córtex e no cerebelo (não na terceira célula, como propunha o modelo tradicional) e armazenados no

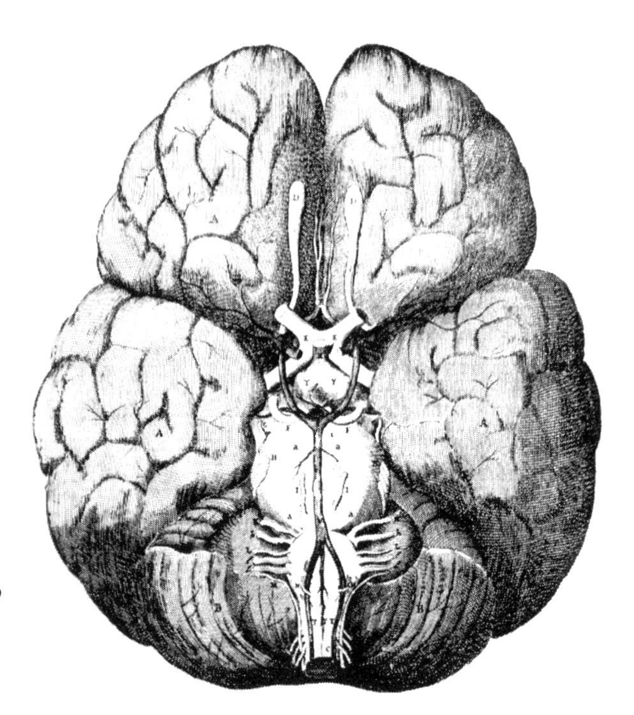

Willis não seguiu o procedimento-padrão da época. Em vez de realizar a dissecação in situ, ele mandou remover o cérebro e o examinou a partir de baixo, como mostrado aqui no desenho de Christopher Wren em Cerebri Anatome, 1664.

cérebro. Eles viajam pelos nervos até os músculos e órgãos dos sentidos conforme necessário. Willis descreveu algo como um arco reflexo pelo qual as percepções sensoriais são processadas; então, o córtex dá início ao fluxo de espíritos animais até os músculos. Isso explica muitos tipos de ação de maneira disponível tanto a seres humanos quanto a animais, de modo que estes (que, para ele, não tinham volição) "movem-se sobre seus membros somente quando excitados pelo impulso do objeto externo, e assim a sensação, precedendo o movimento, é de certa forma sua causa". Os seres humanos têm um modo adicional de reagir. O corpo caloso, ao perceber imagens projetadas sobre ele, pode iniciar ações intencionais.

A descrição de Willis das estruturas do cérebro era detalhada e meticulosa e foi a primeira a dar a numeração atual dos nervos cranianos, que saem do cérebro e se ligam a partes da cabeça e do pescoço. Ele distinguiu a substância branca da cinzenta, tornando a branca responsável pela geração de espíritos animais e a cinzenta, por sua operação e distribuição.

Seu livro passou efetivamente o local da atividade mental dos ventrículos para o córtex, mudando a direção das investigações do cérebro. Mesmo assim, pouquíssimo foi feito para revelar o funcionamento cerebral, e suas localizações amplas não se baseavam em evidências empíricas. Nicolaus Steno lamentou o estado de ignorância sobre o cérebro.

"Só precisamos ver uma dissecação da grande massa, o cérebro, para ter bases para lamentar nossa ignorância. Na própria superfície vemos variedades que merecem nossa admiração; mas, quando olhamos sua substância interna, ficamos

ANNE GREEN, DE VOLTA DOS MORTOS

Thomas Willis e seu mentor William Petty costumavam trabalhar juntos em dissecações, realizadas na casa de Petty. Numa dessas ocasiões, obtiveram mais do que desejavam.

Petty obteve permissão de reivindicar para dissecação o corpo de todos os criminosos executados num raio de 34 quilômetros de Oxford. Em 14 de dezembro de 1650, os dois se preparavam para anatomizar o corpo de Anne Green, copeira que fora estuprada e depois enforcada por matar o bebê recém-nascido (mais tarde, descobriu-se que a criança nascera morta). Anne foi enforcada em Oxford, deixada pendurada meia hora, removida para um caixão e levada à casa de Petty. Mas, quando Willis e Petty abriram o caixão e se prepararam para dissecar o corpo, ela fez um ruído estranho e começou a respirar. Os dois homens a reviveram com cordial quente, fizeram cócegas em sua garganta para forçá-la a tossir, esfregaram seus braços e pernas e depois a puseram na cama junto de outra mulher para aquecê-la. Em doze horas, ela conseguia falar, e dentro de um mês estava totalmente recuperada. Recebeu perdão integral, casou-se e teve mais três filhos.

na total escuridão, incapazes de dizer nada além de que há duas substâncias, uma acinzentada e a outra, branca. "

São Lucas opera a cabeça de um homem.

Localização das funções cerebrais

Apesar das boas intenções, localizar as áreas do cérebro responsáveis pelas diferentes atividades se mostrou difícil, e houve pouco progresso antes do século XVIII.

Lesões reveladoras

Como Steno observou, o cérebro constitui um enigma. Não pode ser visto fazendo nada, mesmo que se abra a cabeça. Mas lesões na cabeça têm efeitos negativos específicos, que davam alguma indicação do que poderia estar acontecendo dentro do cérebro.

Em 1710, o cirurgião militar francês François Pourfour du Petit (1667-1741) tratou de um paciente com um abscesso no cérebro. O homem sofria paralisia frontal no lado do corpo oposto ao abscesso, levando Petit a concluir que os espíritos animais atravessam de um lado do cérebro ao outro nos tratos que cruzam as pirâmides bulbares (estruturas em pares no alto do tronco cerebral, pouco abaixo da ponte). Ele demonstrou que conseguia produzir paralisia translateral em cães cortando a ligação a uma ou outra das pirâmides. Em 1727, ele foi além e acompanhou os nervos que atravessam as pirâmides até sua origem no córtex cerebral. Com isso, ele determinou pela primeira vez a existência do córtex motor.

Essa é uma lateralização bem básica das funções — descobrir que um lado do cérebro controla e recebe informações do outro lado do corpo —e é uma descoberta muito importante. Mas foi a única a ter muito impacto por algum tempo.

De olho no futuro

Emanuel Swedenborg (1688-1772) parece um candidato improvável a neurocientista presciente. Depois de estudar teologia e se interessar pelas crenças de uma seita luterana dissidente, ele se pôs a trabalhar com ciência natural e invenções. Entre suas propostas, havia uma máquina voadora e um submarino.

Emanuel Swedenborg desistiu de sua pesquisa sobre a alma depois de um chamamento divino.

Os interesses gêmeos de Swedenborg pela ciência natural e pela religião o levaram a tentar investigar a biologia da alma. Ele acreditava que a alma estava ligada ao corpo e se baseava em substâncias materiais, portanto suscetíveis ao estudo. A partir da década de 1730, ele realizou extensa pesquisa sobre a estrutura e a função do cérebro e do sistema nervoso e pensou profundamente e com originalidade, antecipando muitas descobertas posteriores. Sua meta era localizar a alma, e ele formulou um plano ambicioso de publicar uma obra de 17 volumes sobre sua anatomia. Ele largou o emprego em 1743 para reunir material para seu livro, mas no ano seguinte teve uma visão em que, segundo afirmou, que Cristo lhe disse que o escolhera para lhe revelar o verdadeiro significado da Bíblia. Não surpreende que ele abandonasse o projeto anterior para se dedicar a essa exigente incumbência divina. E como era exigente: a partir dos textos hebraicos, Swedenborg foi encarregado de encontrar o significado espiritual de cada versículo da Bíblia.

Reavaliação do córtex

Na época, a opinião predominante era de que o córtex era desimportante em termos da função cerebral e que sua única tarefa era levar os vasos sanguíneos às partes mais profundas do cérebro, onde aconteceria o trabalho real. A opinião de que ele tinha pouco uso foi reforçada pelo trabalho do fisiologista suíço Albrecht von Haller (1708-1777), principal autoridade sobre o cérebro. Ele testou a "irritabilidade" (sensibilidade) de vários tecidos corporais e constatou que o córtex era completamente insensível. Em experiências com cães, ele estimulou o córtex com o bisturi, com substâncias corrosivas e com tudo o mais que pudesse causar dor, mas os cães permaneceram abençoadamente tranquilos. Só quando Haller mergulhou seus instrumentos profundamente no cérebro o cão uivou e se debateu. Sua conclusão foi que o córtex realmente é apenas uma casca, sem função sensorial nem motora e não envolvida em funções mentais mais elevadas.

Swedenborg leu a literatura sobre o cérebro relativa à sua estrutura física, inclusive os resultados e observações experimentais, interpretou novamente os dados e chegou a conclusões muito diferentes das de suas fontes. Seu principal achado foi que o córtex é o centro da recepção de informações sensoriais e do início da ação voluntária:"a substância cortical [...] con-

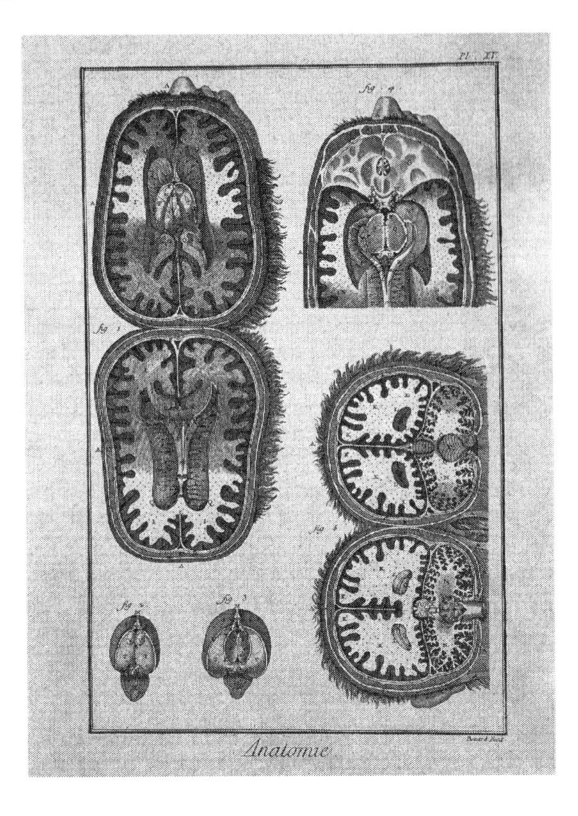

fere vida, isto é, sensação, percepção, entendimento e vontade; e confere movimento, isto é, o poder de agir de acordo com a vontade e com a natureza. "

O biólogo italiano Marcello Malpighi (1628-1694) foi a primeira pessoa a usar um microscópio para examinar o córtex. Ele o descreveu formado por muitas glândulas ou "glóbulos" pequenos, com fibras anexadas (ver a página 77). Mais tarde foi demonstrado que os glóbulos eram produzidos por defeitos das lentes do microscópio de Malpighi e do modo como ele preparava suas amostras. Swedenborg se concentrou nas fibras que Malpighi vira e sugeriu que podiam conectar unidades inde-

Gravura com seções do cérebro, final do século XVIII.

UMA DESCRIÇÃO CONFUSA

Domenico Mistichelli, professor de Medicina da Universidade de Pisa, notara o cruzamento dos nervos e o efeito contralateral das lesões do cérebro um ano antes de Pourfour du Petit, mas sua descrição foi bem menos esclarecedora:

"Externamente o bulbo raquidiano é entretecido com fibras que têm a máxima semelhança com as tranças de uma mulher [...] muitos nervos que se espalham para um lado têm suas raízes no outro; assim, por exemplo, os que se estendem para o braço direito através dessa trança podem prontamente ter suas raízes nas fibras esquerdas da meninge. O mesmo pode ser entendido sobre aqueles à esquerda que procedem da direita.[...] Portanto, é clara a suposição de que, se no lado direito [...] por humores opressivos ou por convulsões, estrangulamento ou algum outro defeito, o trânsito do líquido [espírito] animal por interstícios muito pequenos for impedido, logo acontecerá que o braço ou perna ou outra parte esquerda, com a qual aqueles filamentos nervosos estão de acordo, permanecerão convulsos ou paralisados, ou privados de sensação e movimento, porque os nervos daquelas partes não recebem o suprimento necessário de espírito da parte oposta que foi ferida."

"Busquei [o estudo da] anatomia [do cérebro] unicamente pelo propósito de descobrir a alma. Se tiver de oferecer algo de útil à anatomia ou ao mundo médico, será gratificante, mas ainda mais se tiver lançado alguma luz sobre a descoberta da alma."

Emanuel Swedenborg

pendentes (os glóbulos) que agiriam como "*cerebellula*", ou minicérebros. Ao identificá-los como elementos separados que trabalham em conjunto, ele antecipou de forma brilhante a doutrina dos neurônios (células do cérebro) surgida, na década de 1890, mais de cem anos depois (ver a página 99). As fibras atravessam o córtex até a substância branca, passam pela medula, descem pela coluna e vão para as partes do corpo por meio dos nervos periféricos. Ele propôs que estes eram os condutos da sensação e da ação.

Swedenborg tinha certeza de que as sensações terminam no córtex cerebral, porque é lá que as fibras dos nervos têm sua origem ou fim. Ele não disse claramente que as diferentes sensações se localizam em áreas diferentes do córtex, mas propôs que o controle motor é localizado e disse (corretamente) que o controle do pé se localiza no córtex dorsal (traseiro) e o do rosto e da cabeça no ventral (dianteiro). Essa noção só ressurgiu em 1870.

Quanto à localização das funções mentais, Swedenborg notou que as lesões da frente do telencéfalo têm mais probabilidade de prejudicar os "sentidos internos — imaginação, memória, pensamento" — e disse que "a própria vontade se embota". No entanto, ele afirmou que os danos à parte traseira do cérebro não tinham esse resultado. Sobre a glândula pituitária, ele escreveu que ela é a "coroa de todo o laboratório químico do cérebro", opinião que ressurgiu no século XX. Swedenborg disse que o corpo caloso permitia que os

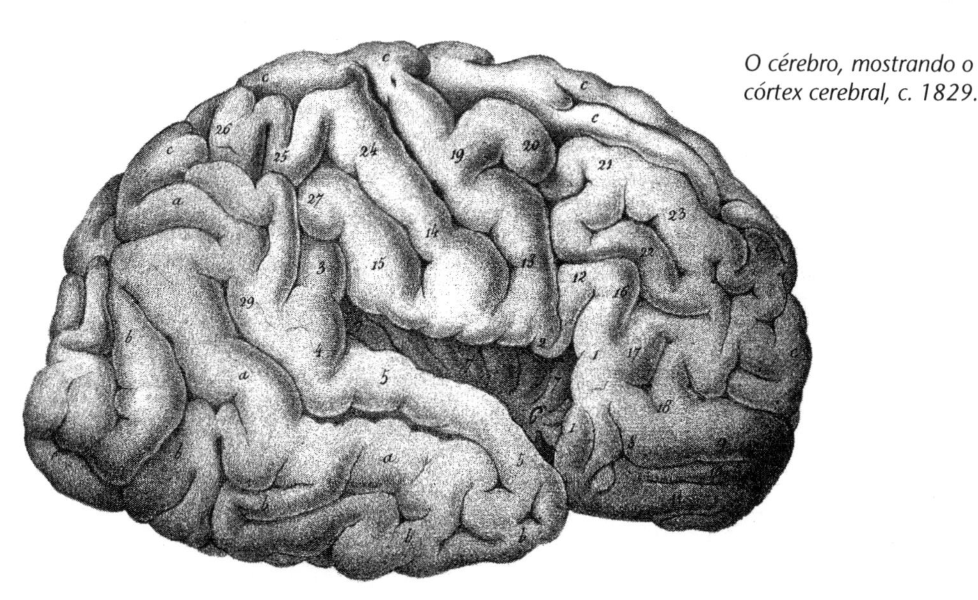

O cérebro, mostrando o córtex cerebral, c. 1829.

dois hemisférios do cérebro se comunicassem entre si (o que ele faz) e que o corpo estriado assumia a função do controle motor quando um movimento se tornava "segunda natureza".

Uma voz no deserto

Apesar de todas essas ideias espantosas, Swedenborg não teve nenhuma influência no desenvolvimento da neurociência, talvez porque ter apresentado sua fisiologia no contexto da busca da alma, que, assim, não foi notada pelos cientistas. Na década de 1880, depois que Gustav Fritsch e Eduard Hitzig descobriram o córtex motor (ver a página 57), houve um surto de interesse em Swedenborg, quando se percebeu que ele já dissera muito do que estava sendo recém-"descoberto", mas ele voltou à obscuridade pouco depois.

Marcello Malpighi é mais conhecido por descobrir os capilares sanguíneos.

O lento caminho da descoberta

De volta às ideias predominantes, o progresso foi lento. Inevitavelmente, foram os animais de laboratório que suportaram o grosso das primeiras investigações sobre o que faziam as partes do cérebro. Em 1760, o fisiologista francês Antoine Charles de Lorry removeu o cerebelo e o telencéfalo de cães e disse que eles continuaram a respirar por quinze minutos. Ele concluiu que o bulbo raquidiano, antes considerado apenas uma extensão da medula espinhal, deve ser responsável por funções vitais.

Em 1806, Julien-Jean-César Legallois realizou experiências para descobrir exatamente que parte do bulbo raquidiano abrigava o centro respiratório. Ele removeu o cerebelo de coelhos jovens e depois, fatia a fatia, o mesencéfalo e o bulbo raquidiano. Descobriu que, quando cortava o bulbo no nível do oitavo nervo craniano, os coelhos paravam de respirar, e ele localizou ali o centro da respiração. Marie-Jean-Pierre

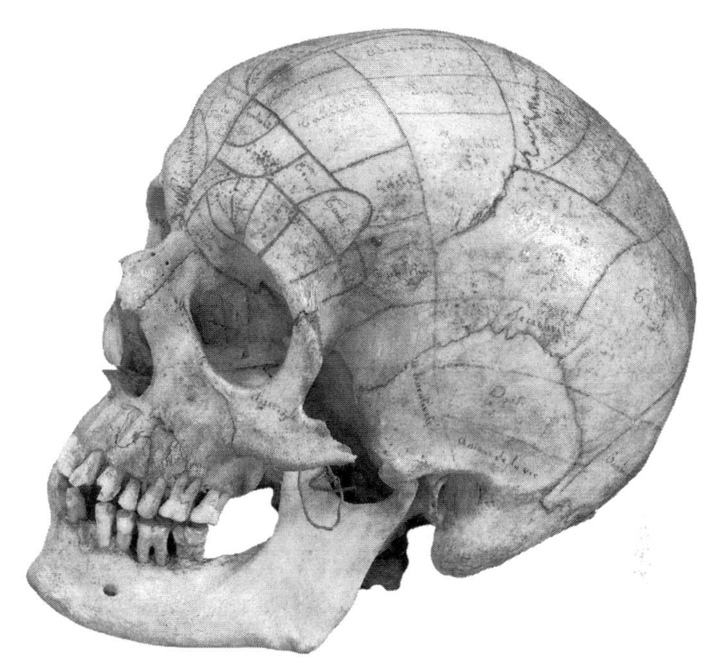

Crânio marcado com as áreas que os frenologistas associavam a vários atributos do caráter.

Flourens localizou-o com mais precisão em 1851 e disse que não era maior do que uma cabeça de alfinete (em coelhos). O achado de Legallois foi a primeira prova amplamente aceita de que as funções realmente estavam localizadas dentro do cérebro. Mas, quase imediatamente, o projeto de mapear a localização cerebral foi desviado por uma tentativa rebelde de encontrar a fonte das funções psicológicas e atributos da personalidade.

Protuberâncias e depressões

O personagem mais associado às primeiras ideias de localização cerebral é Franz Gall (1758-1828). Médico e anatomista, ele trabalhava em Viena no fim do século XVIII, mas foi forçado a se mudar para Paris depois que o governo austríaco, sob pressão da Igreja, restringiu suas demonstrações populares.

Gall é famoso por desenvolver a pseudociência da frenologia, que tenta descobrir aspectos do caráter examinando o formato do crânio. Ela se baseia na teoria de Gall de que o córtex cerebral se divide em 27 "órgãos" separados, cada um com suas responsabilidades. O tamanho de cada órgão se correlaciona com o desenvolvimento ou a importância no indivíduo da faculdade correspondente. De acordo com Gall, os órgãos pressionam o crânio quando crescem, formando uma protuberância externa que um especialista consegue identificar e medir. Gall chamou de "organologia" seu estudo do formato do crânio para determinar o caráter. Ele estudou uma coleção de crânios e moldes de crânios para chegar ao método, tentando equiparar características muito desenvolvidas e protuberâncias cranianas incomuns. Por exemplo, acreditava-se que o tamanho

do "órgão da benevolência" determinaria até que ponto alguém seria bondoso.

Embora tenha sido refutada, a frenologia foi importante para estabelecer a ideia da localização. Além disso, a ideia de que até características da personalidade podem ser localizadas ressurgiu com a moderna imagiologia do cérebro.

Crescimento e morte da frenologia

Em 1800, Gall contratou o médico Johann Spurzheim como seu assistente. Logo Spurzheim se envolveu inteiramente no projeto; Gall o via como seu sucessor e o citou como coautor de seus livros. Gall e Spurzheim brigaram em 1812, e Spurzheim começou uma carreira separada, desenvolvendo ainda mais a frenologia, aumentando o número de órgãos para 35 e tornando o sistema hierárquico. Teve muito sucesso e percorreu a Europa dando palestras e fazendo demonstrações.

Ironicamente, em 1815 a frenologia foi levada à atenção do público e à popularidade crescente por uma condenação mordaz do jornal *Edinburgh Review*, que a chamava de "uma peça de charlatanismo do início ao fim". Spurzheim respondeu às críticas do artigo e conquistou convertidos em Edimburgo. O advogado George Combe leu o artigo e, a princípio, zombou da frenologia, mas depois se converteu e se tornou seu defensor. Combe foi criticado por ser materialista e ateu. No livro *Constituição do homem*,ele escreveu que"as qualidades mentais são determinadas pelo

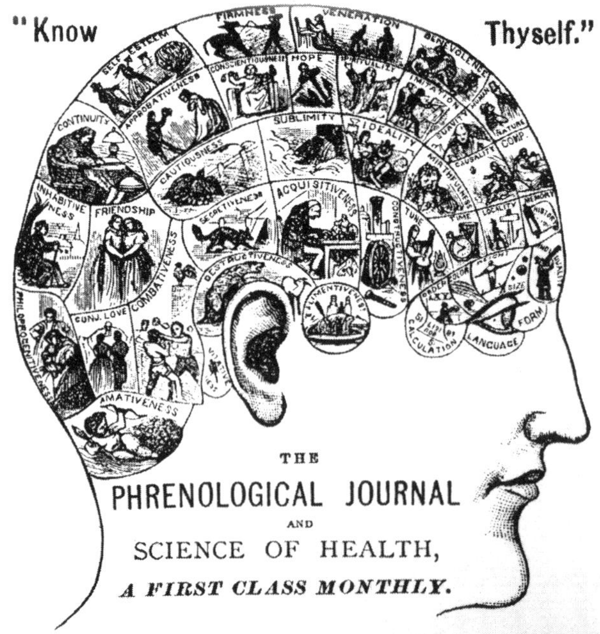

Este mapa frenológico mostra diversos aspectos da personalidade em diferentes áreas do cérebro.

FRANZ GALL (1758-1828)

Nascido em Baden, hoje parte da Alemanha, Gall frequentou escolas de Medicina em Estrasburgo e em Viena, na Áustria. Aceitou emprego no asilo de loucos de Viena e estudou pacientes mentalmente enfermos. Lá, desenvolveu suas ideias num relato completo de como o tamanho das diversas áreas do cérebro determinavam a personalidade e podiam ser "lidas" pelo formato do crânio. Gall afirmou que teve a ideia por trás da frenologia quando tinha 9 anos,ao notar que um amigo de escola com olhos saltados tinha memória melhor para palavras do que ele. Gall notou característica semelhante em outros alunos com facilidade especial com palavras e, mais tarde, decidiu que a área do cérebro que trabalhava com a fala devia ficar nos lobos frontais. Ele acreditava que um centro verbal bem desenvolvido empurraria os olhos para a frente, fazendo-os saltar.

Gall abriu um consultório particular e dava palestras públicas populares para explicar suas teorias. Suas ideias foram bem aceitas pelo público, mas não pelas autoridades, e ele teve de se mudar, primeiro para a Alemanha, depois para a França. Os adversários dos princípios da "organologia" a criticavam por ser anticientífica, imoral e antirreligiosa. A teoria foi adotada com entusiasmo por antropólogos europeus do século XIX e do início do século XX, pois parecia um modo de "provar" que os europeus eram superiores às outras "raças" e assim desculpar o comportamento atroz dos colonizadores contra os povos que conquistavam ou exploravam. Foi muito popular na Grã-Bretanha, na França e, mais tarde, na América do Norte.

Gall fez descobertas significativas além do desenvolvimento da frenologia. Foi a primeira pessoa a determinar que a substância cinzenta é tecido nervoso funcional e que o cérebro tem dobras para encaixar muita superfície num volume relativamente pequeno. Além disso, ele provou que as fibras nervosas motoras se cruzam (decussação) quando saem do tronco cerebral e entram na medula espinhal pelas pirâmides bulbares.

tamanho, forma e constituição do cérebro; e esses são transmitidos por descendência hereditária". Era uma opinião controvertida e moderna, que aproveitava as ideias protoevolucionárias correntes entre os cientistas naturais progressistas.

A frenologia teve tanto sucesso popular que alguns patrões adotaram a análise frenológica do caráter como parte do processo de seleção. Os bustos frenológicos se generalizaram, e pessoas de todo tipo se estabeleceram como frenologistas. Alguns apenas tateavam a cabeça com as mãos, como Gall recomendava, mas outros usavam compassos e paquímetros para medir os contornos com mais exatidão.

O entusiasmo pela frenologia se reduziu em meados do século XIX, mas levou muito tempo para morrer; a Sociedade Frenológica Britânica só foi encerrada em 1967. Dois princípios centrais da frenologia— o de que algumas habilidades são localizadas no cérebro e o de que o uso repetido pode fazer certas partes do cérebro crescerem —são hoje aceitas pela neurociência moderna, mas já se demonstrou que a ideia de ler o caráter ou a estrutura do cérebro pelas protuberâncias da cabeça é infundada.

Como entender o córtex motor

Ao trazer à baila a ideia da localização, Gall ajudou a neurociência a avançar na direção certa. No entanto, seu progresso não começou com os atributos psicológicos que interessavam a Gall, mas com o exame do controle do movimento.

Um dos primeiros contribuidores foi o fisiologista francês Marie-Jean-Pierre Flourens, que identificou o centro respi-

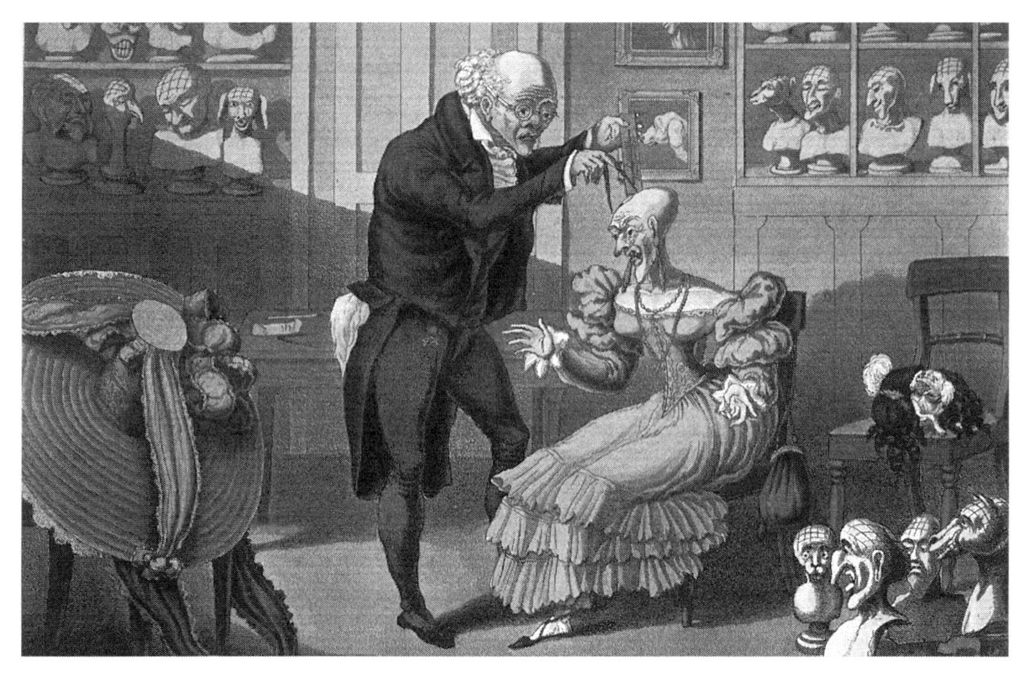

Essa mulher retirou a peruca para Gall medir sua cabeça com compassos.

ratório do coelho. Adversário ferrenho de Gall e da frenologia, Flourens estava convencido de que todas as faculdades se espalhavam pelo cérebro.

As convicções de Flourens se baseavam em suas experiências, a maioria delas realizada em animais. Ele descobriu que, se parte do córtex sofresse uma lesão (principalmente em pássaros), a recuperação era completa ou inexistente; os animais de suas experiências tiveram restauradas todas as faculdades ou nenhuma, indicando que não havia localização de faculdades. Ele concluiu que o cerebelo é responsável pelo movimento coordenado e que o bulbo raquidiano sustenta as funções vitais, mas que o córtex não podia ser dividido em termos funcionais.

Refutado por um cão

Mas Flourens estava errado. Em 1870, o psiquiatra Eduard Hitzig e o anatomista Gustav Fritsch publicaram na Alemanha o resultado de suas experiências de aplicação de corrente elétrica ao córtex dos cães. Eles realizaram suas experiências na penteadeira de um dos quartos da casa de Hitzig.

Hitzig desenvolveu um equipamento para ministrar choques elétricos terapêuticos em seus pacientes. Ele constatou que, se aplicasse corrente à parte de trás da cabeça, os olhos se moviam, o que podia ser reproduzido com confiança. Isso o levou a investigar mais, e foi então que os cães entraram na dança. Hitzig e Fritsch ministravam uma corrente elétrica bem leve a diferentes partes do córtex dos cães e registravam todos os movimentos correspondentes.

Eles descobriram que conseguiam isolar pequenas áreas que produziam movimento da pata dianteira, da pata traseira, do focinho e do pescoço. Em todos os casos, o movimento acontecia no lado oposto ao estímulo (ou seja, um estímulo no lado esquerdo do cérebro produzia movimento correspondente no lado direito do corpo). Eles concluíram que só parte do córtex estava envolvido nas reações motoras e que ela tendia a ficar na frente do cérebro. Os centros eram estreitamente localizados e reagiam a estímulos fraquíssimos. Hitzig e Fritsch também descobriram que, se removessem ou destruíssem a área do córtex que controlava a pata dianteira, as reações sensoriais da pata não eram afetadas; eles tinham descoberto que essa área só cuidava do controle motor.

Detalhes delicados

O psiquiatra e neurologista escocês David Ferrier (1843-1928) levou seu trabalho adiante na década de 1870, fazendo experiências principalmente com macacos. Ele usou correntes ainda menores e produziu mapas muito detalhados das áreas do córtex motor do cérebro do macaco.

Eduard Hitzig (ao centro, de barba e óculos) e Gustav Fritsch (sentado).

Seu trabalho com peixes, anfíbios e aves não conseguiu encontrar nenhuma reação do córtex frontal, reforçando os achados de Flourens com animais (que, inexata e infelizmente, ele estendeu aos seres humanos). Mais tarde, Ferrier descobriu as áreas envolvidas com o olfato e audição.

O mapeamento detalhado de áreas localizadas do cérebro realizado por Ferrier logo foi usado por neurocirurgiões. Por sua vez, seus achados alimentaram o mapeamento das funções do cérebro.

A fala à frente

Em meados do século XIX, antes do trabalho de Ferrier com o córtex motor, as opiniões se polarizavam entre os que consideravam as funções localizadas e os que seguiam Flourens e acreditavam que a função era distribuída. Os que favoreciam a localização foram atrapalhados pelo estigma da frenologia, nunca popular na comunidade médica. Foi contra esse pano de fundo que uma série de médicos franceses se esforçou para demonstrar que pelo menos um atributo exclusivamente humano tinha uma localização muito precisa no cérebro.

A batalha contra a frenologia

Nas décadas intermediárias do século XIX, acumularam-se indícios de que era comum a perda da fala seguir-se a lesões na parte frontal do cérebro. O médico francês Jean-Baptiste Bouillaud afirmou, em 1825, que as lesões no lobo frontal provocavam a perda da fala articulada. Bouillaud já fora entusiasmado pela frenologia, mas se afastara dela, embora ainda promovesse a localização das funções cerebrais. Ele reuniu um grande número de casos (foi o primeiro cientista cerebral a trabalhar com um grande conjunto de dados) e concluiu que o centro da fala fica na frente do cérebro. Bouillaud chegou a demonstrar, em 1827, que, se destruísse parte do cérebro de um cão entre as seções anterior e mediana, o animal perdia a capacidade de latir.

A associação entre localização e frenologia incomodou outros profissionais. Os críticos ressaltaram que algumas pessoas com lesões na parte anterior do cérebro não tinham a fala prejudicada. Bouillaud não localizou com muita precisão a faculdade de falar, e a ligação permaneceu tênue. Em 1848, ele fez um desafio famoso a quem encontrasse um paciente com perda semelhante de fala que não tivesse uma lesão no lobo frontal e ofereceu uma recompensa de quinhentos francos. O prêmio foi finalmente concedido em 1865 ao anatomista e cirurgião francês Alfred Velpeau, com um

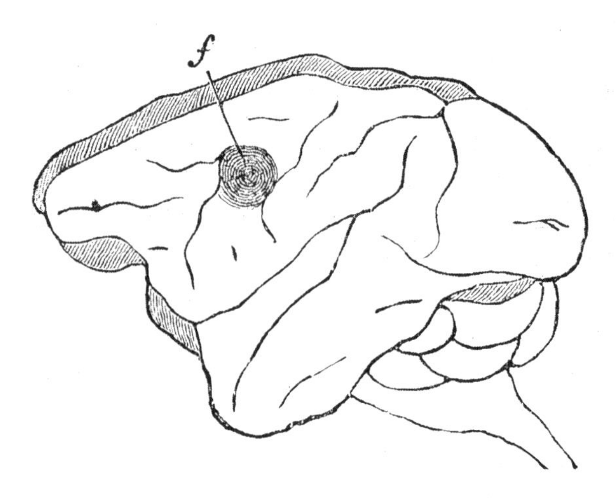

Desenho de Ferrier do hemisfério esquerdo do cérebro, mostrando uma lesão que causou paralisia do bíceps.

paciente cujos lobos frontais tinham sido destruídos ou deslocados por um tumor canceroso mas que manteve a capacidade de falar; só que, nessa época, o centro da fala fora localizado de forma conclusiva.

Jean-Baptiste Bouillaud foi o primeiro a apresentar provas de que a capacidade de falar se localiza perto da frente do cérebro.

Um suicídio desafortunado

Em 1861, o médico francês Ernest Auburtin descreveu um paciente que dera um tiro na própria cabeça. O paciente destruíra parte do crânio, mas sobreviveu várias horas, durante as quais Auburtin realizou experiências em seu cérebro exposto. (Parece que a ética médica não tinha papel muito importante nos primeiros dias da neurologia.)Auburtin descobriu que, se usasse uma espátula para apertar a parte frontal do cérebro enquanto o paciente estivesse falando, sua fala se interrompia. Quando aliviava a pressão, o paciente voltava a falar.

Grande e cerebral?

Auburtin apresentou seus achados numa reunião da Société d'Anthropologie, em Paris. Ele era da opinião de que, se um único exemplo de função localizada pudesse ser confirmado, o debate se encerraria. Infelizmente, ninguém deu muita atenção a seu caso de suicídio. Outra apresentação provocadora também aconteceu na mesma reunião. O anatomista Pierre Gratiolet descreveu o cérebro muito grande de um índio totonaque da América do Norte. Isso provocou um debate acirrado sobre a possibilidade de inferir a inteligência pelo tamanho do cérebro.

Mortos contam histórias

O médico Paul Broca estava entre os que se interessaram pelos achados de Auburtin. Em 1861, Broca internou o paciente moribundo Louis Leborgne em sua enfermaria cirúrgica. Leborgne passara 21 anos hospitalizado em Bicêtre, Paris, mas foi encaminhado a Broca depois de desenvolver gangrena. O paciente perdera a fala coerente vinte e um anos antes. Também era epilético. Depois de passar dez anos no hospital, começara a apresentar paralisia no lado direito, e a visão se deteriorara. Nos últimos sete anos, fora incapaz (ou não quisera) sair da cama. Broca era especialista em fala, e a incapacidade de Leborgne o interessava muito mais do que a gangrena. Ele escreveu sobre o caso:"O paciente só conseguia produzir uma única sílaba, que geralmente repetia duas vezes em sucessão; qualquer que fosse a pergun-

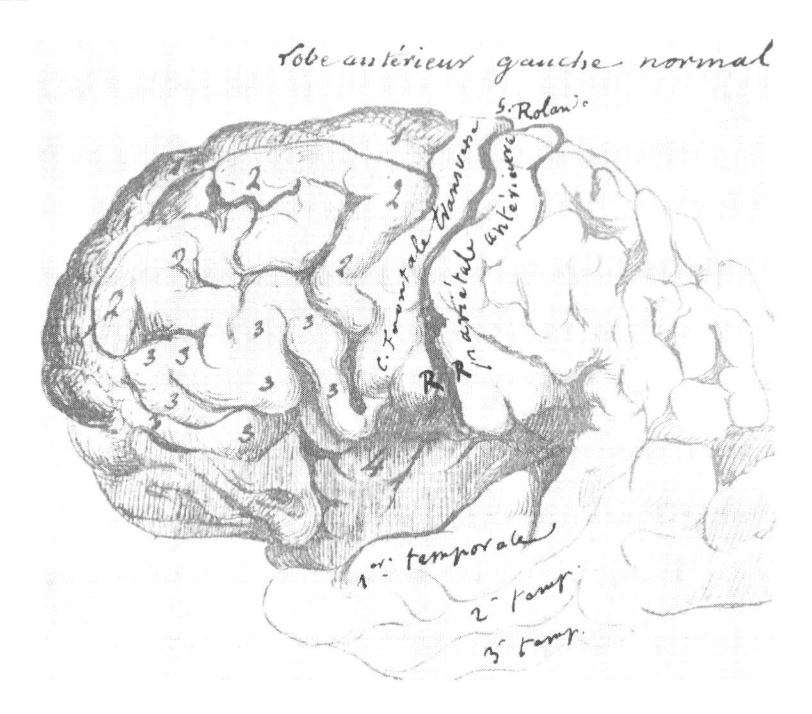

Desenho do cérebro feito por Broca mostrando seus pensamentos sobre a localização da capacidade de falar.

ta que lhe fizessem, sempre respondia tan tan, combinado com vários gestos expressivos. É por isso que, em todo o hospital, ele é conhecido apenas pelo nome Tan. "

Hoje, a perda da fluência na fala se chama afasia de Broca. Mas seus portadores costumam manter a capacidade de entender a linguagem, pelo menos até certo ponto.

Leborgne logo morreu, e na autópsia Broca encontrou uma grande lesão na área frontal (mais precisamente, no giro frontal inferior posterior). Alguns meses depois, Broca teve outro paciente que perdera a capacidade de falar. Lazare Lelong, de 84 anos, só conseguia dizer cinco palavras. Com sua morte, Broca encontrou danos à mesma área do cérebro que vira em Leborgne. Ele logo concluiu que o uso da linguagem se localiza numa parte específica do cérebro e, mais ainda, pode se decompor na capacidade de produzir palavras faladas, formular elocuções e compreender a linguagem. Uma dessas faculdades pode ser prejudicada sem impedir as outras, e assim a localização era na verdade bastante detalhada e específica.

Broca só publicou todos os seus achados em 1864, quando já examinara mais 25 pacientes/cérebros e podia ter certeza de que estava certo. Ele era um médico e anatomista respeitadíssimo, e seus achados foram amplamente aceitos, embora indicações anteriores de que a fala poderia se localizar na frente do cérebro tivessem sido praticamente ignoradas. A relutância da comunidade médica em adotar qualquer coisa que cheirasse a frenologia foi dissipada pela reputação de Broca e pela força de suas provas e de seu raciocínio. Além disso, ele tomou o cuidado de ressaltar que não estava dizendo que a fala se localizava no mesmo lugar afirmado por Gall. Sob a liderança de Broca, a localiza-

ção se tornou aceitável e oficial. A área que ele identificou como fundamental para a fala ainda é chamada de área de Broca.

Dois anos depois da morte de Leborgne, Broca destacou que as lesões que afetam a fala costumavam ocorrer no lado esquerdo do cérebro, mas em 1865 ele afirmou com mais convicção e precisão. O médico continuou a trabalhar no problema com mais pacientes, e acabou identificando quatro tipos de perda da fala e ligando a afasia de Broca a danos ao giro frontal inferior posterior.

Reaprendizado

Muitos pacientes com afasia que Broca estudou viveram para contar a história — literalmente. Ele descobriu que, em poucas semanas, com incentivo e terapia adequados, alguns pacientes com perda da fala reaprendiam a falar. Aparentemente, eles cooptavam uma parte diferente do cérebro para fazer o trabalho da área de Broca. Sua suposição foi que seria a área correspondente no outro lado do cérebro. As modernas ideias sobre plasticidade cerebral começaram com esse achado de Broca e seus pacientes mudos.

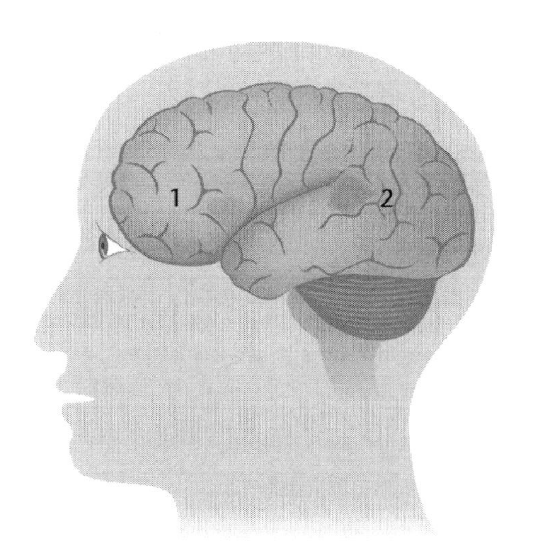

A área de Broca fica perto da frente do cérebro (1), e a de Wernicke fica mais para trás (2).

ESQUERDA, DIREITA, ESQUERDA

Broca encontrou alguns pacientes com lesão no lobo frontal direito e perda acessória da fala. Ele propôs duas explicações possíveis: que, se uma pessoa já tivesse sofrido uma lesão no lobo central esquerdo, o poder de falar já poderia ter sido transferido para o lado direito do cérebro; ou que, em pessoas canhotas, o centro da fala ficasse naturalmente no lado direito do cérebro. Hoje se sabe que a área de Broca fica na esquerda em quase todos os casos, seja qual for a mão dominante.

Outra área

No fim das contas, a fala e sua perda são mais complexas do que pareciam. O tipo de afasia descrito por Broca certamente não era o único, e nem sempre havia lesões do lobo frontal envolvidas. Em 1874, o neurologista alemão Carl Wernicke sugeriu que outra área, perto da parte traseira do cérebro, estava envolvida numa doença hoje chamada de afasia de Wernicke. Nela, o paciente ainda consegue encadear palavras com uma sintaxe que soa plausível, mas o entendimento se perdeu, e a enunciação não faz sentido. Isso sugeria que dois tipos de capacidade e processamento linguísticos estão envolvidos na produção da linguagem: a articulação física dos sons

(área de Broca) e a conexão entre palavras e significado (área de Wernicke). Wernicke desenhou mapas do cérebro ligando a área de Broca à área mais traseira (no giro temporal superior) que ele associou ao entendimento da linguagem. Hoje ela é chamada de área de Wernicke, mas os exames de imagem recentes indicam que talvez não fique exatamente (ou somente) onde Wernicke a localizou.

O neurologista inglês John Hughlings Jackson (ver a página 39) estava interes-

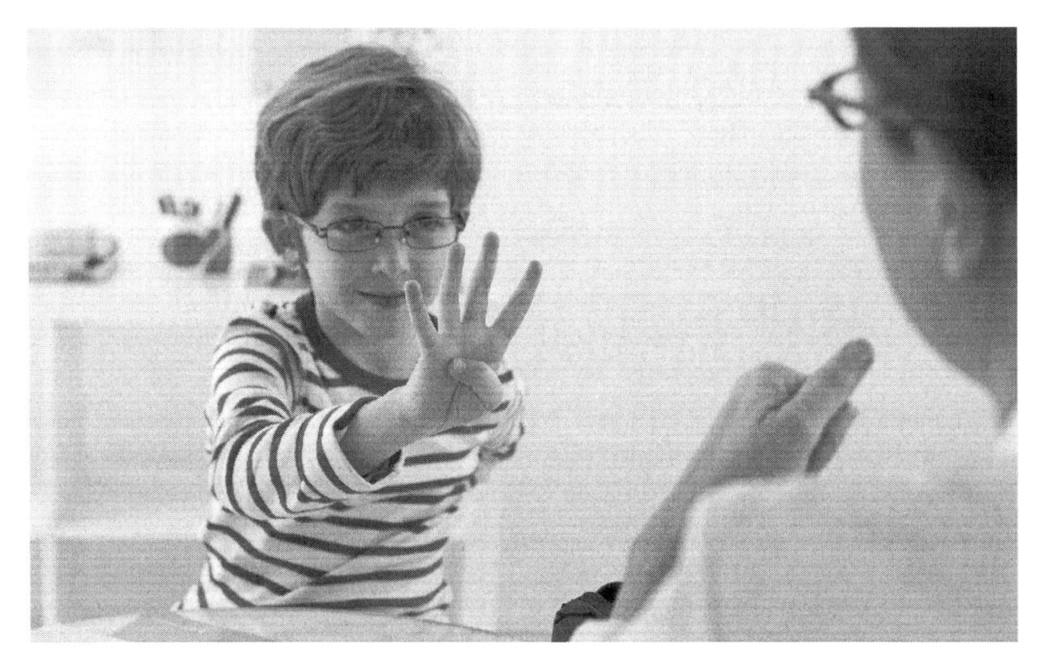

A terapia com fonoaudiólogos ajuda os pacientes a recuperar ou melhorar a fala depois de cirurgias cerebrais traumáticas.

O CÉREBRO ATRAVÉS DO TEMPO

A decisão de Broca de não cortar cérebros foi uma opção que trouxe grande benefício a pesquisadores posteriores, mas limitou suas próprias descobertas. Os cérebros de Leborgne e Lelong foram preservados e depois examinados por neurologistas modernos. Em 2007, o cérebro de Lelong passou pela primeira ressonância, o de Leborgne pela terceira. Com essas ressonâncias magnéticas de alta resolução (ver a página 177), descobriu-se que as lesões eram mais generalizadas do que Broca descrevera. Em ambos, as lesões não afetavam somente a área de Broca, mas chegavam ao fascículo longitudinal superior, um espesso feixe de fibras nervosas que liga os lobos frontais à parte traseira do cérebro, inclusive à área de Wernicke. Provavelmente, a lesão na área de Broca não era a única causa da perda de fala dos pacientes.

A PLASTICIDADE DO CÉREBRO

Chamada plasticidade, a capacidade do cérebro de se adaptar e mudar está por trás da recuperação de lesões cerebrais. Já se demonstrou que os neurônios vizinhos aos danificados criam novas conexões e redirecionam as vias de processamento originais. Em alguns casos, a área correspondente do hemisfério oposto também pode assumir as funções das partes lesionadas. A recuperação depende da terapia de reabilitação, que tem de começar cedo e ser seguida rigorosamente para reforçar as novas vias. Os exames por imagem conseguem mostrar que partes do cérebro assumiram funções cumpridas originalmente pela parte que se perdeu.

sado no fato, notado até por Broca, que os pacientes com afasia costumam ser capazes de praguejar com fluência, mesmo quando perdem a capacidade de fazer qualquer outra enunciação articulada. Ele desconfiou que houvesse uma distinção entre o uso automático da linguagem, que pode estar centrado no lado direito do cérebro, e seu uso pensado e intencional, concentrado no lado esquerdo (que também poderia controlar o uso automático). Isso significava que os dois hemisférios não eram totalmente dessemelhantes, mas que o esquerdo tinha a liderança na linguagem. Quando perdido, o lado direito conseguiria assumir apenas o uso automático em que a linguagem é uma simples reação emocional em vez de ser usada para transmitir significado.

Jackson desenvolveu a ideia de que, enquanto a fala volitiva se localiza na frente do lado esquerdo do cérebro, a percepção e o entendimento da percepção (orientar-se, por exemplo) se localizam na parte traseira do lado direito do cérebro. Ele sustentava isso com indícios clínicos de pacientes que tinham sofrido lesões no lado direito do cérebro e não conseguiam reconhecer pessoas ou lugares. Um de seus pacientes convenientemente morreu, e a autópsia revelou uma lesão na parte traseira do lobo temporal frontal.

Um lado ou outro

Esses achados alimentaram um grande debate sobre os hemisférios direito e esquerdo, se são ou não funcionalmente distintos. As primeiras especulações conhecidas a esse respeito se encontram num tratado anônimo que se considera baseado nas ideias de Diocles de Caristo, médico grego do século IV a. C. Ele (ou, pelo menos, o tratado anônimo) afirmava que "há dois cérebros na cabeça"; que o direito é responsável pela percepção e o da esquerda, pelo entendimento. (O coração também estava envolvido, de acordo com as crenças gregas predominantes na época.) Mesmo assim, até o século XIX pensava-se que os dois hemisférios eram praticamente equivalentes em forma e função.

Em 1865, Broca afirmou explicitamente que a fala se localiza no lobo frontal do lado esquerdo. Isso teve impacto em controvérsias distintas mas relacionadas: uma, se as funções são localizadas

no cérebro; outra, se os dois hemisférios são diferentes ou idênticos e como se relacionam entre si. Antes dos achados de Broca, o pressuposto era que os dois lados do cérebro eram órgãos equivalentes e independentes, assim como os olhos ou ouvidos direito e esquerdo se equivalem e podem funcionar com independência.

Duas mentes

No fim do século XVIII e início do XIX, uma nova ideia ganhou terreno. Em 1780, Meinard Du Pui propôs que temos duas mentes, uma em cada hemisfério, assim como temos outros pares de órgãos e partes do corpo. Em 1826, Karl Burdach sugeriu que as duas partes são unidas pelo corpo caloso, um largo feixe de fibras nervosas que passa entre os dois hemisférios. Em 1840, Henry Holland, médico particular da rainha Vitória, escreveu sobre a dupla natureza do cérebro. Ele afirmava que os feixes de nervos (chamados comissuras) que uniam os dois hemisférios servem para manter as metades trabalhando em cooperação. Nesse modelo, o desequilíbrio entre os hemisférios e a falta de comunicação entre eles poderiam levar à loucura ou à doença mental. Essa interpretação se baseava numa visão fisicalista da loucura — uma disfunção física do cérebro em vez de um transtorno do espírito.

Quem manda aqui?

Logo a contemplação dos dois lados do cérebro se voltou para a pequena diferença de tamanho tipicamente encontrada entre os hemisférios e a tendência a usar mais uma mão do que a outra. Em meados do século XIX, os fisiologistas franceses

JEKYLL E HYDE

Na novela *O estranho caso do Dr. Jekyll e do Sr. Hyde* (1886), Robert Louis Stevenson explora a ideia de duas personalidades distintas abrigadas num único indivíduo. Enquanto o respeitável Henry Jekyll é um indivíduo instruído e geralmente bom, moral e inteligente, seu *alter ego* Sr. Hyde é grosseiro, imoral, violento e completamente egoísta. O paralelo com as ideias sobre os lados esquerdo e direito do cérebro é claro. Hyde age como louco e, embora a princípio sua expressão esteja sob o controle de Jekyll, ele acaba surgindo espontaneamente e fica cada vez mais difícil — e finalmente impossível — suprimi-lo.

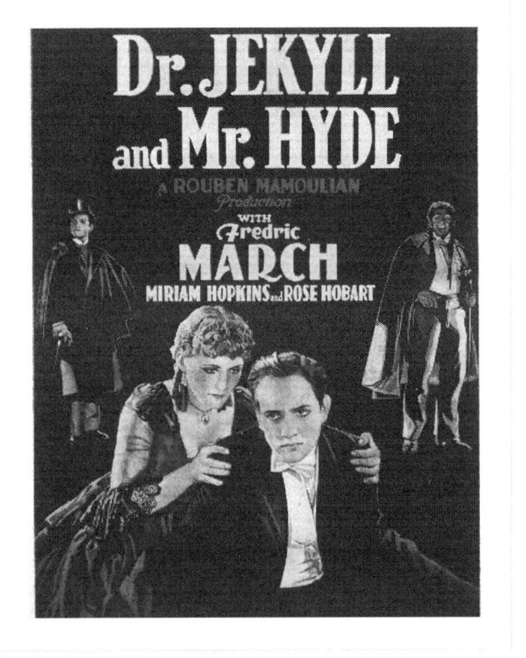

Ser canhoto provocou problemas em muitas épocas e lugares — desnecessariamente.

Pierre Gratiolet e François Leuret afirmaram que o hemisfério esquerdo se desenvolvia antes do direito e pesava um pouco mais durante o desenvolvimento. O pressuposto é que isso lhe dava uma vantagem para assumir o domínio, de modo que a maioria era destra.

Nas últimas décadas do século XIX, a assimetria cerebral chegou a ser aproveitada para reforçar a reivindicação de superioridade do homem branco europeu. Era comum acreditar, com base em alguns estudos de rigor duvidoso, que o grau de simetria do cérebro estava relacionado à inteligência ou ao desenvolvimento mental. Assim, os seres humanos têm cérebros assimétricos, mas os animais "inferiores" têm cérebro cada vez mais simétrico conforme "descemos" pela árvore evolucionária. De modo mais provocador, defendia-se que as "raças inferiores" e as mulheres têm cérebro mais simétrico do que os homens brancos, e as crianças têm cérebro mais simétrico do que os adultos. O médico britânico John Ogle concluiu que as convoluções simétricas do cérebro infantil devem se tornar assimétricas conforme o cérebro se desenvolve com a educação. (Parece que não lhe ocorreu que isso solapa a questão da inferioridade das mulheres e das outras raças, que não se beneficiavam da mesma educação dos machos brancos.)

O interesse pela assimetria inspirou muitos estudos que comparavam medidas do crânio e do cérebro para determinar se um hemisfério era geralmente maior do que o outro. Alguns verificaram que o hemisfério esquerdo é ligeiramente maior do que o direito.

Tudo o que está certo está errado

O consenso de que o lado esquerdo maior e dominante do cérebro era a marca do homem instruído e civilizado deixou o lado direito numa posição embaraçosa. Sugeria-

CANHOTOS GAGOS?

Depois que Philip Boswood Ballard afirmou que forçar a mudança da mão dominante poderia provocar gagueira, numerosos estudos, da década de 1920 à de 1960, confirmaram seus achados. Depois a teoria foi acusada de mito urbano (apesar de indícios bastante bons de estudos do século XX) e perdeu credibilidade. Estudos recentes de imagiologia cerebral ressuscitaram a ideia e constataram que a gagueira está relacionada à perturbação da transmissão de sinais entre os hemisférios esquerdo e direito.

-se que o lado direito maior era a marca do idiota ou do selvagem não instruído, e foi exatamente essa a conclusão que alguns tiraram. Em 1879, o neuroanatomista francês Jules Luys disse que, na loucura, o lado direito do cérebro era maior que o esquerdo. Ele localizava os instintos animais no lado direito do cérebro. Virou lugar-comum associar o lado esquerdo à moralidade e ao intelecto e o lado direito à melancolia e à irritação, na melhor das hipóteses, e à imoralidade, na pior.

Alguns acreditavam que a desigualdade dos hemisférios pudesse ser corrigida e que o hemisfério direito pudesse até ser educado de melhor maneira. Charles-Édouard Brown-Séquard, neurologista das ilhas Maurício, sugeriu um programa educativo que incentivava as crianças a usarem a mão direita e esquerda de forma igual e alternada, pois ele acreditava que o aumento do uso do lado esquerdo do corpo provocaria o crescimento e o desenvolvimento (moral) do lado direito do cérebro. Outra prática mais generalizada era tentar forçar as crianças canhotas a usar a mão direita. A primeira prática foi alvo de críticas de James Crichton-Browne, que disse que a história da civilização se baseava na dextralidade e que deveríamos deixá-la em paz. A segunda prática continuou até o fim do século XX, apesar da publicação, em 1912, de indícios de que forçar a dextralidade era uma prática malsucedida, prejudicial e que poderia provocar gagueira. É interessante que, em 1906, J. Herbert Claiborne tenha sugerido que as crianças disléxicas fossem estimuladas a desenvolver o uso da mão esquerda para provocar o lado direito do cérebro a assumir as funções lexicais que o lado esquerdo claramente atrapalhava.

E continua

Depois que os princípios da localização e da distinção entre os hemisférios foram geralmente aceitos, mais e mais capacidades passaram a ser associadas a locais ou lados específicos do cérebro. Um passo importante no caminho da maior localização funcional foi a obra do neurologista alemão Korbinian Brodmann (1868-1918). Ao investigar a estrutura e a histologia do tecido cerebral, ele desenhou um mapa com 52 áreas divididas entre onze regiões histológicas (isto é, que mostram diferença nos tecidos). Seu método se baseava na organização citoarquitetônica dos neurônios no córtex — o arranjo dos tipos de neurônio, o modo como se dispõem e como se empilham em camadas. Neurologistas subsequentes redefiniram e refinaram as áreas, mas o sistema citoarquitetônico de Brodmann continua a ser o mais usado. Estudos subsequentes relacionaram várias áreas a funções específicas.

NÃO SÓ UMA BOLHA MOLENGA

Com o desenvolvimento da microscopia, surgiram novas técnicas com corantes especializados para mostrar individualmente as estruturas dentro das células. Os anatomistas começaram a discernir diferenças entre áreas do córtex. Eles mapearam 200 áreas estruturalmente isoladas. A descoberta de que a estrutura do cérebro não é homogênea reforçou a ideia de que as funções são localizadas, com estruturas diferentes sustentando tipos diferentes de atividade cerebral.

Além dos próprios princípios, o século XIX estabeleceu a prática de usar disfunções e autópsias como modos de entender o funcionamento normal. Nos dias anteriores à imagiologia cerebral, era mais fácil deduzir que partes do cérebro fazem o quê quando elas paravam de fazer ou não podiam mais. A correlação entre falhas cognitivas ou psíquicas e lesões cerebrais eram os únicos indícios empíricos disponíveis do funcionamento do cérebro. Isso só mudaria no século XX, quando a tecnologia sofisticada dos exames por imagem finalmente permitiram o mapeamento detalhado da atividade do cérebro (ver a página 176).

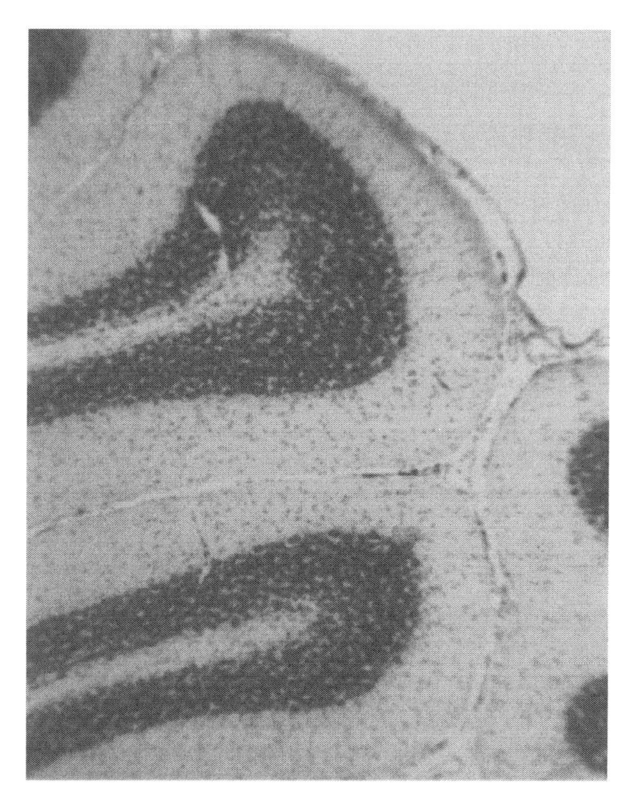

O uso da coloração de Nissl numa amostra de cerebelo de gato mostra com clareza o corpo celular dos neurônios, que absorve o pigmento.

CÉREBRO PREGUIÇOSO?

Um mito muito repetido é que só usamos 10% do cérebro. Não se sabe bem como isso se originou, mas pode ser visto em anúncios e brochuras de autoajuda desde o final do século XIX. A ideia é usada hoje com frequência em contextos semelhantes e para promover práticas e produtos que afirmam destravar ou dar acesso a mais poder cerebral. Mas é totalmente um mito. Os estudos do cérebro com as modernas técnicas de imagiologia não encontram nele nenhuma parte significativa que fique inativa sob uma variedade de estímulos, nem mesmo no sono. As lesões no cérebro provocam problemas, no mínimo de curto prazo, até que se estabeleçam novas vias em torno da lesão (ver a página 62). Ninguém optaria por perder 90% do cérebro com base em que continuaria bem com 10%. Finalmente, a evolução não nos permitiria desperdiçar parte tão grande de um órgão de funcionamento tão caro: o cérebro corresponde a cerca de 2% de nosso peso, mas usa 20% do oxigênio que consumimos. É quase certo que ele faça alguma coisa com todo esse oxigênio!

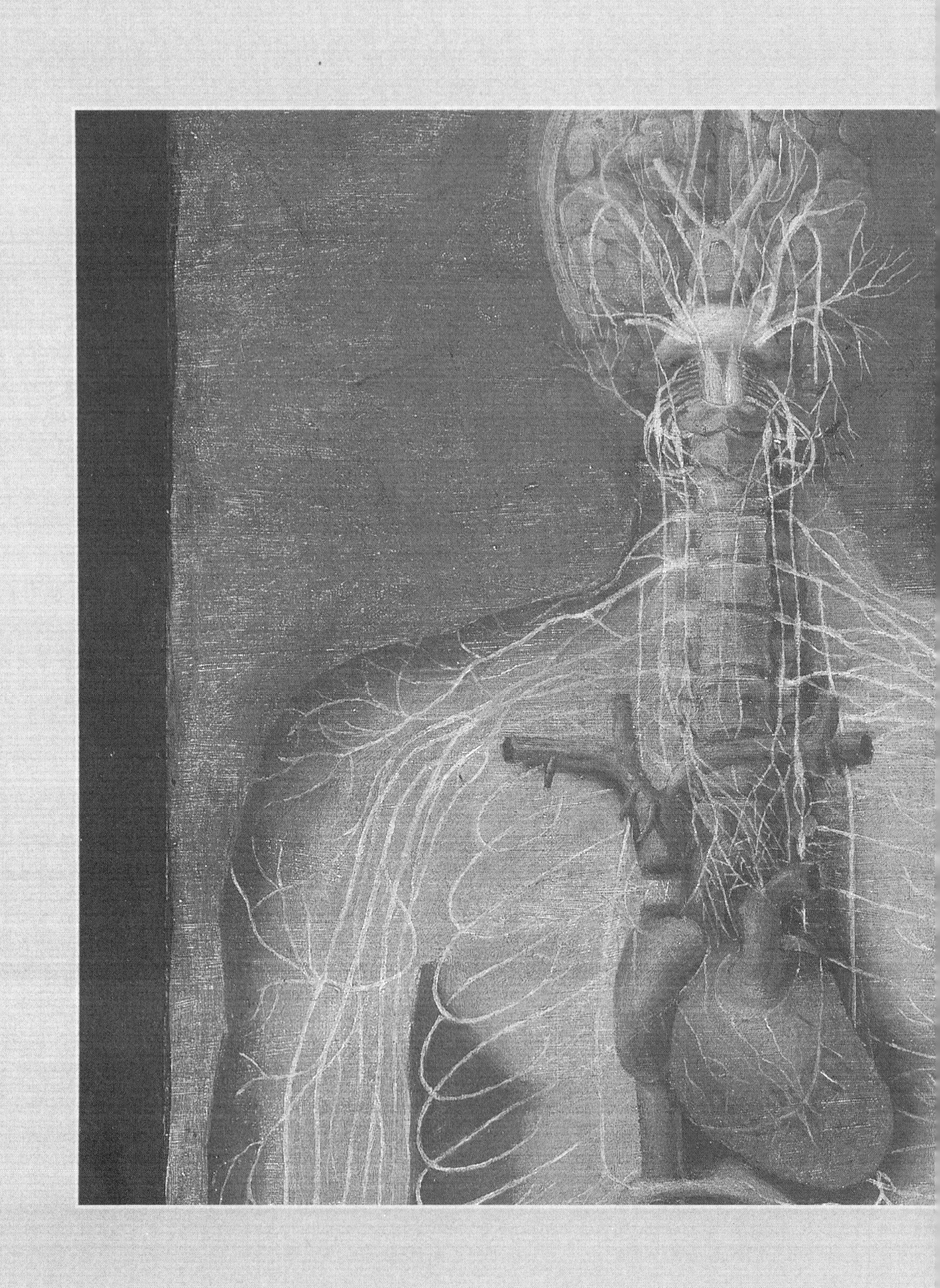

CAPÍTULO 4

Um feixe de **NERVOS?**

"Se essa substância [os nervos] é fibrosa por toda parte como parece ser em muitos lugares, é preciso entender que essas fibras se dispõem da maneira mais engenhosa, já que toda a nossa diversidade de sensações e movimentos depende delas."

Nicolaus Steno, 1668

Até para Galeno parecia que os nervos eram responsáveis por transmitir informações do cérebro e para o cérebro. No entanto, foi dificílimo descobrir exatamente como faziam isso.

Figura em pé mostrando a coluna vertebral, os nervos, o coração e o cérebro, pintada por Jacques Gautier D'Agoty, 1765.

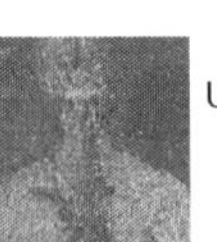

Rede de comunicação

Para controlar o corpo e receber informações pelos nervos, o cérebro deve ter alguma maneira de se comunicar com o resto do corpo (e dentro de si). Esse mecanismo é propiciado pela rede de nervos que conecta o cérebro e a medula espinhal a todas as partes do corpo. Os nervos do corpo — o sistema nervoso periférico (SNP) — é mais fácil de estudar do que as conexões dentro do cérebro, e foram os primeiros a serem investigados. Com cuidado, é possível dissecá-los e revelar grandes feixes de fibras nervosas que podem ser vistos a olho nu.

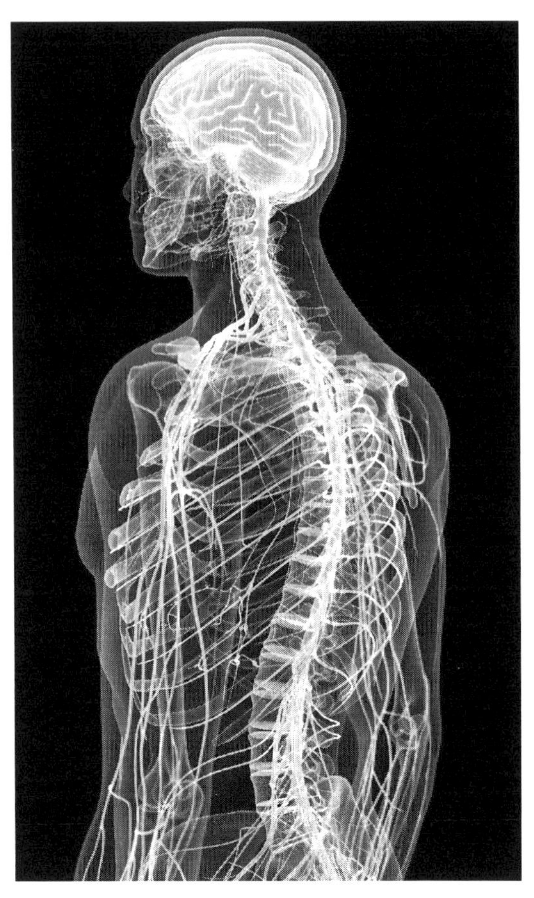

Os nervos saem da coluna para servir a todas as áreas do corpo; essa rede se chama sistema nervoso periférico (SNP).

À procura dos nervos

Herófilo identificou os nervos periféricos no século III a. C., e Galeno distinguiu dois tipos, os nervos sensoriais e os motores, no século II d. C. Galeno considerava a medula espinhal como extensão do cérebro e notou que os nervos se ramificavam a partir dela e iam para os membros, onde podiam receber sensações ou transmitir a vontade do cérebro aos músculos.

Ele acreditava erradamente que os nervos eram ocos. Isso não resultou da observação, mas da crença de que funcionavam transportando o espírito animal do cérebro para o corpo; portanto, tinham de ser ocos. Galeno considerava a ação do cérebro como a de uma bomba que se contraía para empurrar o *pneuma* pelos ventrículos a partir da frente do cérebro até a parte de trás e de lá, pelos nervos motores, até os músculos. Isso explicava a extrema velocidade com que as transmissões nervosas acontecem dentro do corpo, velocidade sobre a qual ele comentou — parece não se passar tempo nenhum entre formular a intenção de se mover e o movimento real.

Galeno procurou repetidamente os canais que passariam pelos nervos motores, mas não conseguiu encontrar nenhum espaço dentro deles. O único nervo oco que Galeno encontrou foi o nervo óptico dos bois. Sua ideia de nervos ocos cheios de *pneuma* a se mover de lá para cá a partir do cérebro duraria mil e quinhentos anos, apesar de não haver na estrutura dos nervos nenhum indício que a sustentasse.

DA INTENÇÃO AO MOVIMENTO

Vários estudos modernos constataram que não há nenhuma demora entre a intenção e o movimento e que, na verdade, a intenção parece vir *depois* que o movimento se inicia. Ressonâncias magnéticas mostram repetidamente que o cérebro já começou a ação antes que o indivíduo tenha consciência de que tomou a decisão de agir (ver as páginas 197 a 199).

Mentes impressionáveis e nervos de aço

Galeno também considerava fisicamente diferentes os nervos motores e sensoriais, com a distinção das funções claramente refletida na estrutura. Ele achava que os nervos motores eram mais rijos, pois tinham de transportar a força de vontade do cérebro aos músculos. Era preciso que suportassem a pressão quando o pneuma se espremesse dentro deles pela contração do cérebro. Os que tinham a vontade mais forte teriam os nervos mais rijos (daí a expressão "nervos de aço"). Ele acreditava que os nervos motores se originavam na parte de trás do cérebro e saíam pela medula espinhal.

Em contraste, ele achava que os nervos sensoriais eram macios como cera, pois tinham de transmitir as impressões causadas pelo objeto dos sentidos. Essas impressões se formavam nos nervos dos órgãos sensoriais, como os olhos, e eram levados para a parte frontal do cérebro. As impressões dos cinco sentidos se reuniam para serem processadas pelo *sensus communis*, o senso comum, que compunha a percepção dos objetos. Galeno tinha certeza de que a percepção não ocorria nos órgãos dos sentidos, já que sabia, por experiência clínica, que danos ao cérebro podiam às vezes prejudicá-la, mesmo quando os órgãos sensoriais estavam saudáveis e sem lesões.

Nervos especiais para tarefas especiais

O modelo de Galeno persistiu praticamente sem questionamento até e durante a Idade Média europeia. A dissecação e a observação acrescentaram alguns detalhes ou refinamentos pelo caminho, mas não provocaram mudanças significativas no modelo central. No início do século XI, o filósofo médico árabe Ibn Sina descreveu os nervos como "brancos, macios, maleáveis, difíceis de arrebentar" e tentou traçar seu caminho pelo corpo e descobrir suas várias funções. Mas, como Aristóteles, ele considerava o coração como sede do controle, e já partia pelo caminho errado.

Mestre Nicolau, que escreveu por volta de 1150, deixou um texto de anatomia que, de modo muito útil, resume as crenças comuns na época sobre os nervos e o cérebro. Inevitavelmente, ele se baseia bastante nos ensinamentos de Galeno.

Nicolau repete a conhecida noção de que os nervos sensoriais começam na *cellula phantastica*, na frente do cérebro, e os motores na *cellula memorialis*, na parte de trás. Mas ele continua e diz que os nervos sensoriais se dividem em cinco tipos para transportar informações relativas aos cinco sentidos. Mais tarde, esse se tornaria um ponto de discórdia considerável: todos os nervos são essencialmente os mesmos

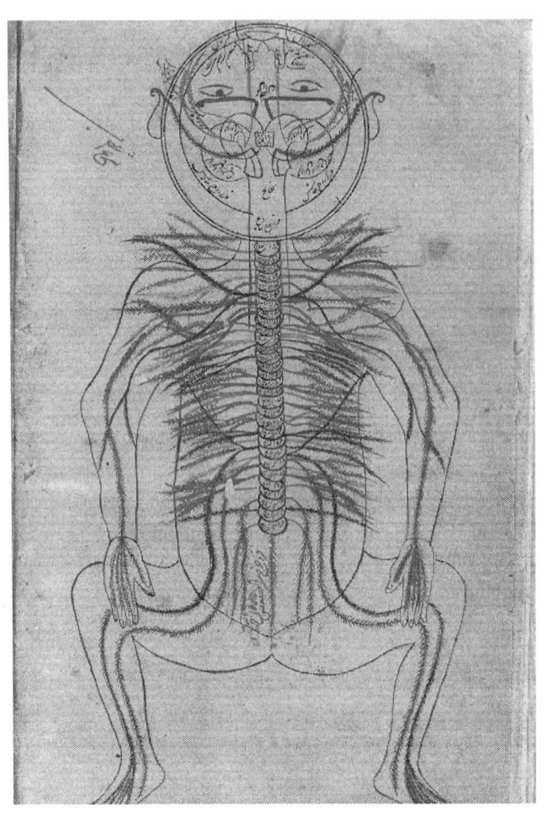

Ilustração do sistema nervoso num tratado de Ibn Sina.

para os ouvidos. (Como achava que esses nervos se originavam no ventrículo, ele não percebeu que o hemisfério esquerdo se relaciona com o lado direito do corpo e vice-versa; os nervos simplesmente pareciam fazer um caminho invertido a partir da mesma fonte, a *cellula phantastica*.) Ele descreveu o modo como os nervos se ramificam, de modo que um nervo grosso vai para cada braço e perna e depois se divide em ramos menores para se estender até os dedos e artelhos.

De acordo com Mestre Nicolau, os nervos motores servem principalmente para mover o corpo, embora ele achasse que tinham uma pequena função de perceber o tato. Mais uma vez, os nervos se cruzam e terminam no lado do corpo oposto à sua origem. Ele descreveu nervos que afirmava terem saído na área cervical até onde terminavam e nervos que saíam na área dorsal e as partes do corpo a que serviam. Especificamente, Nicolau observou que, embora não fossem responsáveis por produzir a fala, os nervos eram necessários para formar os sons que compõem a fala. Ele disse que um par de nervos saía da sexta vértebra dorsal, ia para o pulmão, atravessava a região pulmonar e

mas transportam tipos diferentes de informação (ou espírito)? Ou os nervos são diferentes, especializados no tipo de informação que transmitem? Ou as "informações" são as mesmas, mas separadas no cérebro de acordo com a fonte?

Mestre Nicolau tinha consciência de que os nervos se cruzam, de modo que os que terminavam no lado esquerdo do cérebro servem ao lado direito do corpo e vice-versa. Ele descreveu dois nervos que saíam da *cellula phantastica*, iam para a testa e se cruzavam, com o nervo do lado esquerdo do cérebro ligado ao olho direito e o nervo do lado direito do cérebro ligado ao olho esquerdo. Havia um par semelhante

"Por meio dos nervos, as vias dos sentidos se distribuem como as raízes e fibras de uma árvore."
Alessandro Benedetti, 1497

subia de volta para chegar à língua. Se esses nervos fossem curtos demais, explicou, a pessoa não seria capaz de emitir a letra "r"; se fossem compridos demais, haveria um ceceio. É possível que essa seja a primeira sugestão de que um estado congênito dos nervos tinha efeito físico sobre o funcionamento do corpo.

Os séculos seguintes assistiram finalmente ao questionamento do legado de Galeno. Embora durante muito tempo os indícios das dissecações ainda fossem interpretados à luz da descrição que Galeno fez dos nervos, essa síntese finalmente se mostraria insustentável.

O consumado anatomista André Vesálio, do século XVI, foi o primeiro a questionar a descrição que Galeno faz do corpo.

Condutos do pensamento

O meio pelo qual as informações viajam até o cérebro ou a intenção flui a partir dele nunca seria fácil de descobrir. Ao contrário do sangue, que se move claramente pelos vasos sanguíneos e pode ser visto quando se derrama, os nervos não tinham nenhum meio móvel aparente. A noção de que transportam o espírito animal ou alguma forma de ar persistiu tanto tempo exatamente porque não havia nenhuma boa razão para rejeitá-la; aberto o corpo, não se consegue ver nada se movendo pelos nervos, mas o espírito pode ser invisível. O fato de não haver nenhum canal visível atrapalhava, mas não de forma insuperável, já que poderia simplesmente ser fino demais para ver.

Oco ou maciço?

Galeno supunha que os nervos eram ocos, senão não poderiam transportar espíritos animais. Esse é um belo exemplo de teoria que dita o modelo, ainda que não seja sustentado por provas. Em 1520, o médico italiano Alessandro Achillini escreveu que "os nervos são leves para receber o espírito e finos para oferecer passagem rápida e fácil ao espírito e flexíveis para servir aos membros". Ele não diz especificamente que sejam ocos, mas também não nega.

Finalmente, a maré virou. André Vesálio (ver as páginas 26 e 27), mestre da dissecação e da observação meticulosa, estava disposto a contradizer Galeno e, em *De humani corporis fabrica*, de 1543, disse que "nunca vi um canal, nem mesmo no nervo óptico". Além disso, ele ressaltou que a *rete mirabile*, a rede de vasos sanguíneos que Galeno descreveu em torno do cérebro, não existe em seres humanos, e que os ventrículos não são como Galeno afirmava. No século seguinte, John Moir, estudante de Medicina da Universidade de Edimburgo, registrou em suas anotações de aula que "os nervos não têm cavidade perceptível internamente, como têm as veias e artérias".

Mas, apesar dessa revelação, a ideia dos nervos ocos sobreviveu, tanto na imaginação popular quanto na de muitos cientistas. Talvez uma das razões fosse que, embora nenhum canal dentro dos nervos fosse visível, não houvesse sugestão alternativa; se não levavam *pneuma* nem espírito, algo como o ar, o que os nervos transportavam?Como faziam os músculos se moverem ou levavam impressões dos sentidos para o cérebro?É difícil rejeitar uma teoria quando não há nada à espera para substituí-la e passar de uma posição de suposto conhecimento para outra de ignorância confessa.

Dos autômatos aos balões

Como vimos, Descartes pensava no corpo humano como um mecanismo. Como ainda acreditava no modelo galênico dos nervos ocos, ele pôde prontamente aplicar os princípios da pressão e da hidráulica que observou nos autômatos de Versalhes

> *"[Afirmativas desse] tipo de gente, que na verdade nunca examinou a estrutura do corpo, que é a obra de Deus, o Criador de todas as coisas, e que se arrogam opiniões frouxas tiradas de qualquer parte, são meras criações da imaginação, não sem grave impiedade."*
>
> André Vesálio, 1543

ao modo como os nervos poderiam funcionar:

"Agora, quando entram, portanto, na cavidade do cérebro, esses espíritos passam de lá para os poros de sua substância, e desses poros para dentro dos nervos; onde, ao entrar [...] agora nuns poros, depois noutros, têm o poder de mudar o formato dos músculos em que os nervos se inserem, e por esse meio causar movimento em todas as partes. Assim como se pode ver que o poder da água em movimento [...] é por si só suficiente para mover as diversas máquinas nas grotas e fontes dos jardins de nossos reis, de acordo com os vários arranjos dos canos que a conduzem."

Descartes substituiu o modelo dos espíritos animais de Galeno por um fluido simples que agia como qualquer outro. Galeno nunca foi explícito sobre a natureza dos espíritos; eles eram mais uma ideia do que uma realidade, muitas vezes considerados sem peso, por exemplo. Descartes, por outro lado, vislumbrava uma substância física bem real, com massa e volume. Poderia ser um líquido, ou talvez um "vento" ou "chama fina", mas obedecia às leis da hidráulica. Descartes achava que os nervos motores levavam fluidos aos músculos, que, consequentemente, aumentavam de volume e produziam o movimento. É fácil entender como chegou a essa conclusão: basta dobrar o braço e observar o bíceps crescer para ver o aparente aumento de volume do músculo contraído.

Descartes também fez a primeira descrição de como poderia funcionar a ação reflexa e a explicou em termos de um estímulo que causa um puxão num cordão fino que, então, abre um portal no cére-

"Se o fogo A estiver perto do pé B, as pequenas partes desse fogo, que, como sabem, se movem muito depressa, têm força para mover a parte da pele do pé que tocam, e por esse meio puxam o pequeno fio C, que, como se pode ver, está preso, abrindo simultaneamente a entrada do poro d, e, onde esse fiozinho termina [...] a entrada do poro ou pequena passagem d, e, sendo assim aberta, os espíritos animais na concavidade F entram no fio e são levados por ele até os músculos usados para afastar o pé do fogo."

René Descartes

bro, permitindo que o fluido corra para os nervos e, assim, para os músculos, fazendo o corpo se afastar do estímulo. Dessa maneira, o procedimento como um todo é explicado pela mecânica, contornando toda necessidade de que a mente ou a alma (sua *res cogitans*) esteja envolvida. Isso é muito adequado e até antecipa a descrição do arco reflexo controlado pela medula sem que se recorra ao cérebro (ver a página 89). Embora a explicação de Descartes para o funcionamento do reflexo estivesse errada, essa primeira tentativa de dar uma causa física a uma ação automática e involuntária foi um grande passo rumo à neurociência.

Thomas Willis foi um neurocientista muito mais proficiente e importante do que Descartes, que, afinal de contas, era mais um filósofo do que anatomista ou fisiologista. A palavra *neurologie* apareceu pela primeira vez em 1664 na tradução inglesa do livro de Willis *Cerebri Anatome* (anatomia do cérebro). Embora Willis fizesse muitas descobertas que não puderam ser igualadas durante séculos e admitisse que não conseguia encontrar nenhum indício de canais dentro dos nervos, ele ainda acreditava que deviam ser como "canas indianas" (bambus). Sua noção de como os nervos produziam o movimento era um pouquinho mais complexa do que a de Descartes. Ele propunha que o espírito animal que fluía para o músculo reagia com o espírito vital para produzir ar. Este inflava o músculo, fazendo-o inchar, e causava o movimento. Essa é a chamada teoria balonista.

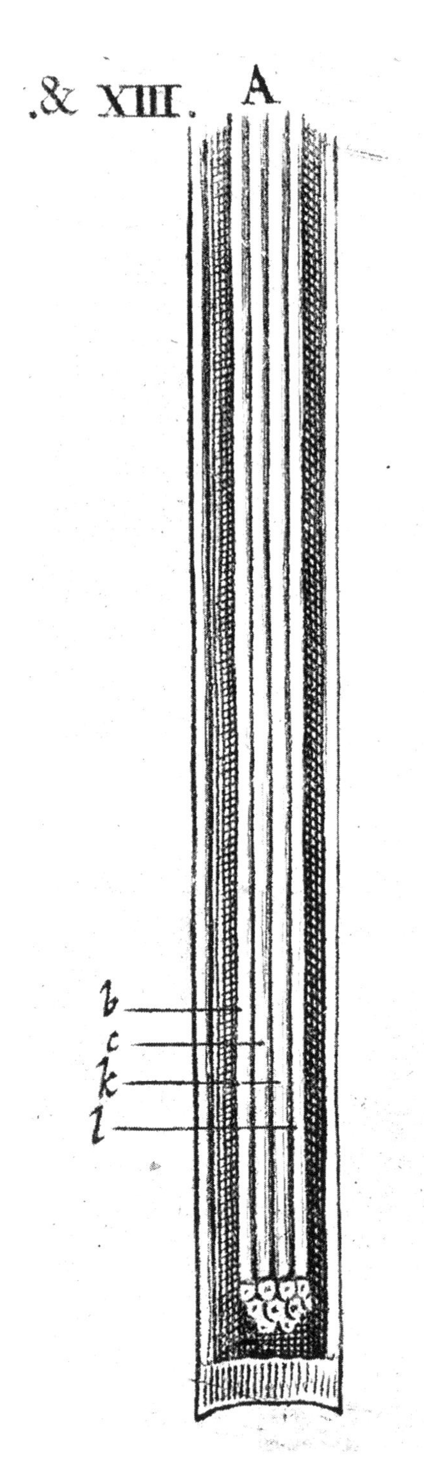

Ideia que Descartes tinha dos nervos.

"Os nervos nada mais são do que produções da substância viscosa e medulosa do cérebro pelas quais os espíritos animais mais se irradiam do que são transportados. E essa substância é realmente mais adequada à irradiação do que uma cavidade visível ou aberta, que tornaria nossos movimentos e sensações mais súbitos, aflitivos, violentos e perturbados, enquanto agora os membros que recebem uma iluminação gentil e sucessiva são mais bem comandados por nossa vontade e moderados por nossa razão."

Helkiah Crooke,
Microcosmographia, 1631

Sem furos e sem espírito

Poucos anos depois do trabalho de Descartes, tanto os espíritos animais quanto as teorias balonistas foram refutados por uma experiência simples. Em 1662, Jan Swammerdam (ver a página 27) dissecava um cão e notou que o toque do bisturi de metal no nervo fazia o músculo se contrair. O músculo não estava conectado ao cérebro, portanto não poderia ter recebido nenhum espírito animal vindo de lá. Ele testou sua descoberta com um método engenhoso que demonstrou de forma conclusiva que Descartes estava errado.

Swammerdam decidiu medir o aumento do volume de um músculo estimulado. Ele fez isso dissecando um coração de rã e pondo-o numa seringa, com o cuidado de deixar uma bolha de ar na água, perto da ponta da seringa. Então, ele observou o músculo do coração continuar (brevemente) a se contrair e dilatar. A bolha se

ESPÍRITOS, FLUIDO, FOGO OU AR?

Galeno não foi específico sobre a natureza do *pneuma* ou espírito nos nervos, mas sem dúvida ele era uma substância física, embora refinada. Para os primeiros escritores cristãos, ele não era corpóreo — era mais um espírito no sentido etéreo. Com a ideia de um cérebro glandular que surgiu com a observação de "glóbulos" por Malpighi, ele se tornou, de forma bastante específica, um líquido. Acreditava-se que sua destilação do sangue passava por um processo que partia do éter, depois nitroéter e, finalmente, espíritos animais (a química ainda estava subdesenvolvida demais para imaginar uma equação para a produção de espíritos animais). É surpreendente que, considerando o interesse pelos ventrículos que conteriam esse espírito, o fluido cefalorraquidiano que os preenche só foi recolhido e examinado no século XVIII.

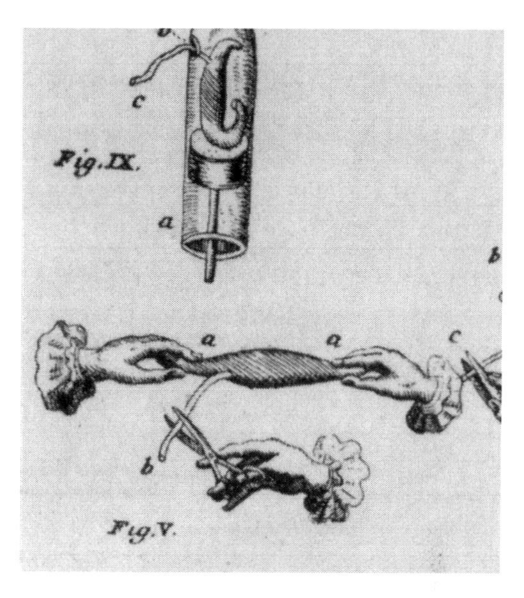

Swammerdam descreveu uma experiência na qual estimulou um músculo de rã para que se contraísse:"tome-se aa de cada tendão com a mão e, então, irrite-se b, o nervo propenso, com tesouras ou qualquer outro instrumento, o músculo recuperará o antigo movimento que já perdeu. O leitor verá que ele se contrai imediatamente e aproxima, por assim dizer, ambas as mãos que seguram os tendões."

moveu, demonstrando que o volume do músculo realmente mudava. Mas o movimento contradizia a hipótese de Descartes: a bolha descia quando o coração se contraía, sugerindo que o volume diminuía quando deveria ter aumentado.

Swammerdam tentou outra vez com uma técnica diferente. Dessa vez, ele removeu o músculo da coxa da rã juntamente com seu nervo e o pôs dentro da seringa com o nervo saindo por um furo. Ele já descobrira que conseguia fazer o músculo se contrair "irritando" o nervo com um objeto de metal. Dessa vez, não houve movimento perceptível da bolha de ar. Era o que seria de esperar, já que o músculo não muda de volume quando se contrai. Mas não era o que Swammerdam esperava ou queria. Ele explicou o resultado dizendo que "essa experiência é sensível de um modo muito difícil, e exige tantas condições estabelecidas com exatidão que deve ser tediosa fazê-la". Ele argumentou que não se podia esperar que o músculo se comportasse corretamente fora do corpo.

Mas, em última análise, esse resultado não podia ser negado. Swammerdam demonstrou em suas experiências que os músculos se contraem depois da "irritação" — um simples estímulo externo — e não em reação ao "espírito animal" que flui através dos nervos. Seus achados também tiveram

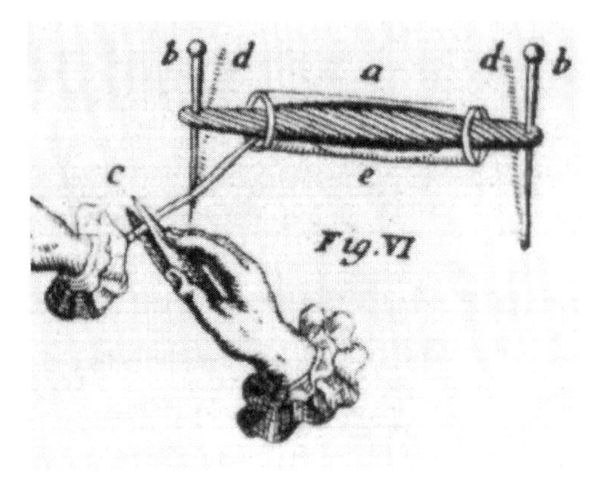

De acordo com Swammerdam: "Se tivermos a mente para observar, com muita exatidão, em que grau o músculo se espessa em sua contração e até que ponto seus tendões se aproximam um do outro, temos de pôr o músculo num tubo de vidro, a, e passar duas agulhas finas, bb, por seus tendões, onde antes eram seguros pelos dedos; então, fixar a ponta dessas agulhas.

consequências mais amplas. Ele demonstrou que apenas uma parte do organismo pode ser usada para investigar mecanismos do todo e que o modelo mecanicista dos organismos vivos é válido. Mostrar aquele comportamento em reação a um estímulo preparou o palco para as teorias posteriores do aprendizado, desde o trabalho de Pavlov sobre o condicionamento até a escola behaviorista da psicologia.

Os achados de Swammerdam foram confirmados por mais experiências. O fisiologista Francis Glisson (*c.* 1599-1677) demonstrou que, quando um músculo é submergido em água e forçado a se contrair, o nível da água não sobe. Com isso, fica claro que o volume do músculo não muda, portanto nem gás nem fluido entram no músculo. Giovanni Borelli (1608-1679), chamado de pai da biomecânica, realizou uma experiência muito simples que demonstrou que os músculos não são inflados por espíritos animais gasosos; ele abriu o músculo de um animal vivo totalmente submerso em água. Se houvesse gás bombeado no músculo, ele escaparia como bolhas, mas não houve bolha nenhuma.

Assim, no fim do século XVII fora provado, de maneira bastante conclusiva, que os nervos não são ocos nem carregam espíritos animais sob a forma de um fluido. Os aprimoramentos da microscopia corroboraram a ausência de um canal passando pelos nervos. O microscopista

O CÉREBRO EM MOVIMENTO

Se o espírito ou fluido nervoso corre pelos nervos, então algo tem de fazê-lo se mover. Galeno descreveu o cérebro se contraindo ativamente para forçar o espírito a entrar nos nervos ocos. A partir do século XVI, os anatomistas discutiram esse movimento. Alguns afirmavam que era genuíno e defendiam que o cérebro pulsa para impelir os espíritos, e até que a dura-máter (a mais rija das meninges) se contrai para espremer os espíritos em seu avanço. Outros diziam que qualquer movimento observado no cérebro era criado pelo fluxo do sangue pelas artérias. Alguns anatomistas afirmavam que havia uma relação entre os movimentos do cérebro ou dos espíritos e as fases da lua. O movimento autônomo do cérebro (ou das meninges) só foi finalmente refutado em 1785 por Thomas Reid.

holandês Anton van Leeuwenhoek preparou pela primeira vez o nervo óptico de um boi para exame em 1674. E relatou: "Schravesande [...] me mencionou que, desde a antiguidade, há alguma dissensão entre os eruditos sobre o nervo óptico, que alguns anatomistas afirmavam ser oco. [...] Portanto, concluí que tal cavidade poderia ser vista por mim. [...] Solicitamente, examinei três nervos ópticos de bovinos, mas não consegui encontrar nenhum oco neles." Como, então, eles funcionavam?

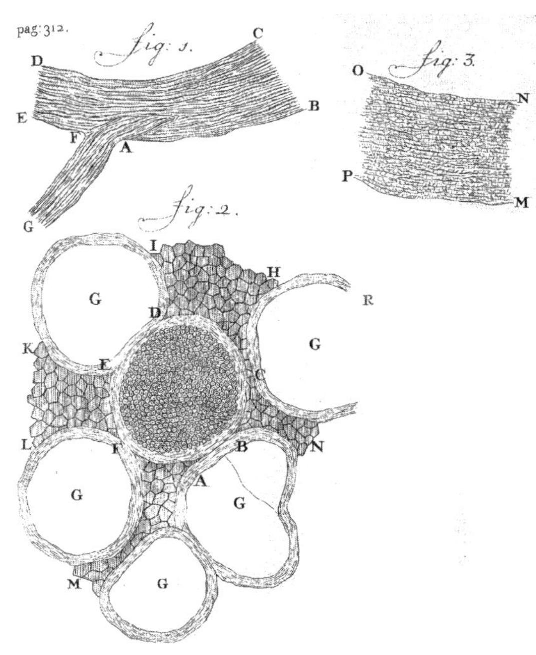

Seção transversal de um nervo mostrando as fibras individuais, Anton van Leeuwenhoek, 1719.

Irritabilidade e sensibilidade

Antes de olhar outras sugestões de como os nervos poderiam transmitir sinais, vale a pena parar para considerar a palavra "irritação" usada por Swammerdam. Os princípios da irritação — que aqui significa simplesmente estímulo — e da sensibilidade se tornaram importantes para classificar partes do corpo e, em última análise, distinguir os sistemas motor e sensorial.

Francis Glisson, que demonstrara que o volume do músculo não se altera com a contração, foi o primeiro a desenvolver os princípios de irritabilidade e sensibilidade do corpo. Não restrita aos nervos, a irritabilidade se encontra em todo o corpo, nas fibras componentes de todos os órgãos e tecidos. Em essência, "irritabilidade" é simplesmente a suscetibilidade a ser estimulado e reagir a um estímulo.

Glisson dividiu o processo de irritação em três estágios: percepção, quando a fibra detecta o estímulo; apetite, quando a fibra é provocada ou "quer" reagir ao estímulo; e execução, quando ela realiza o movimento ou reação exigido. Além disso, ele dividiu irritação e reação em três categorias, de acordo com o grau em que temos consciência do que está acontecendo.

> *"A partir dessas experiências, portanto, pode-se, creio eu, concluir com justeza que apenas um movimento ou irritação simples e natural do nervo é necessário para produzir o movimento muscular, quer tenha sua origem no cérebro, quer a tenha na medula ou em outro lugar."*
>
> Jan Swammerdam, 1665

Em muitos casos, o corpo simplesmente é irritado e reage. Na digestão, por exemplo, o sistema irritado reage automática e corretamente com a digestão do alimento e seu deslocamento pelo intestino. A isso Glisson deu o nome de "percepção natural": a percepção e a reação se resolvem localmente, dentro do órgão ou tecido afetado, segundo ele pensava. Na percepção sensual, o cérebro está envolvido, e há comunicação entre ele e as partes do corpo por meio dos nervos, mas a reação não é consciente. O nível mais elevado, a "percepção animal", está sob controle consciente e envolve pensamento e volição. Em essência, Glisson distinguiu o sistema nervoso somático, que trata do movimento volitivo (que envolve vontade), e o sistema nervoso autônomo, que controla reações como o ritmo cardíaco e a respiração.

O trabalho de Glisson não teve muito impacto sobre o pensamento científico porque ele o compôs em termos de fibras que percebem um estímulo e desenvolvem apetite pela ação exigida. Isso dotava as fibras ou órgãos de faculdades que eles não têm. O modelo de irritabilidade/sensibilidade só foi aceito quando despido dessas faculdades. Em consequência, o fisiologista suíço Albrecht von Haller (1708-1777) e não Glisson é que foi associado à ideia. Haller era um fisiologista brilhante e, enquanto Glisson era dado a teorizar e contemplar, Haller não afirmava nada que não pudesse comprovar com experiências, confiando no bisturi e no microscópio para revelar o funcionamento dos corpos. Ele estreitou os conceitos de Glisson e fez com que a irritabilidade se aplicasse apenas aos músculos e a sensibilidade, aos nervos. O mais importante foi ter removido a necessidade de as partes do corpo perceberem ou desenvolverem apetites, reduzindo o processo puramente a estímulo físico e resposta automática. Ele definiu irritabilidade e sensibilidade da seguinte maneira:"Chamo irritável aquela parte do corpo humano que se torna mais curta ao ser tocada; muito irritável quando se contrai com um leve toque, e o contrário quando com um toque violento se contrai apenas pouco. Chamo sensível aquela parte do corpo humano que, ao ser tocada, transmite essa impressão à alma; e, em animais, nos quais a existência de uma alma não é tão clara, chamo de sensíveis aquelas partes cuja irritação ocasiona sinais evidentes de dor e inquietação no animal. Ao contrário, chamo de insensíveis as que, sendo queimadas, rasgadas, espetadas ou cortadas até serem bastante destruídas não ocasionam nenhum sinal de dor nem convulsão, nem nenhum tipo de mudança na situação do corpo."

A sensibilidade dos nervos

Haller realizou experiências em que expôs diversos tipos de tecido e de estrutura a estímulos como cortes, queima, substâncias químicas nocivas e sopros de ar. Seu trabalho foi realizado principalmente com cães e gatos. Ele descobriu que, em todos os casos, somente os nervos eram sensíveis, e extremamente sensíveis. Ele descobriu que as partes do corpo com mais nervos eram as mais sensíveise que, se um nervo fosse cortado, nenhum dos ramos abaixo do corte reagiria, mostrando que eles não se interligam para oferecer rotas alternativas de transmissão.

Glisson realiza uma dissecação; provavelmente a tarefa lhe deu oportunidade de demonstrar a irritabilidade dos tecidos do corpo.

A irritabilidade dos músculos

Haller constatou que estimular um nervo fazia os músculos ligados a ele e a qualquer de seus ramos se contraírem. O mesmo acontecia mesmo que a conexão entre o nervo e o cérebro fosse interrompida e mesmo que o animal já estivesse morto. O mais espantoso foi que ele descobriu que a "irritabilidade não [...] surge de um nervo, mas é inata ao tecido da parte irritável". O músculo pode ser irritado e levado a se contrair mesmo quando não está mais conectado a um nervo. Ele explicou suas conclusões: as partes menos irritáveis são as mais sensíveis e vice-versa; os nervos são necessários para transmitir sensações à "alma"; irritar um nervo afeta o músculo a que está ligado, mas não provoca nenhuma mudança perceptível no nervo; cortar um nervo remove toda a sensação abaixo do corte, mas não impede a irritabilidade; "a irritabilidade não depende da vontade nem da alma".

O trabalho de Haller foi valioso por delinear as reações de músculos e nervos, esclarecendo que irritar um músculo, diretamente ou por meio do nervo preso a ele, o leva a se contrair, e que o nervo (mas não o músculo) é sensível. No entanto, seu trabalho não indicou como, exatamente, os nervos transmitem informações. Ele rejeitou a sugestão de que as vibrações podiam ter algo a ver com o modo como os nervos passam mensagens entre o corpo e o cérebro (ver a seguir) e terminou sem nenhuma alternativa à antiga noção de algum tipo de fluido ou espírito que passava pelos nervos.

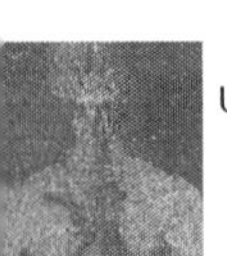

Albrecht von Haller fez muitas experiências para descobrir que partes do corpo reagiriam a estímulos.

"Enterrado em trevas impenetráveis"

Swammerdam desconfiava que o funcionamento dos nervos jazia "enterrado em trevas impenetráveis" e que seria impossível descobri-lo. Muitos continuavam indispostos a abandonar de vez o modelo dos espíritos animais, principalmente porque não havia alternativa plausível. O médico holandês Hermann Boerhaave sugeriu que o fluido do nervo se compõe de partículas pequeníssimas, muito menores do que as que formavam outros fluidos corporais. Em consequência, ele poderia percorrer canais invisíveis de tão pequenos.

Borelli, que demonstrou que nenhum gás sai de músculos cortados, precisava de outra maneira de explicar a aparente expansão do músculo ao se contrair. Ele se decidiu por um tipo de explosão química que ocorre no músculo, algo como a "efusão" borbulhante produzida quando misturamos vinagre e bicarbonato de sódio. E propôs que a explosão era provocada por uma gota de "fluido nervoso" ou *succus nerveus* que era espremido dos nervos. Em seu modelo, os nervos não eram canais ocos, mas estavam cheios de uma cortiça esponjosa túrgida de fluido nervoso. Quando o nervo inchado era golpeado ou beliscado, uma gota de fluido nervoso caía de sua extremidade dentro do músculo, dando início à "explosão" que causa a contração do músculo.

Vibrações e vibraciúnculos

O próprio Swammerdam se perguntou se o meio de comunicação — que ele admitia que precisava ser rapidíssimo — seria semelhante ao modo como as vibrações viajam rapidamente por uma viga comprida golpeada numa das pontas. A possibilidade das vibrações foi sugerida por alguns, de forma independente. Borelli propôs que, quando os nervos sensoriais são golpeados

ou comprimidos, uma "ondulação" viaja por eles até o cérebro. Leeuwenhoek sugeriu algo semelhante depois de ver "glóbulos" dentro do nervo óptico. Ele teorizou que uma impressão criada no olho atua da mesma maneira que o dedo que toca a superfície de um espelho d'água e provoca o movimento do líquido, que então é transferido, glóbulo a glóbulo, da retina ao cérebro. E o filósofo inglês David Hartley (1705-1757) sugeriu que as sensações resultam da vibração de partículas minúsculas dentro dos nervos que é transmitida ao cérebro. As vibrações suaves são sentidas como agradáveis, mas, quando são tão fortes que rompem a continuidade dos nervos, elas produzem dor. Depois que uma sensação, imagem ou outro estímulo sensorial passa, ecos leves da vibração original, que ele chamou de "vibraciúnculos", persistem no cérebro. Eles constituem o mecanismo da memória.

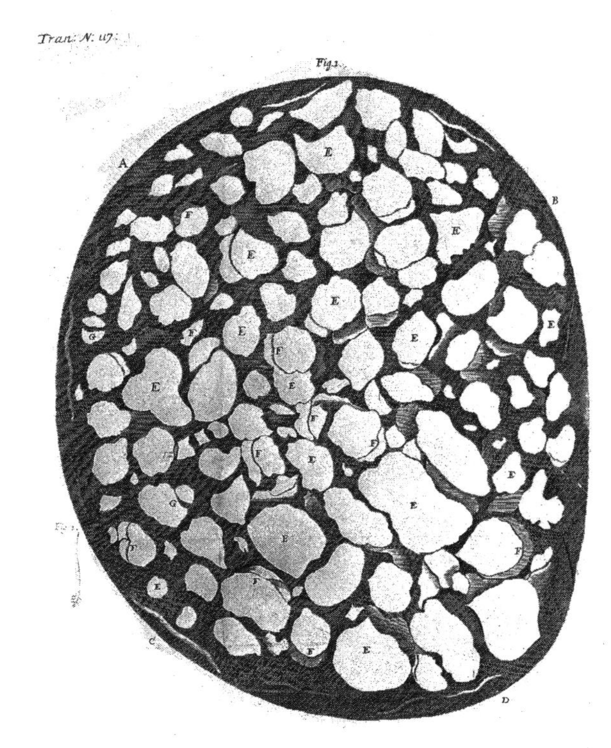

Imagem de Leeuwenhoek do nervo óptico, mostrando os "glóbulos" que, segundo ele, passavam imagens para o cérebro.

No entanto, como o anatomista Alexander Monro ressaltou em 1781 e como Haller também indicou, a estrutura dos nervos não permite que reverberações, vibrações ou ondulações passem por eles facilmente. Quando tensionado, um barbante é bom para vibrar, mas os nervos, nas palavras de Monro, são "bastante macios e moles". Era necessário algum tipo diferente de mecanismo.

Sopa de rã e trovoadas

Embora a noção de "espíritos animais" fluidos que corriam por nervos ocos estivesse totalmente desacreditada, alguns fisiologistas, empolgados com a recente descoberta da eletricidade, começaram a se perguntar se o "fluido elétrico" poderia passar pelos nervos. Haller era um dos que achavam que a velocidade com que o estímulo é transmitido de nervo a músculo indicava que a eletricidade poderia estar envolvida. O fisiologista inglês Stephen Hales foi o primeiro a sugerir isso em 1732, mas a ideia não teve nenhum progresso real até 1780, quando Luigi Galvani (1737-1798) sofreu um pequeno acidente com uma rã morta na Itália.

Há várias versões da história, mas a mais divertida é que a esposa de Galvani preparava rãs para fazer sopa quando to-

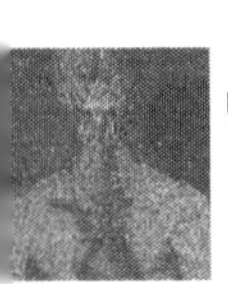

cou uma pata com a faca de metal e ela se contorceu. Galvani experimentou e descobriu que tocar o nervo com um fio de cobre e o músculo com um fio de ferro fazia o músculo se contrair. (Numa versão menos doméstica, Galvani bateu sem querer o bisturi no gancho de latão que segurava a pata de rã que ele estava dissecando, fazendo-a se contorcer.) Ele começou a fazer experiências.

A mais estranha e conclusiva delas foi empilhar patas de rã durante uma tempestade e observá-las saltarem. Ele tirou as patas de uma rã recém-sacrificada e ligou os nervos a um fio de metal cuja ponta fixou de modo a se apontar para o céu durante uma tempestade. Cada relâmpago fazia as patas de rã pularem. Galvani afirmou que isso demonstrava que nervos e músculos têm uma força elétrica intrínseca cuja ação pode ser reproduzida após a morte com a eletricidade da atmosfera. Essa força elétrica é que causa a contração nervosa e é o método de comunicação dos nervos. Ele chamou sua força recém-descoberta de "eletricidade animal". Galvani tinha realizado a primeira experiência da neurociência e da eletrofisiologia.

Foi uma afirmativa ousada. Não surpreende que sofresse resistência. Alessandro Volta, conterrâneo de Galvani, estava entre os que negavam que houvesse alguma eletricidade "animal" especial e afirmavam que os músculos simplesmente reagiam à eletricidade produzida quando se ligavam os nervos a metais diferentes. Galvani respondeu com mais demonstrações, dessa vez tocando nervos expostos ou diretamente o músculo e produzindo a mesma contração muscular sem nenhum metal nem eletricidade atmosférica envolvida. Ele fez isso em 1797 com duas patas de rã cujos nervos ciáticos se estendiam para o alto; quando tocou um nervo no outro, os músculos de ambas as patas se contraíram. Ele acreditava que os nervos tinham um revestimento não condutor e que os impulsos elétricos passavam por seu centro, entrando finalmente nos músculos por furos minúsculos. Isso foi espantosamente presciente, como veremos.

> *"Sou atacado por duas seitas bem opostas: os cientistas e os sabe-nadas. Ambos se riem de mim, chamando-me de 'mestre de dança das rãs'. Mas sei que descobri uma das maiores forças da natureza."*
>
> Luigi Galvani

A eletricidade triunfa

A prova de que é realmente uma forma de eletricidade que percorre os nervos e estimula os músculos a se contraírem veio em meados do século XIX. O fisiologista alemão Emil du Bois-Reymond (1818-1896) era um materialista avesso a aceitar na biologia qualquer tipo de éter ou espírito que não pudesse ser adequadamente analisado:"nenhuma força opera no organismo além daquelas comuns à física e à química". Se não se conseguisse uma resposta examinando as forças conhecidas, ele achava que seria sensato supor a ação de uma força ainda não descoberta, mas só alguma "da mesma ordem da físico-química inerente à matéria".

Seu interesse pela eletricidade animal começou cedo, com uma tese de gradua-

ção sobre "Peixes elétricos", e configurou seu trabalho da década de 1840 à de 1880. Ele se inspirou na obra do fisiologista italiano Carlo Matteucci, que, em 1830, começou a fazer experiências com um galvanômetro e músculos de rã. Matteucci mostrou que o tecido excitável lesionado gera uma corrente elétrica e que poderia usá-lo como pilha. Ele desenvolveu a chamada "rã reoscópica" ou galvanoscópio de rã para detectar a corrente elétrica (ver quadro na página 87).

Du Bois-Reymond imaginou seu próprio equipamento com eletrodos "não polarizáveis", um gerador e um potenciômetro que lhe permitisse transmitir correntes elétricas graduadas a suas amostras ou alvos de estudo. Um galvanômetro media e registrava a corrente produzida através das amostras. Com esse equipamento, ele descobriu e demonstrou em 1848 o que hoje chamamos de "potencial de ação" dos nervos.

Sua tendência a encenar demonstrações dramáticas provavelmente ajudou a fazer seu trabalho atrair a atenção do público. Na demonstração mais famosa, ele usou o próprio corpo: prendeu os cabos do galvanômetro aos braços, pôs as mãos em solução salina e esperou que a agulha do aparelho ficasse em repouso. Então, ele contraiu um dos braços e fez a agulha do galvanômetro pular loucamente. Foi uma demonstração simples e espantosa, que ele explicou fazendo referência à corrente elétrica produzida em seu próprio corpo quando os nervos provocavam a ação muscular.

A velocidade do pensamento

Embora as demonstrações de Du Bois-Reymond fossem cativantes, seu modelo

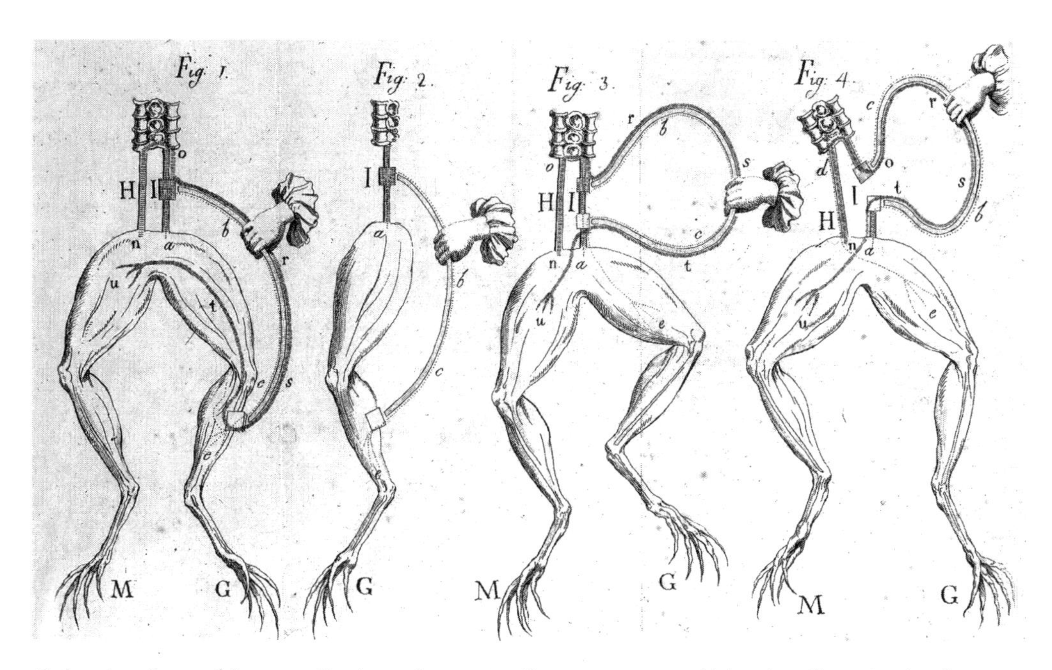

Galvani realizou várias experiências e demonstrações com o nervo ciático das rãs, estimulando-o para fazer os músculos se contraírem.

continuou a ser um dentre vários no disputado território do funcionamento dos nervos. A questão só foi finalmente resolvida em 1850, quando o médico e físico alemão Hermann von Helmholtz mediu a velocidade da propagação das mensagens ao longo do nervo. Helmholtz usou uma rã (como sempre) e descobriu que o impulso nervoso levava 1,5 milissegundo para percorrer 50 a 60 mm, numa velocidade de 30 m/s. O valor moderno da transmissão em nervos de rã é de 7 a 40 m/s. Sua medição estava inextricavelmente ligada ao método pelo qual o impulso era transmitido e, finalmente, resolveu a questão do mecanismo. A questão que permaneceu durante o século XX foi explicar exatamente como a eletricidade se transmite ao longo do nervo.

DAS RÃS ÀS PILHAS

Volta realizou suas próprias experiências e descobriu que era a presença de dois metais dessemelhantes que produzia o fluxo de eletricidade na descoberta original de Galvani (a pata de rã só mostrava que havia eletricidade presente). Volta fez a primeira pilha elétrica, chamada de célula voltaica; para isso, empilhou papel embebido em salmoura entre discos de dois metais diferentes.

A volta ao sentir e ao fazer

Começamos este capítulo com a distinção de Galeno entre nervos sensoriais e motores, os primeiros macios e impressionáveis, os outros duros e rijos. Embora nada sustente essa visão dos nervos, ela sobreviveu muito tempo até, finalmente, sumir com a explicação que a sustentava — de que os nervos sensoriais precisam ser moles para transmitir uma impressão, e os nervos motores são túrgidos de espírito animal. Com a rejeição do modelo de Galeno, os dois tipos se misturaram.

No fim do século XVIII, era bem sabido que os nervos entram e saem da medula espinhal para se comunicar com outras partes do corpo. No entanto, geralmente se acreditava que os nervos espinhais eram de tipo misto e podiam transmitir ao mesmo tempo informações sensoriais e motoras e conduzir impulsos em ambas as direções (de e para o cérebro). Esse possível emaranhado foi desfeito ao mesmo tempo por dois homens que trabalhavam de forma independente: o neurologista Charles Bell, na Escócia, e o fisiologista François Magendie, na França.

Em 1807, Bell escreveu ao irmão dizendo que descobrira que os nervos sensoriais e motores eram de tipos distintos e iam a partes diferentes do cérebro. Em 1811, escreveu de novo, dizendo que descobrira que, se desnudasse as raízes dos nervos espinhais, poderia cortar o nervo posterior e isso não teria nenhum efeito

sobre os músculos das costas, mas, se cortasse a porção anterior, os músculos entrariam em espasmo.

Bell cometeu dois erros graves na carreira: em vez de publicar corretamente seus achados, escreveu-os em cartas ao irmão e num panfleto publicado privativamente, e não afirmou de forma decisiva que as raízes posteriores (dorsais) são sensoriais. Isso deixou a porta aberta para uma briga sobre prioridade quando Magendie também descobriu a separação entre os nervos sensoriais e motores.

Prova cruel

Magendie realizou experiências em oito cachorrinhos que ganhou. Acontece que ele não era o tipo de pessoa apta a ganhar filhotes. Em 1821, ele expôs os nervos espinhais dos cãezinhos e cortou um ou mais dos feixes nervosos anterior e posterior; em seguida, aplicou a toxina nux vomica para tentar provocar convulsões. A experiência demonstrou a distinção entre as raízes nervosas:"As raízes anterior e posterior dos nervos que saem da medula espinhal têm funções diferentes; as raízes posteriores parecem mais especificamente relacionadas com a sensação, e as anteriores, com o movimento. "

A experiência de Magendie provocou extremo sofrimento nos filhotes e foi duramente condenada. Ele repetiu esta e outras experiências em aulas públicas que não produziram novos achados. Sua despreocupação com os animais

O GALVANOSCÓPIO DE RÃ

O galvanoscópio de rã surge com as experiências de Galvani e foi aprimorado por Matteucci. Consiste de uma pata de rã esfolada com eletrodos presos ao nervo. Se uma corrente elétrica passa pelo eletrodo, a pata se contorce; volta a se contorcer quando o circuito se desfaz. O aparelho foi usado para indicar a presença de corrente (mas não podia medir a corrente). Na verdade, o galvanoscópio de rã é extremamente sensível e foi usado muito antes de haver galvanoscópios e galvanômetros mecânicos. Em 1848, o médico Golding Bird afirmou que o galvanoscópio de rã era 56.000 vezes mais sensível do que a alternativa não biológica.

Para fazer o aparelho, remove-se a pata da rã, às vezes com uma parte do nervo ciático, e retira-se a pele. A pata é colocada num tubo de vidro. Dois eletrodos são presos ao nervo, um em cada extremidade ou, mais convenientemente, ambos no alto mas em posições diferentes. O galvanoscópio funciona melhor com uma pata fresca; é preciso substituí-la após cerca de quarenta horas. (Não tente fazer isso em casa; não é mais permitido por lei e nunca foi humano.)

Fig. 8.

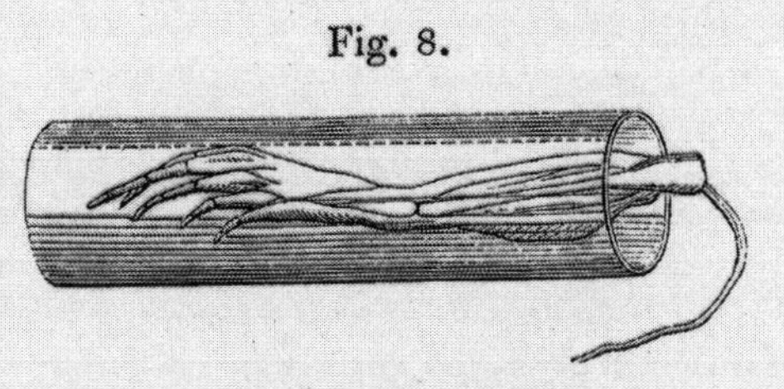

The Galvanoscopic Frog.

BIOBATERIAS

Outra aplicação das patas de rã é a pilha biológica. Matteucci foi o mestre das biobaterias. As melhores eram criadas com uma série de meias coxas de rã (a parte inferior da coxa de cada pata), mas ele também as fez com cabeças de boi, rãs inteiras ou meias rãs, coelhos, pombos e até uma com pombos vivos.

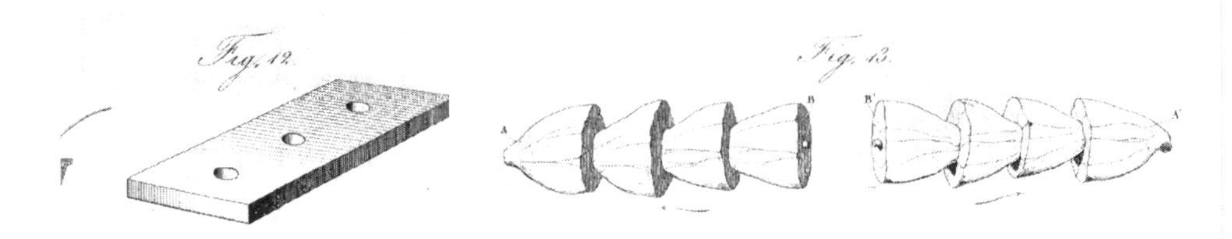

As coxas (à direita) são arrumadas ponta a ponta, colocadas numa tábua com cavidades cheias d'água (à esquerda) e ligadas a eletrodos nas duas pontas.

das experiências provocou leis contra a vivissecção, e suas experiências foram chamadas de "repugnantes" por outros cientistas.

Magendie foi inflexível ao afirmar que devia receber o crédito da distinção das funções dos nervos anteriores e posteriores, dizendo que Bell chegara "muito perto de descobrir as funções dos nervos raquidianos". Afinal, os achados ficaram conhecidos como Lei de Bell-Magendie.

Outras diferenças entre os nervos motores e sensoriais só se tornaram discerníveis mais tarde no século XIX, quando se tornou possível examinar não só os nervos como as células individuais que os compõem. Acontece que Galeno estava certo — as vias motora e sensorial são estruturalmente diferentes — mas não do jeito que ele propôs.

O cirurgião e anatomista escocês Charles Bell se opunha às práticas cruéis de vivissecção animal de fisiologistas como Magendie.

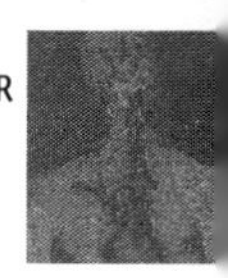

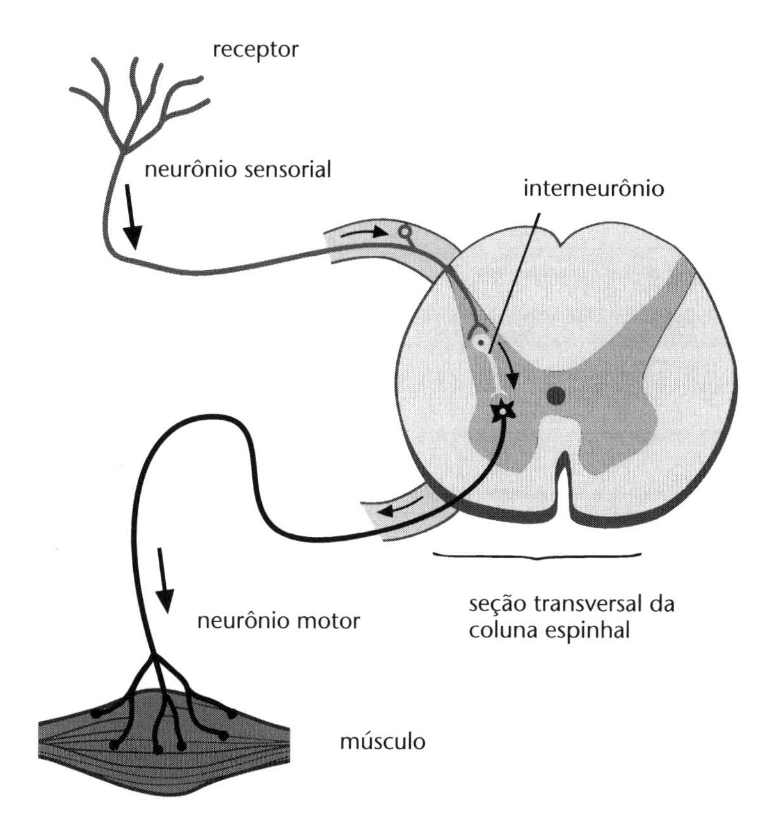

O arco reflexo permite que o estimulo seja processado e a resposta seja transmitida rapidamente sem envolvimento do cérebro

ARCO REFLEXO

Marshall Hall descobriu que, se beliscasse a pele de uma salamandra cuja cabeça tivesse sido removida, o animal se movia. Isso o levou à teoria do arco reflexo, em que o estímulo e a resposta aconteciam inteiramente no sistema nervoso periférico, sem recorrer ao cérebro (ausente no caso de sua salamandra). O argumento era:"a medula espinhal consiste de uma cadeia de unidades, e que cada uma dessas unidades funciona como um arco reflexo independente; que a função de cada arco surge da atividade dos nervos sensoriais e motores e do segmento da medula espinhal do qual se originam esses nervos; e que os arcos estão interligados, interagindo entre si e o cérebro para produzir movimentos coordenados."

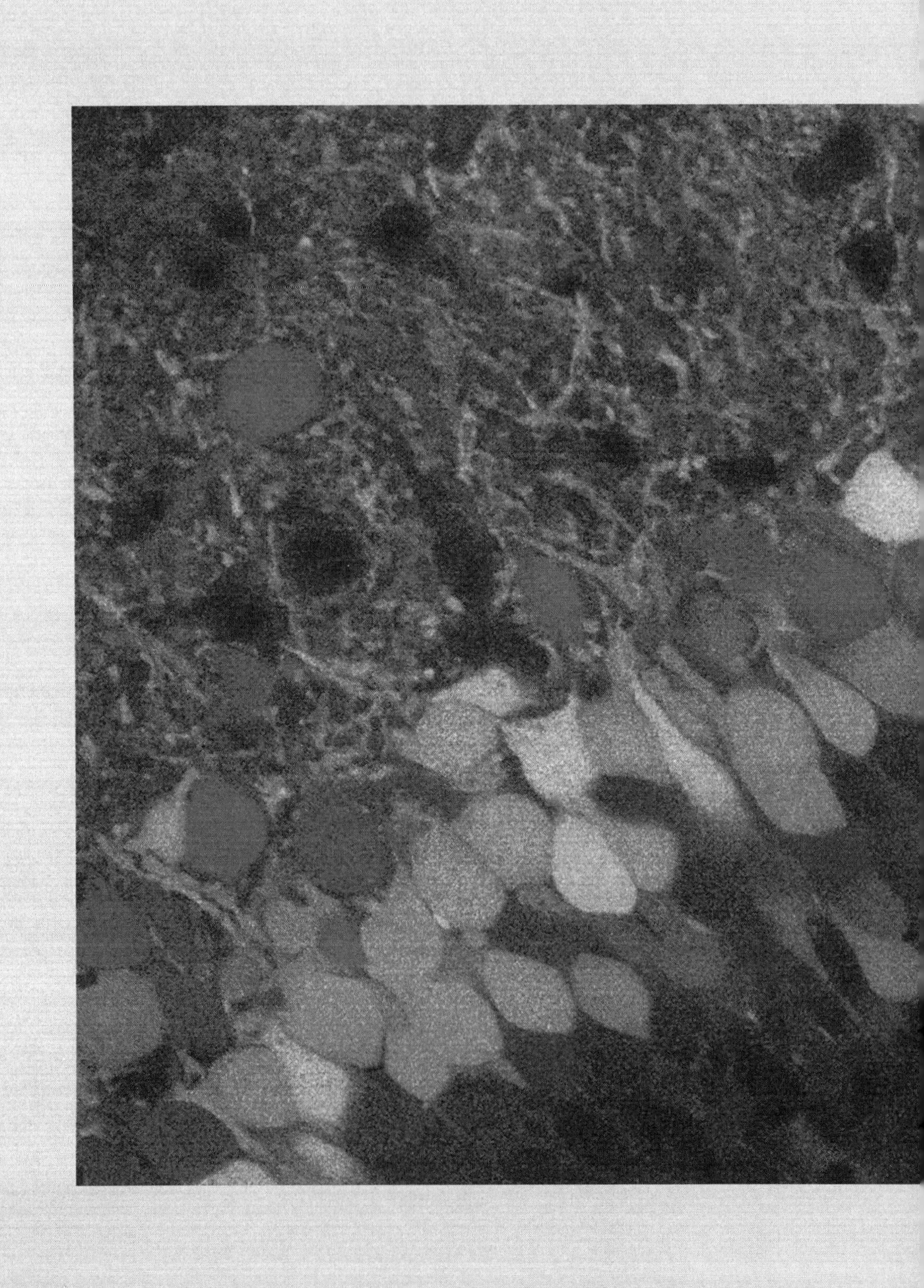

CAPÍTULO 5

Das fibras ÀS CÉLULAS

"Com frequência e não sem prazer, observei a estrutura dos nervos, composta de vasos muito delgados, de finura indescritível, que correm no sentido do comprimento para formar o nervo."

Anton van Leeuwenhoek, 1719

Da época de Galeno ao século XVIII, os nervos foram observados no sistema nervoso periférico e entrando na medula espinhal ou no cérebro. Mas, com o aprimoramento da microscopia, os nervos mostraram as células que os constituíam — os neurônios — e foram finalmente observados dentro do cérebro.

O "brainbow" (arco-íris cerebral) se produz por engenharia genética: proteínas que brilham com cores diferentes são introduzidas e usadas aleatoriamente em neurônios. O método ajuda os cientistas a distinguir individualmente os neurônios. O brainbow é criado em camundongos geneticamente modificados usando quatro cores, que se combinam para formar cerca de cem tonalidades.

Ver células

Quando a microscopia melhorou, a verdadeira natureza dos nervos surgiu aos poucos, mas a crença de que eram ocos se manteve mesmo bem depois de já ter sido abandonada, aparecendo em alguns livros didáticos até 1842.

Fibras e glóbulos

No início do século XVIII, Leeuwenhoek descreveu os nervos como filamentos ou fios mantidos em feixes. Isso logo foi confirmado por outros microscopistas. Em 1732, Alexander Monro descreveu "fibrilas nervosas" que "se parecem simplesmente com muitas linhas pequenas e distintas dispostas em paralelo, sem nenhuma aparência de serem tubos". No entanto, ele observou que, quando cortados transversalmente, em seus "interstícios e membranas", há ramos e aberturas que deixam os observadores "em risco" de acreditar que estão vendo vasos ocos. Em 1776, o filósofo natural italiano Della Torre descreveu os nervos periféricos como filas de fios.

Em 1783, o filho de Alexander Monro (também chamado Alexander) mediu o diâmetro das fibras nervosas e descobriu que elas têm 1/9. 000 de polegada (cerca de três milésimos de milímetro ou três mícrons) de diâmetro e que pareciam maciças. O exame mais detalhado dos nervos teve de esperar o aperfeiçoamento do próprio microscópio, da preparação de amostras e das técnicas de pigmentação.

Até essa época, o sistema nervoso periférico fora o principal foco de estudo. A primeira pessoa a registrar o exame do tecido cerebral foi Marcello Malpighi, que descreveu glândulas ou "glóbulos" minúsculos associados a fibras brancas e finas.

Ao examinar o tecido do cérebro de vários animais, Leeuwenhoek também descreveu glóbulos muito menores do que os que vira no sangue (hemácias). Como o cérebro era considerado uma glându-

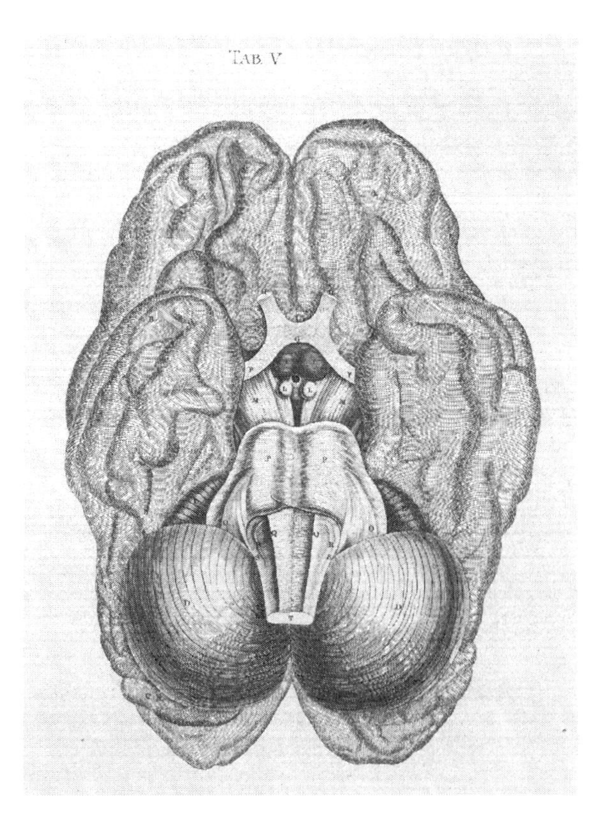

O cérebro humano por Alexander Monro filho, 1783.

CÉREBROS FATIADOS

A amostra examinada num microscópio óptico tem de ser suficientemente fina para a luz a atravessar, em geral no máximo 100 µm (um décimo de milímetro). Não é fácil cortar fatias tão finas à mão com uma lâmina, principalmente quando a amostra é tão elástica e fibrosa quanto um nervo. O desenvolvimento do micrótomo ou histótomo, aparelho que segura a amostra com firmeza e a corta em fatias finas, facilitou muito a tarefa.

O primeiro micrótomo foi desenvolvido por volta de 1770, e a tecnologia logo foi aprimorada. Nos primeiros exemplares, a amostra a ser examinada ficava num cilindro, e as fatias eram cortadas no topo girando-se uma manivela. Por volta de 1870, já tinham surgido micrótomos de precisão, que consistiam de uma plataforma de metal que mantinha as amostras embebidas em parafina ou celoidina (nitrocelulose), enquanto uma lâmina mecanicamente operada cortava fatias finíssimas. Essas seções em série possibilitaram montar a impressão de como as estruturas se organizavam e se desenvolviam no espaço tridimensional, o que era fundamental para elucidar a estrutura do cérebro.

O micrótomo é usado para cortar fatias de material animal e vegetal para estudo no microscópio sem danificar a delicada estrutura interna do espécime.

la ou composto de glândulas, os glóbulos não causaram surpresa. Mais de cem anos se passariam até que se pudesse discernir a verdadeira forma do tecido nervoso do cérebro. É difícil trabalhar com o tecido nervoso porque ele se deteriora rapidamente, não é fisicamente resistente e as partes são pequeníssimas. Mesmo quando o microscópio melhorou a ponto de mostrar as células de outros tipos de tecido, elas não foram imediatamente visíveis no tecido nervoso.

A teoria celular

A noção de que o corpo de plantas e animais é composto de células foi apresentada na década de 1830, mas as células foram vistas (e batizadas) muito antes. Em 1653, Robert Hooke desenhou as células que formam a cortiça e as comparou com as celas retangulares habitadas pelos monges de um mosteiro. Nessa época, não era claro que elas eram o componente estrutural básico de todas as coisas vivas. Essa revelação só surgiu na década de 1830.

Em 1837, dois cientistas alemães, o botânico Matthias Schleiden e o zoólogo Theodor Schwann, descobriram que tinham chegado à mesma conclusão: que os corpos no domínio que estudavam eram inteiramente feitos de células. Schwann publicou o achado em 1839 e afirmou que as células são a unidade básica da vida e que todos os organismos são formados de células.

Mas os nervos não pareciam conter nada que se parecesse com as outras células do organismo humano ou animal. Algumas partes das células nervosas tinham sido observadas separadamente, mas a conexão entre elas era impossível de ver usando os microscópios e as técnicas disponíveis na década de 1830. Parecia que o sistema nervoso central era uma exceção à regra que afirma que os tecidos são feitos de células, e ele foi originalmente excluído da aceitação geral da doutrina celular.

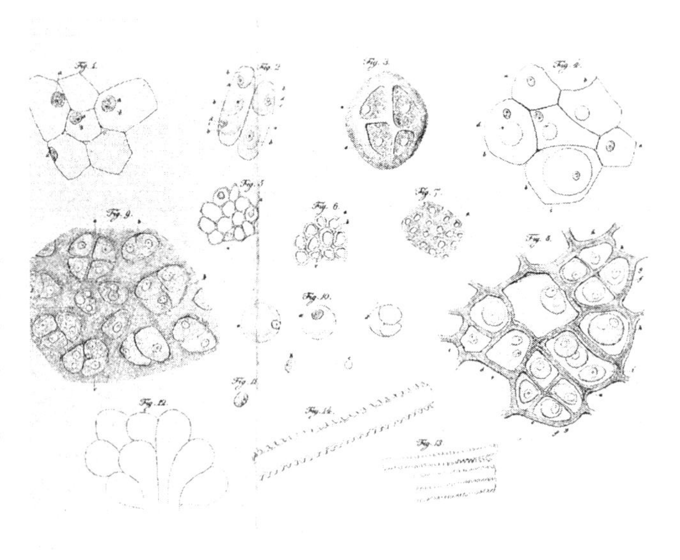
Desenho de células feito por Schwann e publicado em 1839 na obra que estabeleceu a doutrina celular. As células nervosas não foram incluídas.

A compreensão dos neurônios

As células nervosas — neurônios — têm muitas formas, tamanhos e configurações. Essa diversidade retardou o reconhecimento de que todos os vários itens vistos ao microscópio eram comparáveis.

Uma célula nervosa "típica" tem um corpo celular que contém um núcleo, dendritos (filamentos que se ramificam diretamente do corpo celular) e um axônio (um

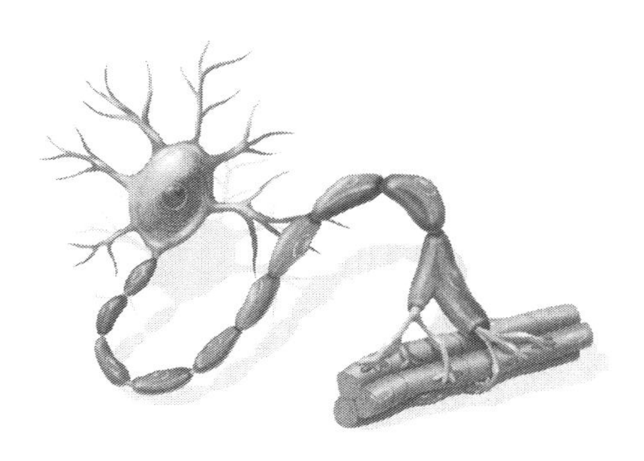

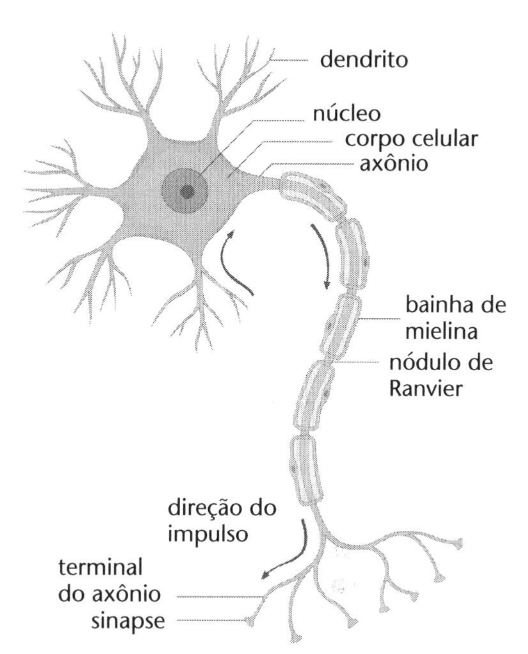

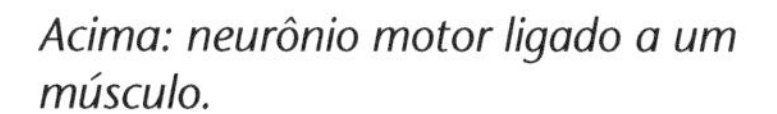

Acima: neurônio motor ligado a um músculo.

À direita: a estrutura do neurônio e a bainha de mielina.

filamento comprido preso ao corpo celular) de cuja ponta se ramificam terminações (projeções). Mas a maioria das células nervosas não é nada típica.

O núcleo abriga a importante "maquinaria" da célula e se localiza no corpo celular. As ramificações terminais do axônio se prendem a um músculo (nos nervos motores) ou num órgão dos sentidos (nos nervos sensoriais). O axônio pode ser curto ou comprido. O impulso nervoso passa por ele, seja do órgão sensorial aos dendritos e deles para outro neurônio, seja dos dendritos à fibra muscular.

O axônio pode ter uma bainha de mielina, que atua como o isolamento plástico de um fio elétrico: ela isola o axônio para que a eletricidade do impulso nervoso não se dissipe. A mielina foi descoberta em 1854 pelo médico alemão Rudolf Virchow. A mielina não faz parte do neurônio e é produzida por células separadas, as células de Schwann, que envolvem o axônio. As interrupções entre as células de Schwann, chamadas de nódulos de Ranvier, deixam pontinhos minúsculos expostos ao longo do axônio.

O formato e o tipo do neurônio dependem de sua função e localização dentro do corpo. Há três categorias, mas até dez mil tipos dentro dessas categorias. As categorias são: neurônios motores, que transmitem informações do cérebro ou da medula espinhal aos músculos para provocar movimentos; neurônios sensoriais, que transmitem informações de um órgão dos sentidos ao cérebro; e interneurônios, que transportam informações entre os neurônios.

Exame dos nervos

Em 1836, o fisiologista alemão Gabriel Valentin foi a primeira pessoa a descrever e desenhar parte de um neurônio. Finalmente, o material do cérebro se esclarecia em mais componentes do que massas

de substância branca e cinzenta; ele seria montado a partir dos componentes dos neurônios, e não revelado todo de uma vez. Os primeiros desenhos de neurônios de Valentin mostravam o núcleo e o nucléolo, que, juntos, formavam (novamente) um tipo de "glóbulo". Ele também percebeu fibras finíssimas que pareciam se ligar e se enrolar nos glóbulos.

No mesmo ano, Robert Remak, outro fisiologista alemão, distinguiu filamentos mielinados e não mielinados, embora, na época, a mielina não fosse reconhecida; simplesmente, era claro que algumas fibras tinham algum tipo de revestimento ou envoltório e outras, não. Ele também notou que o tecido nervoso era permeado por uma rede de fibras ou filamentos finíssimos.

O fisiologista boêmio Jan Evangelista Purkyně(1787-1869) tinha realizações e interesses muito variados. Ele foi o primeiro a notar que os seres humanos têm impressões digitais individualmente distintas e um dos primeiros a fazer desenhos animados (uma ramificação de seu interesse pela mecânica e pela neurologia da visão e da luz). Sua obra mais famosa trata do sistema nervoso. Em 1837, Purkyn descreveu aglomerações de células em forma de gota e um grande número de processos finos parecidos com fibras ali perto — as mesmas fibras que Remak vira. Remak sugeriu que as células e fibras poderiam estar ligadas — que as fibras podiam emanar das células —, mas as técnicas de microscopia não eram boas a ponto de confirmar.

As células que Purkyně desenhou, hoje chamadas de células de Purkinje, estão entre os maiores neurônios e os mais fáceis de ver. Encontram-se no cerebelo. Ele as descreveu com detalhes: "Corpúsculos cercando a substância amarela [entre a substância branca e a cinzenta] em grande número,

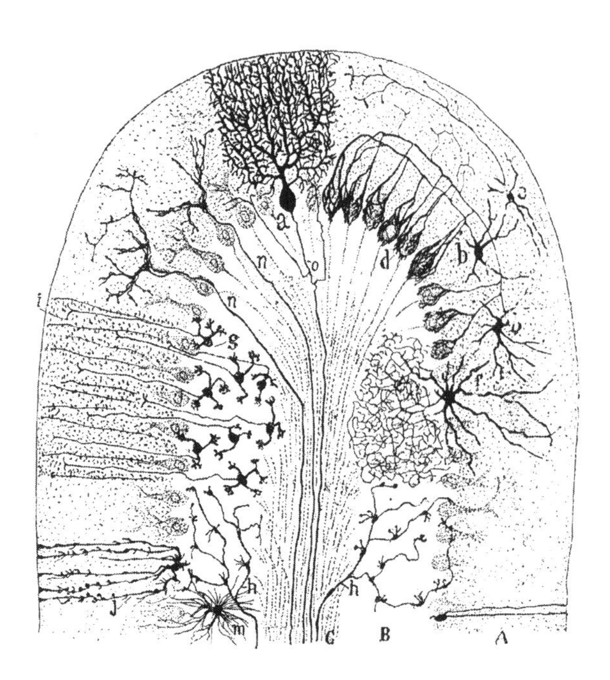

Desenho do histologista espanhol Santiago Ramón y Cajal mostra diversos tipos de neurônios no cerebelo de mamíferos, 1894, com parte da variedade de formato das células nervosas.

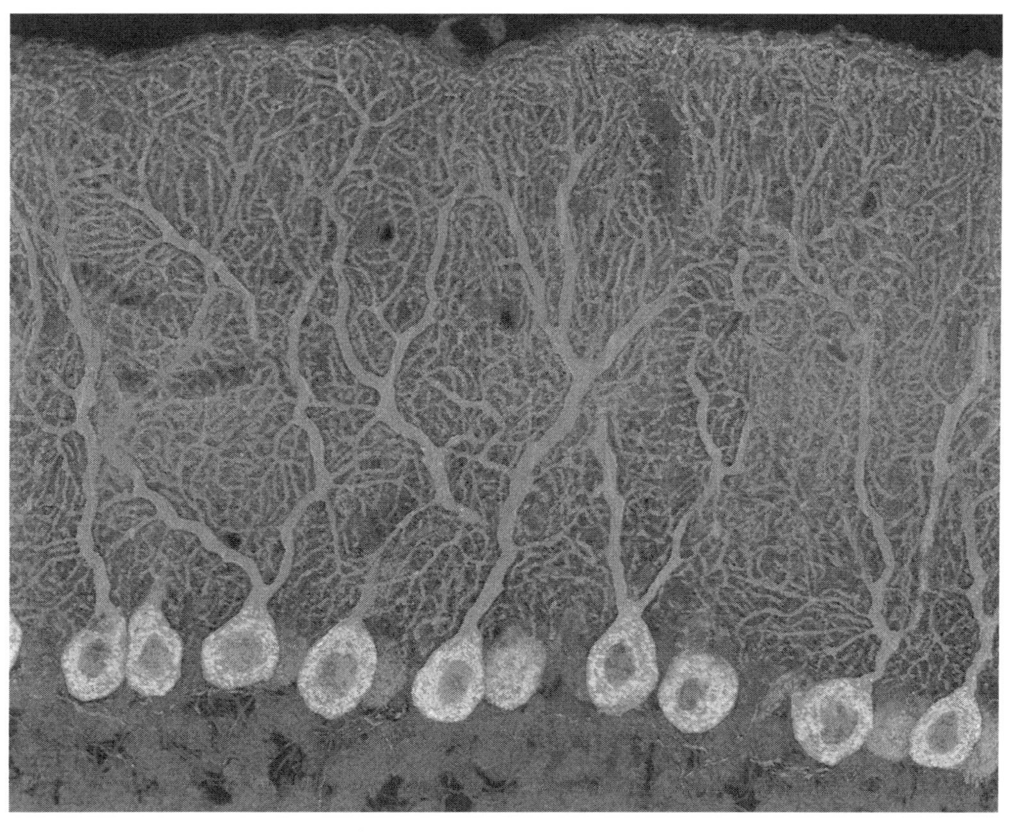

Uma foto mostra, claramente, as células de Purkinje no cerebelo.

vistos por toda parte em filas nas lâminas do cerebelo. Cada um desses corpúsculos está voltado para dentro, com a terminação rombuda e arredondada na direção da substância amarela, e exibe distintamente, em seu corpo, o núcleo central juntamente com sua coroa; a extremidade que lembra uma cauda está voltada para o lado externo e, por meio de dois processos, praticamente desaparece na substância cinzenta que se estende perto da superfície exterior, que é cercada pela pia-máter [a membrana mais interna das meninges].

A parte que "praticamente desaparece" são os dendritos, pequenos demais para Purkyně enxergar e inexistentes em seus desenhos, mas claros nas fotografias modernas tiradas com microscópio eletrônico.

Longos e filamentosos

É difícil distinguir numa massa coisas praticamente transparentes, esbranquiçadas e acinzentadas, mesmo com o microscópio. Isso retardou o desenvolvimento da neurobiologia no século XIX, até que os microscópios e as técnicas de apoio à microscopia melhorassem.

O desenvolvimento do micrótomo ajudou muito, mas ainda era difícil distinguir as massas de cor semelhante. Por volta de 1863, Otto Deiters desenvolveu uma técnica de microdissecação que usava

ácido crômico e vermelho-carmim como pigmentos. Os pigmentos lhe permitiram isolar neurônios individualmente pela primeira vez. Ele identificou tipos diferentes de protuberâncias ramificadas em cada um dos neurônios que examinou. Um dos tipos, com ramos curtos que lembravam árvores, ele chamou de "extensões protoplasmáticas", porque pareciam se estender a partir do protoplasma do corpo celular; hoje, são chamados de dendritos, nome dado por Wilhelm His. O outro era uma fibra longa, com alguns ramos bem curtos no final; ele a chamou de cilindro do eixo, mas hoje é chamado de axônio. Ele sugeriu que, talvez, as pontas "incomensuravelmente finas" dos dendritos se fundissem com os vizinhos, formando uma grande rede ininterrupta de filamentos. Infelizmente para a ciência, depois de um início promissor Deiters morreu de febre tifoide aos 29 anos.

O mundo em preto e branco

O pigmento de Deiters ajudava, mas não era bom o suficiente para o nível de exame detalhado dos neurônios que seria necessário para revelar o mundo oculto do cérebro. Camillo Golgi, fisiologista italiano com interesse específico pelo sistema nervoso, fez a descoberta necessária em 1873.

Ele trabalhava à luz de velas num laboratório que já fora a cozinha do hospital dos incuráveis perto de Milão e desenvolveu um método de pigmentação que chamou de "reação negra". Hoje conhecido como método de Golgi, consistia em acrescentar uma solução diluída de nitrato de prata às amostras enrijecidas com amônia e dicromato de potássio. O nitrato de prata tinge de maneira diferente as várias partes do tecido nervoso, possibilitando distinguir as diversas estruturas da célula. Ficou imediatamente visível para ele que o corpo celular, o axônio e os dendritos ramificados faziam parte da mesma unidade, confirmando que, afinal de contas, os nervos eram celulares.

Rede ou neurônios?

Descobrir as diversas estruturas que formam os neurônios não ajudou Golgi a entender sua função. Ele achava que os dendritos forneciam nutrição. E, ao obser-

CÉLULAS DE PURKINJE E AUTISMO

Hoje, as células de Purkinje são associadas a várias funções, como o controle motor fino, o equilíbrio e a propriocepção (sentir a posição do corpo). As conexões feitas com as células de Purkinje são responsáveis pelo desenvolvimento de habilidades motoras como digitar e tocar um instrumento musical. Quase 80% das crianças com transtorno do espectro do autismo têm problemas de coordenação e controle motor. Uma pesquisa publicada em 2014 encontrou uma correlação direta entre conexões defeituosas ou anormais entre células de Purkinje e déficits da habilidade motora, indicando que o mau funcionamento dessas células é responsável pelos problemas motores associados ao autismo.

var uma rede muito densa e intricada de axônios ramificados na substância cinzenta do cérebro, ele concluiu que os axônios se emaranhavam numa rede contínua. Foi essa a teoria que apresentou ao publicar sua primeira ilustração de neurônios em 1873. Como considerava as partes anastomosadas (unidas) num único grande tecido, ele não apoiava a ideia de funções cerebrais localizadas. No máximo, achava que mensagens específicas iam para uma área grande do cérebro, mas com tudo interconectado a verdadeira localização parecia improvável. Em 1871, o fisiologista alemão Joseph von Gerlach também propôs que o cérebro poderia ser uma "rede protoplásmica" — uma rede ou "retícula" vasta e complexa — de filamentos nervosos. O retículo de dendritos e axônios logo se tornou um modelo comum do cérebro.

Mas outros fisiologistas, alguns trabalhando com animais, encontraram indícios que contradiziam o modelo reticular unificado. Wilhelm His, por exemplo, ao estudar o desenvolvimento do sistema nervoso central em embriões, concluiu que os nervos são células separadas como quaisquer outras, embora de estrutura variada. A noção de neurônios distintos poderia sustentar a ideia da localização das funções cerebrais. Assim, o debate sobre neurônios separados ou anastomosados se tornou diretamente relacionado ao debate sobre a localização ou não das funções no cérebro.

Doutrina neuronal

O verdadeiro avanço na descoberta de como os neurônios funcionam em conjunto veio com o trabalho do anatomista espanhol Santiago Ramón y Cajal, o primeiro a ver o tecido nervoso corado com o método de Golgi, em 1887. Cajal usou uma versão aprimorada da técnica, mergulhando duas vezes os tecidos em nitrato de prata para revelar estruturas que registrou em ilustrações espantosamente bonitas e detalhadas(ele era um artista de talento desde a juventude.),e descobriu uma variedade realmente espantosa de formato dos neurônios.

A pesquisa de Ramón y Cajal desenvolveu-se como a "doutrina neuronal"

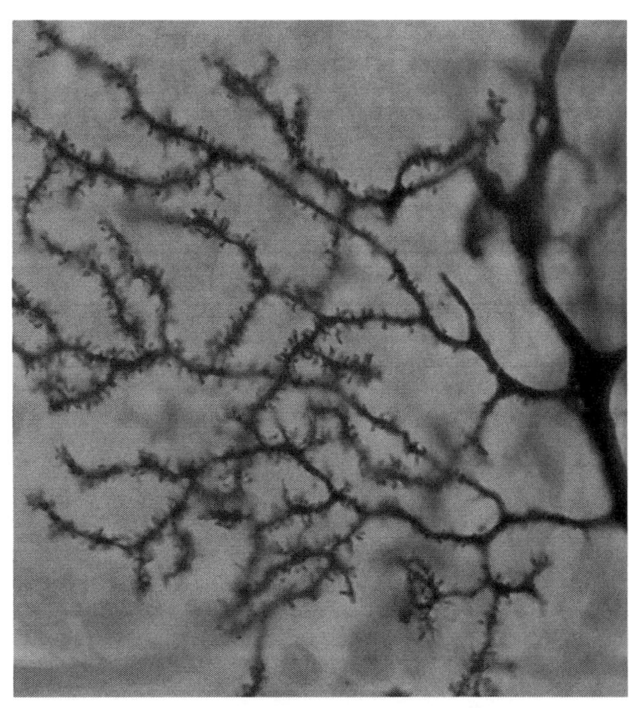

Dendritos corados com o método de Golgi.

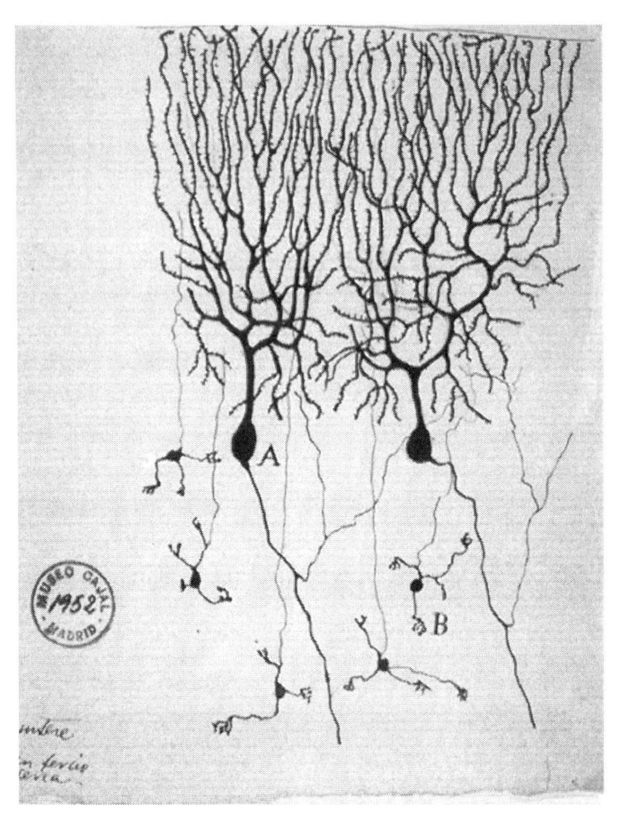

Desenho de uma célula de Purkinje feito por Ramón y Cajal. Purkyn discerniu apenas a extremidade globosa da célula de Purkinje, e Ramón y Cajal revelou a complexidade intricada dos dendritos.

publicada em 1894: a unidade anatômica e fisiológica básica do sistema nervoso é o neurônio, e os neurônios interligados constituem o meio de transmissão dos sinais nervosos. A palavra "neurônio" foi cunhada em 1891 pelo anatomista alemão Wilhelm von Waldeyer, grande partidário de Ramón y Cajal que chegou a aprender espanhol para ler os artigos originais.

Estranhamente, Ramón y Cajal e Golgi dividiram o Prêmio Nobel de fisiologia de 1906 por seu trabalho sobre o sistema nervoso, embora promovessem opiniões diretamente conflitantes. Golgi não considerava os fios que via como células nervosas separadas e argumentava com veemência contra a interpretação de Ramón y Cajal. Além disso, Golgi estava convencido de que a função dos dendritos era puramente nutritiva. Também havia animosidade pessoal entre eles, pois Golgi não conseguira conquistar muita atenção pública com sua descoberta original do novo método de pigmentação e se ressentia da glória conferida a Ramón y Cajal. Ele sentia que isso ameaçava o reconhecimento de sua prioridade na descoberta das estruturas detalhadas, quer fossem nervos separados, quer fossem uma rede.

A mente na lacuna

Uma das razões para Golgi preferir o modelo reticular do cérebro era que sua técnica de pigmentação não era eficaz nos nervos mielinados. Isso dificultava ou impossibilitava acompanhar cada neurônio pela rede. Além de melhorar a técnica de

> *"Exprimi a surpresa que senti ao ver, com meus próprios olhos, o maravilhoso poder revelador da reação de cromo e prata e a ausência de qualquer empolgação no mundo científico provocada por sua descoberta."*
>
> Santiago Ramón y Cajal, 1917

NEURÔNIOS, NERVOS E FEIXES

Neurônios são células nervosas individuais. Um nervo pode consistir de muitos neurônios ligados ponta a ponta. Tipicamente, os dendritos na extremidade de um neurônio estão em contato íntimo (mas não fundidos) com o axônio de outro neurônio, ligando-se numa cadeia que pode ir de um órgão sensorial ao cérebro, da medula espinhal a um músculo ou de um local no cérebro ou na medula espinhal a outro. As fibras nervosas costumam se agrupar em feixes. Esses feixes de fibras é que foram observados primeiro, a princípio a olho nu, por Herófilo e os que vieram depois, e em nível mais fino pelos primeiros microscopistas.

Golgi, Ramón y Cajal investigou tecidos de diversos tipos de animal, inclusive cérebros de aves, que têm mais células não mielinadas. (Golgi se restringiu a tecidos humanos.)

Ao examinar o cerebelo, Ramón y Cajal viu lacunas minúsculas entre a ponta dos axônios dos neurônios em cesto (um tipo de interneurônio encontrado no cerebelo) e os corpos celulares das células de Purkinje adjacentes. Para ele, ficou claro que as células nunca poderiam se fundir. Ele deu várias boas razões para seu modelo, inclusive provas de que, quando um neurônio é cortado, a degeneração não se espalha daquele neurônio para os outros, o que aconteceria se fossem fundidos numa única unidade.

E assim se verificou que os neurônios não são fundidos, mas se aproximam muito entre si. Os espaços entre os neurônios são tão importantes quanto qualquer outra estrutura neurológica na transmissão de informações. Mas exatamente como essas

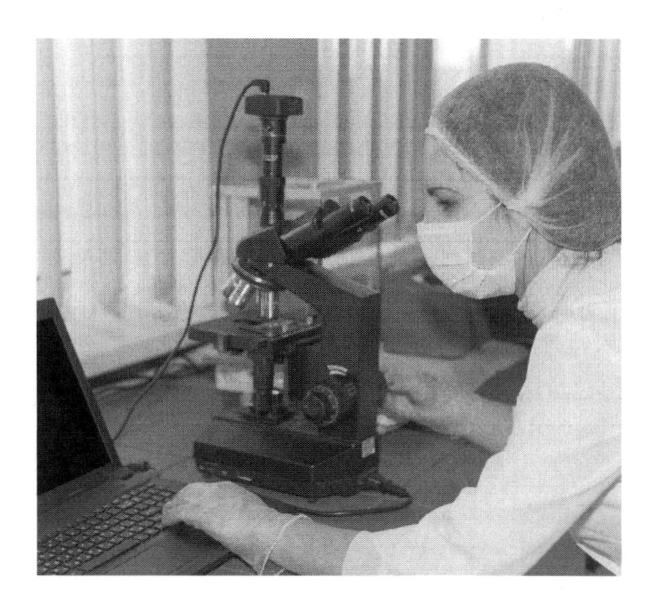

O microscópio eletrônico usa feixes de elétrons em vez de luz para formar a imagem. Como o comprimento de onda do feixe pode ser muito menor do que o da luz visível, o microscópio eletrônico é capaz de produzir ampliação e detalhamento maiores do que o microscópio óptico.

SANTIAGO RAMÓN Y CAJAL (1852-1934)

Quando menino, Santiago Ramón y Cajal era considerado rebelde, desobediente e difícil. Foi preso aos 11 anos por destruir o portão do vizinho ao disparar um canhão que ele mesmo inventara. Era habilidoso como ginasta e artista plástico, mas seus talentos não foram incentivados, e ele foi trabalhar como aprendiz de sapateiro e barbeiro. Mais tarde, na esperança de transformar o filho em médico, o pai o levou a cemitérios para procurar ossos humanos para examinar. Esboçar esses ossos foi um ponto de virada que inspirou Ramón y Cajal a estudar medicina. Ele serviu algum tempo como oficial médico no exército espanhol, mas contraiu malária e tuberculose em Cuba, em 1874-1875. Quando se recuperou, passou a ensinar Anatomia em Valência.

Primeiro ele estudou doenças e células epiteliais (as que formam os revestimentos delgados do corpo), mas voltou sua atenção para o sistema nervoso central quando descobriu o método de pigmentação de Golgi em 1887. Fez estudos extensos de tecidos nervosos de muitas espécies e de todas as áreas do corpo humano. O talento artístico de Ramón y Cajal contribuiu com seu sucesso, auxiliado pela capacidade de visualizar em três dimensões e ver como as fatias que examinava podiam se encaixar.

Ao afirmar os primeiros princípios da doutrina neuronal, Ramón y Cajal preparou o terreno para o desenvolvimento da neurociência moderna e foi muitas vezes chamado de "pai da neurociência".

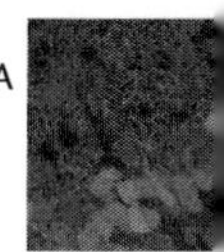

lacunas — chamadas de sinapses em 1897 — se encaixavam no quadro só ficou claro na década de 1950, quando puderam ser examinadas com o microscópio eletrônico.

A eletricidade é química

Assim, no fim do século XIX havia dois princípios que precisavam ser unidos de algum modo. Em primeiro lugar, os nervos transmitem alguma forma de impulso elétrico, como determinado por Émil du Bois-Reymond. Em segundo lugar, o sistema nervoso central se baseia em células chamadas neurônios, encontradas em número imenso no cérebro e na medula espinhal e, com densidade menor, ligando-os aos músculos e órgãos sensoriais do corpo.

Havia tensão entre os que preferiam o modelo mecanicista do sistema nervoso e os que deixavam espaço para algo mais etéreo — uma alma ou espírito. Estes últimos estavam dispostos a aceitar que a eletricidade tinha seu papel, já que, na época, ela não era explicável em termos físicos. Os primeiros olhavam as minúsculas lacunas entre os nervos com a intenção de descobrir exatamente como um impulso poderia se deslocar de um lado para o outro. Esses pesquisadores buscavam um meio químico de transmissão.

Flechas envenenadas

A primeira pista veio de um estudo do fisiologista francês Claude Bernard (1813-1878). Ele queria entender o funcionamento do curare, veneno usado por caçadores indígenas da América do Sul. As presas (ou os inimigos) atingidos por dardos mergulhados em curare ficavam paralisados e morriam de asfixia. Em 1844, Bernard mostrou que o veneno bloqueia a passagem de um sinal nos nervos motores, efeito que descreveu como "embebedar" o nervo. O histologista francês Alfred Vulpian, seu aluno, provaria que o curare age no ponto de conexão entre o nervo e o músculo. Vulpian propôs que havia uma lacuna entre a terminação do nervo e a célula muscular adjacente antes mesmo que Ramón y Cajal a demonstrasse. E sugeriu um meio químico de transferir o impulso do nervo para o músculo; seria nesse ponto que o curare interviria.

Strychnos toxifera, a fonte do curare.

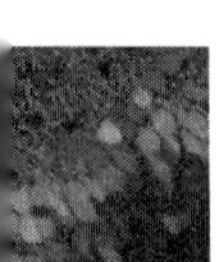

NEUROTOXINAS

Hoje, o curare é classificado como neurotoxina. As neurotoxinas funcionam de várias maneiras para bloquear ou atrapalhar a transmissão de sinais pelos neurônios ou entre eles. O curare é classificado como inibidor de receptores, ou seja, ele impede a recepção de uma substância neurotransmissora (receptor nicotínico de acetilcolina, neste caso) na junção entre um nervo motor e um músculo. Isso impede o fluxo de íons de sódio para as células musculares, necessário para provocar a contração muscular. Ao impedir a contração muscular, o curare interrompe o movimento muscular do corpo, inclusive o da respiração. Hoje, doses controladas de curare são usadas na medicina como relaxante muscular.

Um "vasoconstritor" químico

O curare não era a única substância química que causava impacto sobre nervos e músculos. No final do século XIX e início do século XX, vários cientistas experimentaram um extrato da glândula suprarrenal, estudado pela primeira vez pelo fisiologista polonês Napoléon Cybulski em 1895. Ele continha a substância hoje conhecida como adrenalina (ou epinefrina) e outras semelhantes. Constatou-se que a adrenalina continha um poderoso "vasoconstritor" que elevava a pressão arterial de animais de laboratório. O neurologista alemão Max Lewandowsky descobriu que injetar o extrato em gatos produzia a retração da membrana nictitante (uma membrana protetora sobre o globo ocular). Depois, ele demonstrou que tinha o mesmo efeito sobre o globo ocular se aplicada localmente depois de cortar a conexão nervosa com o cérebro, mostrando que ela age diretamente sobre o músculo e não sobre o nervo.

O fisiologista inglês John Langley mostrou, em 1901, que o estímulo elétrico dos nervos simpáticos fazia o mesmo efeito da injeção de "princípio vasoconstritor". Em conjunto, o resultado obtido por Lewandowsky e Langley indicava claramente um meio químico de transportar o impulso elétrico para o músculo. Em 1905, o fisiologista inglês Thomas Renton Elliott sugeriu que o estímulo dos nervos simpáticos faz com que eles produzam o vasoconstritor, que chamou de adrenalina, em seus terminais, e que ele passa para o músculo e causa um efeito fisiológico. Na década de 1960, Bernard Katz e Paul Fatt mostraram que receptores nas fibras musculares são estimulados pela liberação de acetilcolina a abrir canais iônicos na membrana muscular, produzindo uma corrente elétrica que faz o músculo se contrair.

Da "coisa do vago" ao neurotransmissor

O experimento conclusivo aconteceu em 1921 e foi realizado pelo fisiologista alemão Otto Loewi. Ele afirmou que a ideia da experiência lhe veio num sonho. Ao acordar durante à noite, ele o escreveu, mas pela manhã não conseguiu entender o que escrevera. Quando teve o mesmo sonho outra vez, saiu da cama e foi ao laboratório na mesma hora para tentar. A experiência demonstrou que a bioeletricidade e as substâncias químicas trabalham juntas na transmissão dos impulsos nervosos.

O sistema nervoso simpático controla as reações defensivas automáticas do corpo e prepara esse gato para "lutar ou fugir".

Como acontece com tanta frequência, o experimento envolveu algumas pobres rãs.

Loewi sabia que estimular o nervo vago fazia o ritmo cardíaco da rã se desacelerar e que estimular o nervo acelerador (simpático) o fazia se apressar. Ele imaginou que essas ações faziam o nervo liberar uma substância que provocaria uma mudança no ritmo cardíaco; estimular o nervo vago produziria uma substância que desacelerava o ritmo cardíaco e estimular o nervo acelerador produziria uma substância que o apressava. Loewi estimulou o nervo vago do coração de uma rã até que seu ritmo se desacelerou. Então, ele recolheu o líquido em torno do coração e o acrescentou a um segundo coração cujas ligações com os nervos vago e acelerador tinham sido cortadas. O segundo coração se desacelerou, confirmando a hipótese. Loewi chamou a substância de "vagusstoff" (literalmente, "coisa do vago"). Mais tarde, ela foi identificada como acetilcolina, o principal neurotransmissor do sistema nervoso simpático.

Foi sorte de Loewi sua experiência funcionar. Por acaso, ele escolheu uma espécie de rã com fibras excitatórias e inibitórias no nervo vago, mas realizou a experiência no inverno, quando as fibras inibitórias predominam. Fazia frio no laboratório, e a ação da enzima que decompõe a acetilcolina estava lenta; assim, restou acetilcolina suficiente para fazer efeito no segundo coração. Se ele tivesse realizado a experiência no verão, talvez não desse certo.

De nervo a nervo

O mecanismo que capacita o neurônio a transmitir um sinal a um músculo também transmite sinais de um neurônio a outro através da sinapse. Embora fosse

MATAR OU CURAR

Muitas substâncias químicas podem interromper a transmissão de impulsos nervosos no ponto onde ela se torna química e não bioelétrica. As sinapses são o ponto mais vulnerável do circuito de transmissão. Agentes nervosos como o gás sarin são neurotoxinas e usados ilegalmente como armas (são proibidos por tratados internacionais). O sarin atua bloqueando a enzina acetilcolinesterase; isso impede a transmissão de impulsos nervosos pela fenda sináptica. A acetilcolinesterase é responsável por decompor a acetilcolina assim que ela faz seu serviço de transmitir o impulso nervoso ao músculo. Bloquear a ação dessa enzima faz a acetilcolina se acumular, e o músculo não consegue parar de se contrair. A morte finalmente vem por asfixia. É o efeito oposto do curare, que age impedindo a contração. Os analgésicos, por sua vez, atuam a nosso favor bloqueando as mensagens de dor para o cérebro ou dentro dele. A aspirina, por exemplo, age impedindo a produção de prostaglandinas, que enviam sinais de dor ao cérebro, reduzindo nossa consciência da dor.

Em 1995, um ataque terrorista com gás sarin no metrô de Tóquio, no Japão, deixou 72 mortos.

UMA CONEXÃO, AFINAL DE CONTAS

No século XXI, descobriu-se que algumas sinapses do cérebro *realmente* têm conexões elétricas diretas, afinal de contas. Os neurônios agem como uma só unidade e não há liberação de neurotransmissores. Às vezes, mais de um neurotransmissor pode ser liberado num terminal pré-sináptico. Isso torna a comunicação entre neurônios mais complexa e flexível do que se pensava.

mais fácil descobrir a ação da acetilcolina na junção entre neurônio e músculo, mais tarde se demonstrou que os neurotransmissores também funcionam entre neurônios. Mas muitos fisiologistas acreditavam que a bioeletricidade era a única força em ação e rejeitaram toda mediação química entre os neurônios.

Lulas são a salvação

Em 1939, os fisiologistas ingleses Alan Hodgkin e Andrew Huxley testaram o

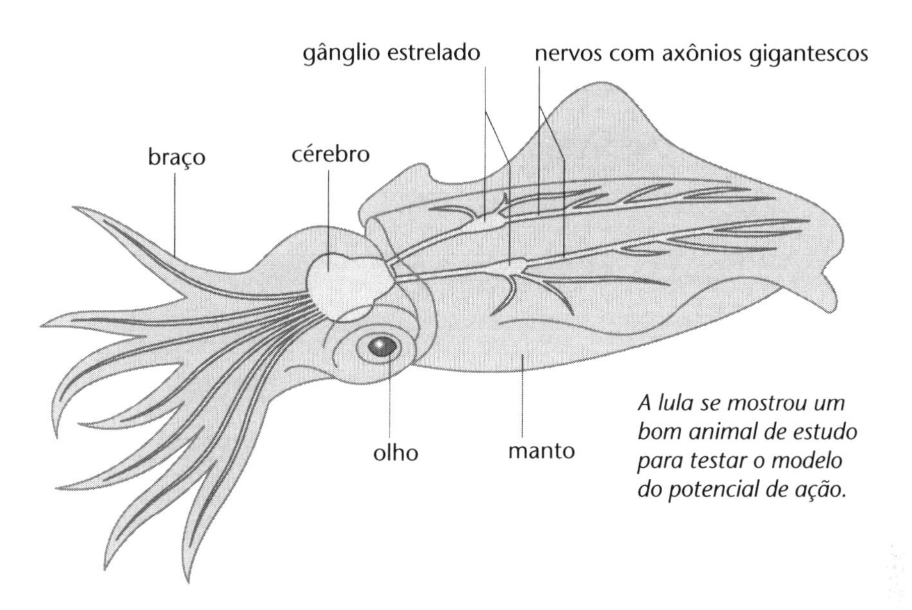

A lula se mostrou um bom animal de estudo para testar o modelo do potencial de ação.

ÍONS POSITIVOS E NEGATIVOS

Ao contrário do movimento da eletricidade por um fio, o sinal ou "impulso" nervoso tem origem química e se baseia na passagem de íons pela membrana celular. Os íons são moléculas com carga elétrica negativa ou positiva. Quando o neurônio está em repouso (sem transmitir nenhum impulso), há uma diferença na concentração de íons negativos e positivos dentro e fora do neurônio. Em repouso, o neurônio tem carga geral positiva, e o fluido fora da célula tem carga negativa, de modo que a membrana fica polarizada. Esse é o chamado "potencial de repouso" do neurônio.

O movimento de íons é controlado por proteínas na membrana celular chamadas "canais", "portais" ou "bombas" iônicos. Os íons só podem atravessar a membrana nesses pontos. O movimento de íons para dentro e fora do neurônio pelos canais e bombas muda a polaridade da célula de "potencial de repouso" para "potencial de ação". A ideia de que uma membrana seletivamente permeável circunda o neurônio e que ela produz os potenciais de repouso e ação foi sugerida pelo fisiologista alemão Julius Bernstein em 1902.

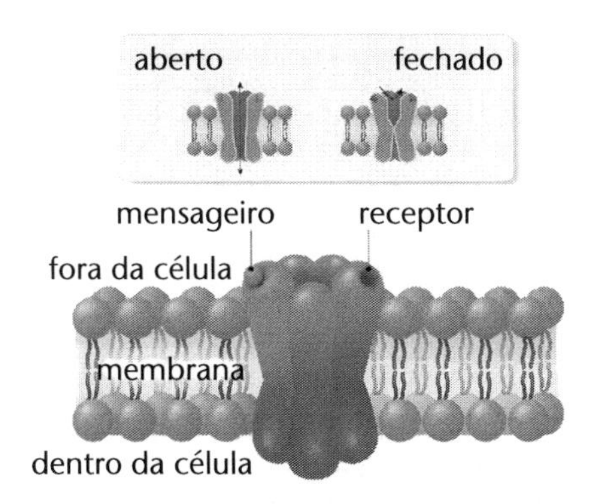

modelo de "potencial de ação" usando os axônios gigantescos da lula (ver a página 107). A lula tem neurônios grandes, com axônios de quase 1 mm de diâmetro, ou seja, são visíveis a olho nu e fáceis de manipular.

O princípio da passagem da corrente elétrica pelo axônio tinha sido esboçado em termos básicos por Galvani no final do século XVIII. Ele descreveu a teoria da "excitação elétrica", na qual o tecido em repouso está em "desequilíbrio" — isto é, pronto a reagir a estímulos externos gerando sinais elétricos. Galvani comparou o mecanismo que imaginava a uma garrafa de Leyden, aparelho que armazena eletricidade estática entre suas camadas interna e externa. Em seu modelo, a "eletricidade animal" resulta do acúmulo de cargas positivas e negativas nas superfícies interna e externa do músculo ou fibra nervosa. Ele propôs que canais cheios d'água penetravam na superfície das fibras e permitiam o fluxo de cargas para dentro e para fora, produzindo excitabilidade elétrica. Referindo-se novamente à analogia com a garrafa de Leyden, ele sugeriu uma cobertura isolante com furos para permitir a passagem de cargas elétricas em alguns pontos.

Huxley e Hodgkin descobriram o mecanismo descrito por Galvani em ação nos axônios gigantescos da lula. Eles queriam medir as voltagens envolvidas e o tipo de íons que se moviam pela membrana para

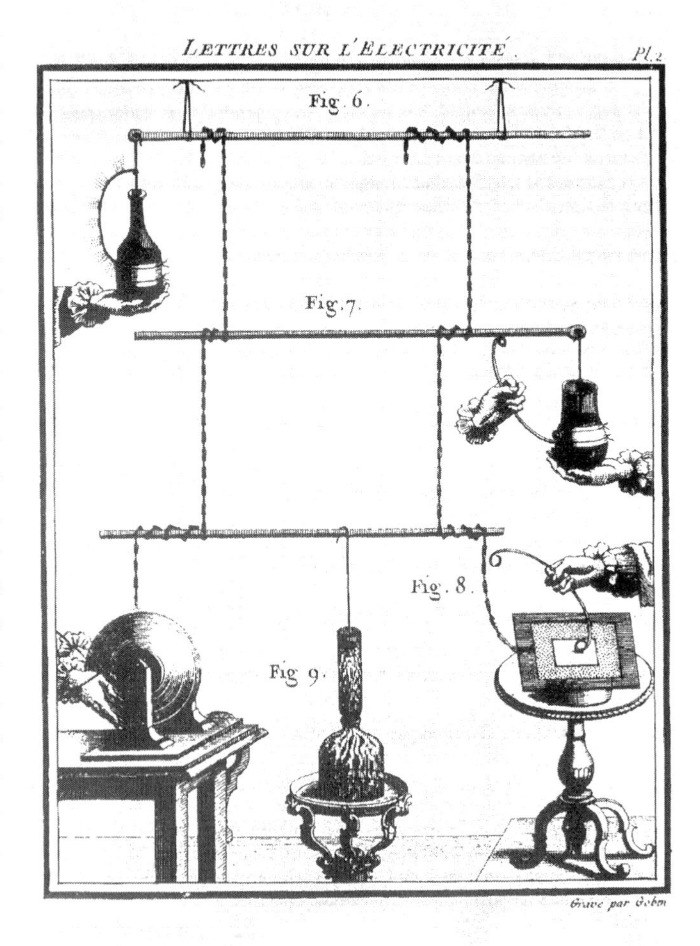

A garrafa de Leyden armazena a eletricidade estática produzida quando se gira uma esfera de vidro (embaixo à esquerda). A eletricidade pode, então, ser usada para produzir uma fagulha ou um choque completando o circuito entre as camadas condutoras interior e exterior da garrafa.

produzir o potencial de ação. Como os axônios da lula são enormes, eles conseguiram passar um fio por dentro deles e prendê-lo a eletrodos. Então, conseguiram manter e medir a voltagem através da membrana celular. Esse dispositivo se chama grampeamento de voltagem e hoje é uma ferramenta básica da pesquisa eletrofisiológica.

Para que o neurônio produza um impulso elétrico, a voltagem interna e a externa têm de ser diferentes. O neurônio, então, produz um gradiente de íons carregados que entra no axônio ou sai dele, produzindo mudanças rápidas de voltagem — o potencial de ação. O grampeamento de voltagem lê a voltagem no axônio e fornece corrente suficiente para mantê-la no nível que o pesquisador escolheu. Como o grampeamento ajusta constantemente a voltagem para compensar o efeito da transferência de íons pela membrana, registrar os ajustes necessários mostra a ação dos íons (uma corrente igual mas contrária àquela fornecida pelo grampo). Isso permitiu que Hodgkin e Huxley medissem a mudança de voltagem do potencial de ação da célula. Eles publicaram seu resultado em 1952.

Em 1961, Peter Baker, Alan Hodgkin e Trevor Shaw experimentaram substituir o citoplasma do axônio de lula por várias soluções iônicas. Eles descobriram que os íons que passam pela membrana para criar o potencial de ação são sódio (Na^+) e potássio (K^+). Quando o neurônio está em repouso, a membrana é permeável principalmente ao potássio, mas quando o potencial de ação é disparado, a membrana se torna mais permeável ao sódio.

ENTÃO OS NERVOS ERAM MESMO OCOS?

Depois de todo o esforço para provar que os nervos não são ocos e não permitem o fluxo de espíritos animais, acontece que, no nível mais básico, eles são feitos de neurônios que realmente contêm fluido. Mas o fluido não passa de um lugar a outro; ele fica no neurônio. O que passa é a corrente elétrica dentro do fluido do neurônio.

Conexões e conectomas

O entendimento básico dos mecanismos do sistema nervoso se estabeleceu no final do século XX,Ficou claro que os impulsos são levados pelos neurônios como um potencial de ação produzido por íons com carga elétrica. A lacuna da sinapse é "pulada" por substâncias químicas ali liberadas. Isso provoca o sinal elétrico no neurônio

SOPA DE MIOLOS

Pode haver milhões de neurônios numa quantidade minúscula de tecido cerebral humano, mas quantos há no cérebro inteiro? Até 2012, ninguém sabia com certeza. Aí, a neurocientista brasileira Suzana Herculano-Houzel recolheu amostras do cérebro de homens que morreram de causas não neurológicas e transformou cada uma delas numa papa. Então, ela contou os neurônios num volume dado dessa "sopa de miolos"; a partir daí, estimou o total de neurônios do cérebro inteiro e encontrou uma média de 86 bilhões.

DOENÇA DE ALZHEIMER

A doença de Alzheimer provoca demência e mudanças comportamentais. A autópsia revela no cérebro um acúmulo de placas de proteína beta-amiloide, um subproduto natural da atividade cerebral. Geralmente, a proteína é eliminada, mas em quem tem a doença o mecanismo de limpeza não funciona direito. Formam-se placas grudentas que impedem os sinais de atravessar as sinapses. Em 2016, testes em camundongos com Alzheimer mostraram que o tratamento com a enzima cerebral BACE1 impede que filamentos de beta-amiloide se unam e interrompe o desenvolvimento das placas. Talvez isso possa se desenvolver num tratamento para a doença.

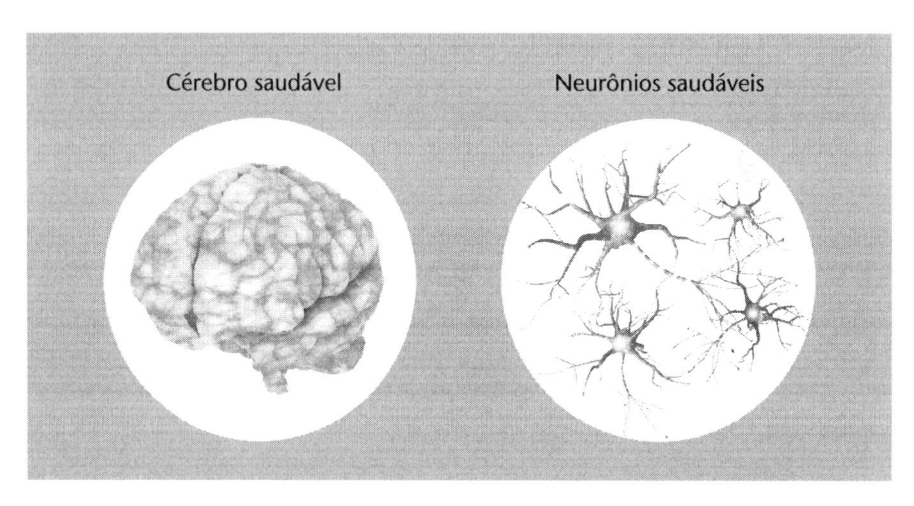

Doença de Alzheimer

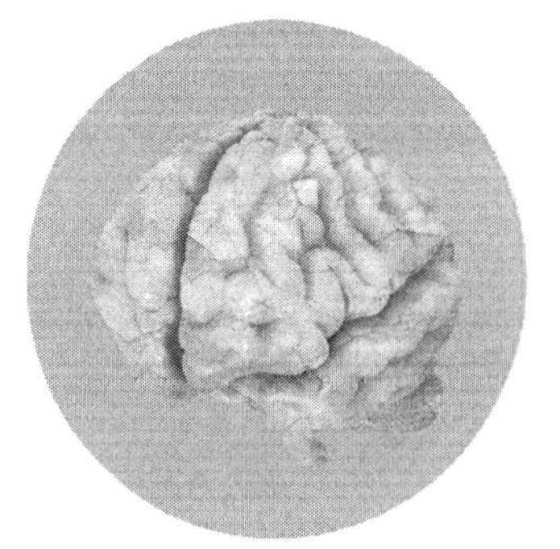

Neurônios adoecidos

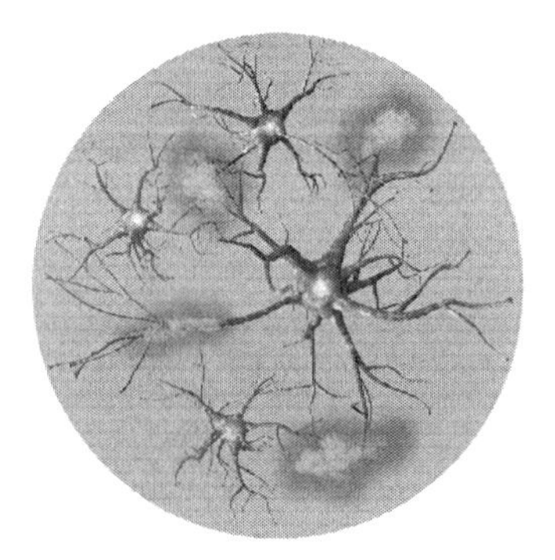

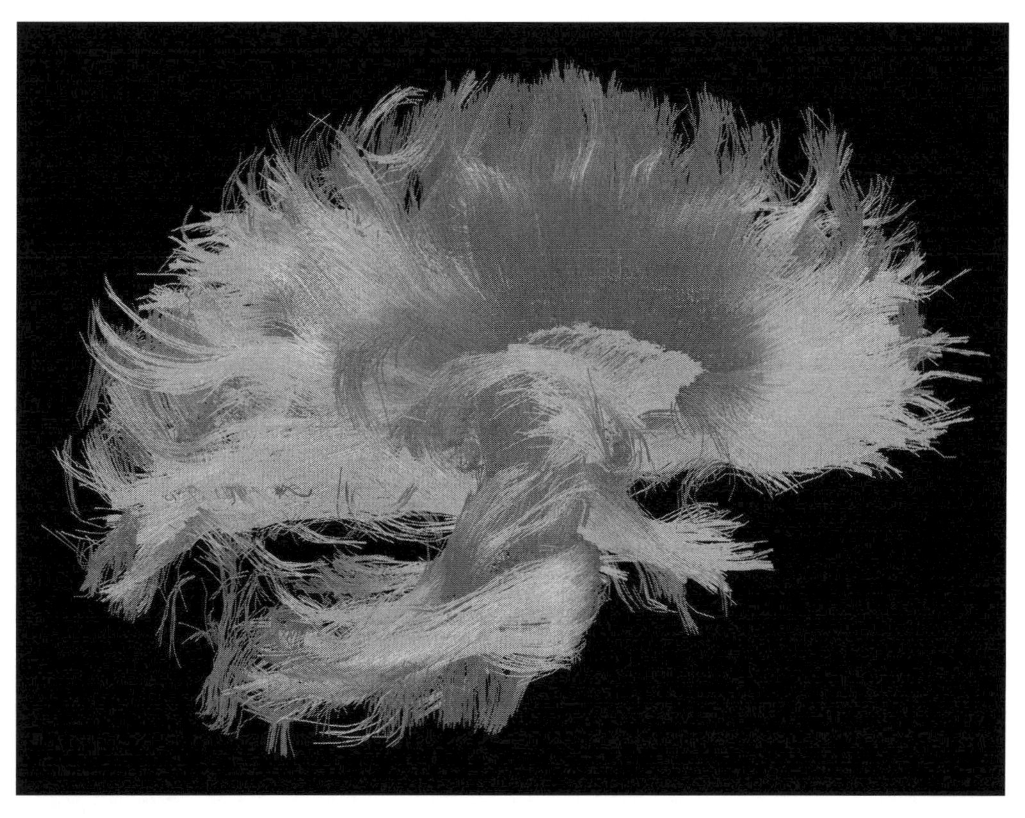

O movimento da água num cérebro saudável revelado por ressonância magnética mostra as conexões dentro do cérebro.

seguinte ou faz um músculo adjacente se contrair. Agora, restava investigar a incrível rede de conexões e o que ela faz.

O sistema nervoso periférico é o mais fácil de explorar, pois é uma tarefa relativamente simples acompanhar os neurônios até suas terminações na pele, nos músculos, num órgão interno ou dos sentidos. Mas a maioria dos neurônios do corpo humano fica dentro do cérebro e faz parte do sistema nervoso central. Descobrir o que fazem e como se interligam — cada um deles pode ter até sete mil conexões — é uma tarefa imensa. Mas o Projeto Conectoma Humano (PCH) se dispôs a enfrentá-la (um conectoma, em essência, é um diagrama da fiação de um cérebro ou organismo). O PCH é um consórcio de pesquisadores sediados na Universidade de Washington, na Universidade de Minnesota e na Universidade de Oxford. Ele visa a mapear o cérebro de 1. 200 adultos saudáveis usando as técnicas mais avançadas de neuroimagiologia, liberando os dados em atualizações trimestrais (a partir de 2013). É o equivalente do Projeto Genoma Humano na neurociência — ambicioso, ousado, mas capaz de trazer noções valiosíssimas sobre o funcionamento do cérebro, saudável ou não.

CAPÍTULO 6

Sentidos e **SENSIBILIDADE**

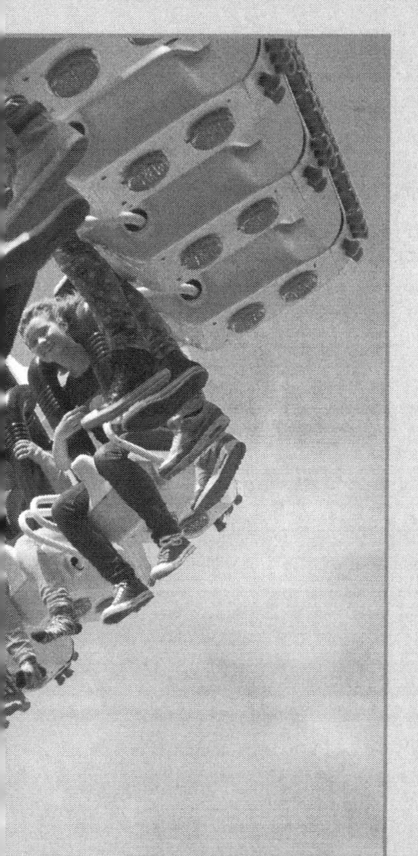

"A sensação consiste no sensório que recebe, por meio de seus nervos, como resultado da ação de uma causa externa, um conhecimento de certas qualidades e condições, não de corpos externos, mas dos próprios nervos."

Johannes Müller, 1840

Enquanto a principal tarefa do sistema motor é fazer os músculos se contraírem e, assim, produzir movimentos, a tarefa primária do sistema sensorial é perceber estímulos fora e dentro do corpo. Esses estímulos, como luz, som, cheiro, toque e gosto, são processados pelo cérebro para permitir nossa interação com o ambiente. O resultado do processamento pode ativar o sistema motor ou permanecer interno no cérebro, produzindo lembranças, compreensão ou emoções.

Um brinquedo como esse oferece ao cérebro uma miríade de sinais sensoriais, produzindo reações físicas e emocionais.

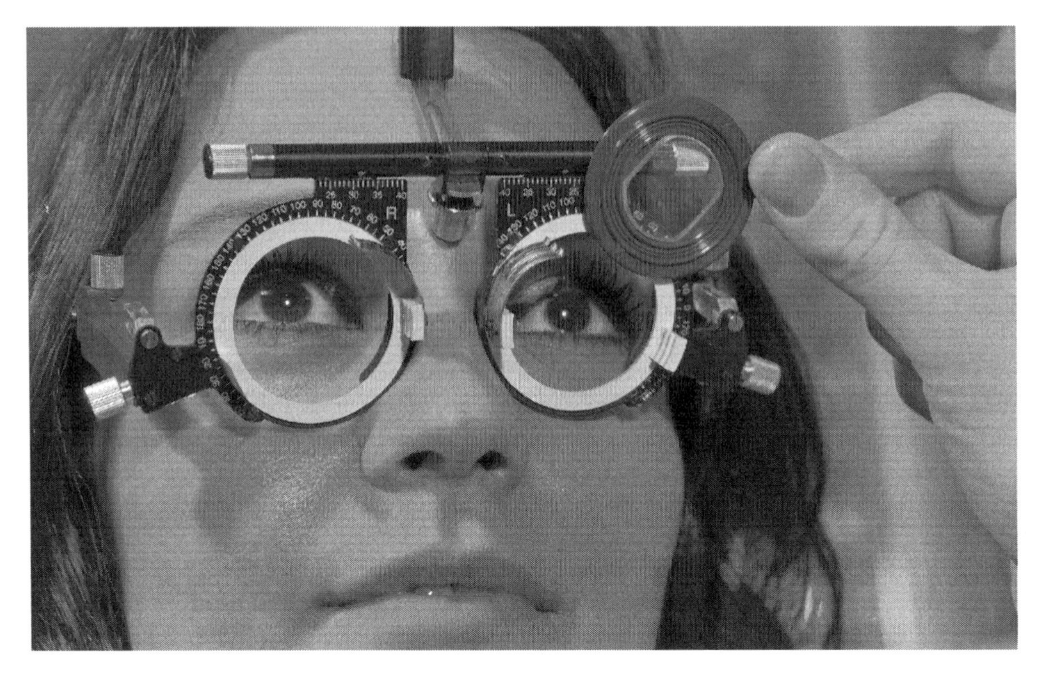

O optometrista pode corrigir defeitos do órgão sensorial, o olho, com lentes ou cirurgia, mas tratar os problemas de visão que se originam nos nervos ou no cérebro é muito mais difícil.

Divisão de trabalho

Até os antigos distinguiam órgãos sensoriais que adquirem dados e o "sensório", seja ele o cérebro ou o coração, que processa os dados numa experiência sensorial da qual temos consciência. O mecanismo pode ser decomposto em recepção de um estímulo, transferência do estímulo ao sensório e processamento do estímulo.

Os primeiros trabalhos sobre os sentidos se concentraram em como funcionam, em termos mecânicos, as percepções do sensório. Mais tarde, os cientistas começaram a se perguntar o que os sentidos têm em comum e em que são diferentes.

Dentro e fora

Os sentidos externos — visão, audição, tato, paladar e olfato — dizem respeito à relação de nosso corpo com o mundo exterior. Isso significa que, para descobrir como funcionam, precisamos não só de informações sobre como atuam os nervos e o cérebro como também de algum conhecimento de como a matéria é construída e de fenômenos como a luz e o som. Antes de desenvolvermos uma boa compreensão de tópicos como óptica, acústica e química, na verdade não havia como entender o funcionamento de nossos sentidos.

O olho da mente?

O primeiro sentido a ser extensamente estudado foi a visão. Em parte, a razão talvez seja que a visão é importantíssima para nós, mas também por ser um sentido que podemos cancelar facilmente: basta fechar os olhos.

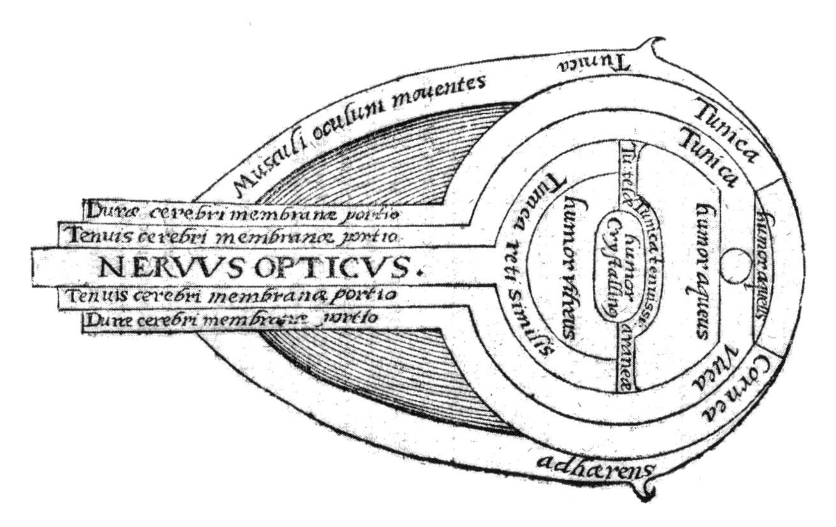

Alhazen ibn al-Haytham mostrou o nervo óptico saindo do fundo do olho, originando-se na mais interna das "túnicas" que, como se pensava, constituíam a estrutura externa do globo ocular.

Transmitir impressões para dentro e para fora

Talvez seja essa capacidade de "desligar" a visão que levou à ideia de que o olho emite algum tipo de facho que captura impressões dos objetos. É a chamada teoria da "emissão" ou "extramissão" e se origina com Alcmeão e Empédocles, no século V a. C. A ideia foi explicada por Demócrito, que disse que os objetos emitem algo no ar e deixam nele um tipo de impressão. O filósofo grego Teofrasto (c. 371-c. 287 a. C.) considerava o ar entre um objeto e o olho como se fosse sólido, de modo que a impressão criada no ar era empurrada contra o olho como um carimbo pressionado na cera, facilitando a visão.

> **PERCEPÇÃO E MATÉRIA**
>
> O filósofo grego Demócrito (c.460-370 a. C.) foi o primeiro a propor um meio inteiramente físico de percepção. Ele descreveu as impressões dos sentidos em termos da recepção de "átomos" que emanavam da matéria e de sua transmissão ao cérebro.

Uma objeção clara ao modelo da extramissão é que, se a luz sai dos olhos para captar a imagem dos objetos em volta, deveríamos ser capazes de enxergar no escuro. Empédocles tinha uma resposta para isso: há algum tipo de interação entre os raios que saem dos olhos e alguma fonte externa de luz, como os raios do sol. Depois de Empédocles divulgar suas ideias, Platão, Ptolomeu e Galeno endossaram a teoria da extramissão, dando-lhe peso considerável na Europa e no mundo árabe até o século XVIII.

Aristóteles, por sua vez, preferia a teoria da intromissão —de que a luz é levada até o olho. Sua opinião foi adotada por alguns estudiosos árabes da Idade Média que escreveram extensamente sobre óptica e visão. No início do século X, al-Razi escreveu que a pupila se contrai e se dilata, e, no século XI, al-Haytham observou que luzes fortes podem ferir o olho. Ibn Sina também defendeu a intromissão. Mas esses argumentos não foram suficientes para derrubar a extramissão como modelo favorito.

A óptica e os nervos ópticos

Galeno considerava a retina e o nervo óptico como extensões do cérebro. Ele propôs que "espíritos visuais" passam pelo nervo óptico e atravessam o olho até o cristalino("humor cristalino"), que ele considerava o elemento primário do sistema visual. Para ele, no cristalino os espíritos se misturavam à luz vinda de fora do olho, captavam uma impressão visual e a levavam ao cérebro pelo nervo óptico. O mesmo sistema foi descrito pelo Mestre Nicolau de Salerno, quase mil anos depois.

Virada da maré

Leonardo da Vinci, a princípio defensor da extramissão, mudou de ideia em algum momento das décadas de 1480 ou 1490. Em 1583, o médico suíço Felix Platter questionou a ideia de que o cristalino era a parte mais importante do olho em termos de receber informações visuais e afirmou que o nervo óptico é o órgão primário da visão. Isso abriu caminho para a consideração da importância da retina.

Da luz à visão

Descartes foi um dos primeiros a tentar explicar a percepção em termos da mecânica física da luz e do corpo. Efetivamente, ele separou a visão em duas partes, uma delas mecanicista e a outra realizada pelo cérebro, que lia as informações visuais e construía o ato de ver. Isso se encaixava no modelo dualista de Descartes, com corpo e alma separados mas em comunicação. Também corresponde mais ou menos ao modo como ainda pensamos a visão. Hoje

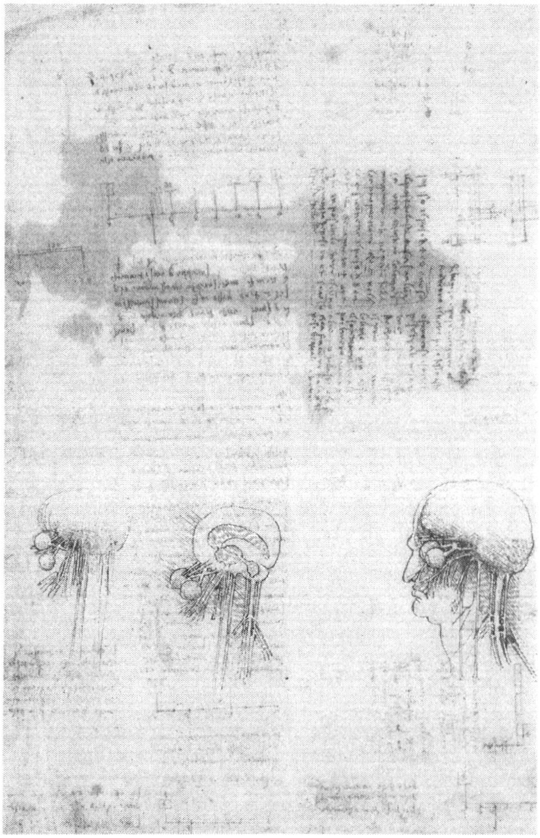

O desenho de Leonardo da Vinci mostra os olhos, o cérebro e o nervo óptico entrando na frente do cérebro.

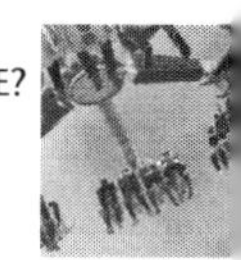

COMO DISSECAR UM OLHO

Leonardo aconselhava remover o olho do cadáver, colocá-lo em clara de ovo e fervê-lo para que se fixasse no ovo cozido. Assim ficava mais fácil fatiá-lo para exame (sem microscópio, é claro).

sabemos que a cor é o resultado da reflexão da luz por uma superfície num comprimento de onda específico e da excitação das células da retina sensíveis àquele comprimento de onda. Isso é interpretado pelo cérebro como a cor que vemos. Embora não entendesse a física direito, Descartes acertou ao fazer o cérebro construir a experiência da cor a partir de informações sensoriais.

Aprender a ver?

Descartes dotou o cérebro de uma capacidade inata de ler as informações que vinham dos olhos para ver e interpretar o que era visto. Em 1688, muito depois da morte de Descartes, o filósofo natural irlandês William Molyneux escreveu uma carta a John Locke em que perguntava se um cego de nascença que de repente conseguisse enxergar seria capaz de distinguir um cubo de uma esfera apenas com a visão. A questão, que se tornou conhecida como o Problema de Molyneux, provocou um debate: a visão seria inata ou aprendida?Molyneux era da opinião de que é aprendida e que o homem que começasse a enxergar de repente não seria capaz de distinguir o cubo da esfera. Ele teria um "esquema" — um modelo do mundo — desenvolvido pelo tato, mas não haveria um modo automático de fazer o que via corresponder àquele esquema. Locke concordou com essa opinião.

Acontece que ambos estavam certos. Em 2006, exames na Índia e nos EUA com indivíduos cegos de nascença mas que conseguiram enxergar depois de cirurgias revelaram que eles não eram capazes, de forma inata, a formar correla-

RAIOS OCULARES DURADOUROS

O poeta inglês John Donne ainda podia usar com confiança a ideia de raios oculares no início do século XVII:

*"Nossos raios oculares se torceram,
e puseram nossos olhos no mesmo
fio duplo."*

John Donne (1573-1631),
"O êxtase"

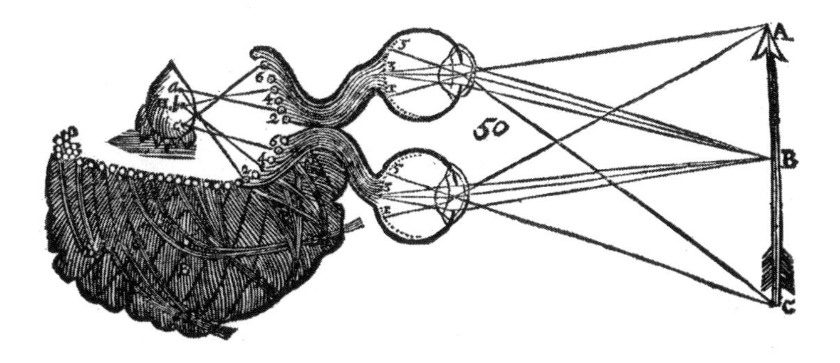

Descartes mostra as informações visuais sendo transferidas dos olhos para a glândula pineal, que ele considerava a sede da alma.

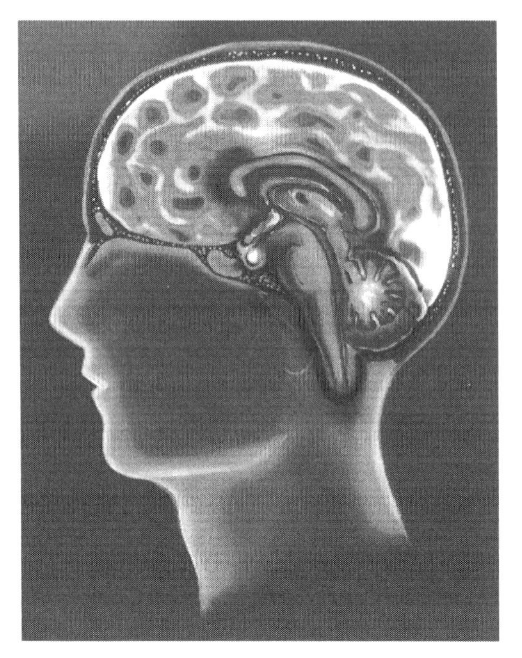

O lobo occipital, na parte traseira do cérebro, é a área envolvida na visão.

ções entre os dados visuais e um esquema construído pelo tato, mas podiam "aprender a ver" até, pelo menos, o fim da infância. Examinados algum tempo depois, os indivíduos tinham 80% a 90% da habilidade de reconhecimento de quem nasceu enxergando.

De volta aos raios

Em 1604, o astrônomo Johannes Kepler (1571-1630) descreveu de que modo o cristalino focaliza a imagem na retina e afirmou que esta é que transmite as informações visuais ao cérebro. A principal dificuldade da teoria de Kepler era que a imagem capturada dessa maneira seria invertida pelo cristalino, mas não vemos o mundo de cabeça para baixo. Mas é verdade; a imagem é invertida, embora não vejamos dessa maneira. Isso foi demonstrado até por Descartes, usando o globo ocular de um boi. A imagem projetada pelo olho do boi está, realmente, invertida. A retina recebe uma imagem que mostra tudo de cabeça para baixo, mas nosso cérebro a conserta para nós. Kepler sugeriu isso; afirmou que não era tarefa sua se preocupar com o modo como acontecia, mas desconfiava que a "atividade da alma" virava a imagem de cabeça para cima.

Os olhos de Newton

Isaac Newton (1642-1727) era um polímata cujas disciplinas iam da física à astronomia, à óptica e à alquimia. Seu trabalho com a luz o levou a fazer experiências com a própria visão, provocando seu nervo óptico a fornecer imagens diferentes em condições diversas. Ele não era melindroso e não se incomodou de pressionar o olho com um dedo, uma agulha e uma placa de latão para distorcer o globo ocu-

VER DE CABEÇA PARA BAIXO

Na década de 1890, o psicólogo George M. Stratton fez experiências com a visão usando óculos especiais que cobriam um dos olhos ou invertiam ou revertiam a imagem que via. Ele descobriu que, embora passasse alguns dias vendo o mundo invertido ou revertido, invariavelmente o cérebro se ajustava à mudança e endireitava a imagem. Quando parava de usar os óculos, sentia a mesma inversão até o cérebro corrigir a imagem outra vez.

lar e descobrir os efeitos. "Peguei uma sovela e a coloquei entre meu olho e o osso, tão perto da parte de trás do olho quanto pude;e, pressionando meu olho [com a] ponta [. . .] apareceram vários círculos brancos, escuros e coloridos. "

Isaac Newton era destemido a ponto de ser tolo em suas experiências com a própria visão.

Newton observou que, se olhasse diretamente o sol e depois uma folha de papel branco, conseguia ver um círculo que não existia. Depois, descobriu que conseguia reproduzir isso meramente imaginando que tinha olhado o sol. Ele concluiu que a visão podia ser manipulada ou o nervo óptico enganado para produzir algo que na verdade não existe. Isso sugeria que a visão não é um processo inteiramente mecânico, afinal de contas, senão como a fantasia o fazia ver algo como se existisse?Ele concluiu que o que vemos é afetado pelos nervos — e assim ele via efeitos estranhos quando comprimia o olho — e também decidiu que podia haver algo de "espírito" na percepção. Isso falava contra a imagem de Descartes do corpo como uma máquina que poderia ser inteiramente explicada em termos mecanicistas.

Juntos, Molyneux e Newton abordaram dois aspectos diferentes da visão. Newton se concentrou na física, na óptica. Molyneux estava mais interessado no que o cérebro fazia com a informação obtida e transmitida pelos olhos — a "atividade da alma".

NÃO CONVENCIDO?

Newton e Locke foram providenciais para explicar e promover o modelo da intromissão no século XVII. Mas não tiveram sucesso total: um estudo de 2002 constatou que cerca de 50% dos adultos americanos ainda acreditam que algo emana dos olhos para permitir a visão.

Arco-íris incompleto

O físico inglês Thomas Young, famoso por estabelecer a teoria ondulatória da luz, propôs, em 1802, que no olho deve haver três tipos de receptor para perceber as três cores primárias. A partir delas, todas as outras cores podem ser percebidas, misturando-se as primárias em proporções diferentes.

O aprimoramento da tecnologia de microscopia provou que ele estava certo. Em 1838, Johannes Müller distinguiu na retina uma camada de formas que pareciam bastonetes muito juntos, e, em 1852, Rudolph von Kolliker identificou bastonetes e cones. Na década seguinte, Max Schultze propôs que dois tipos diferentes de receptor lidam com aspectos diferentes da visão: os bastonetes permitem a visão noturna (em tons de cinza), e os cones, a visão colorida à luz do dia. O mecanismo exato ficou claro no século XX, com a descoberta de que substâncias químicas diferentes dentro das células receptoras reagem aos diversos comprimentos de onda da luz.

ESCUTE SÓ

Assim como o entendimento da visão dependia do desenvolvimento da óptica, o entendimento da audição dependia da compreensão do funcionamento do som. Até que Robert Boyle descobrisse, em 1660, que as ondas sonoras têm de se propagar por um meio (como a água ou o ar), havia pouca esperança de avanço. Só em meados do século XVIII o entendimento mais detalhado do som se desenvolveu com o trabalho de Daniel Bernoulli sobre vibrações e frequências.

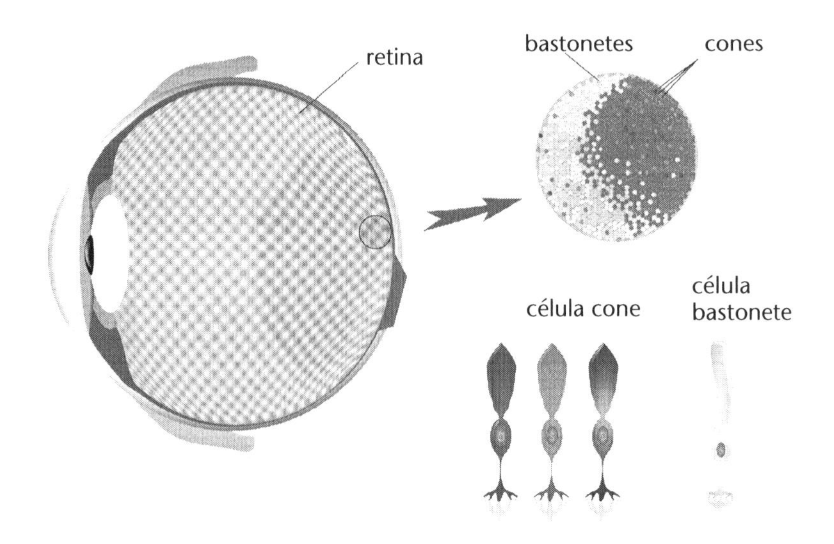

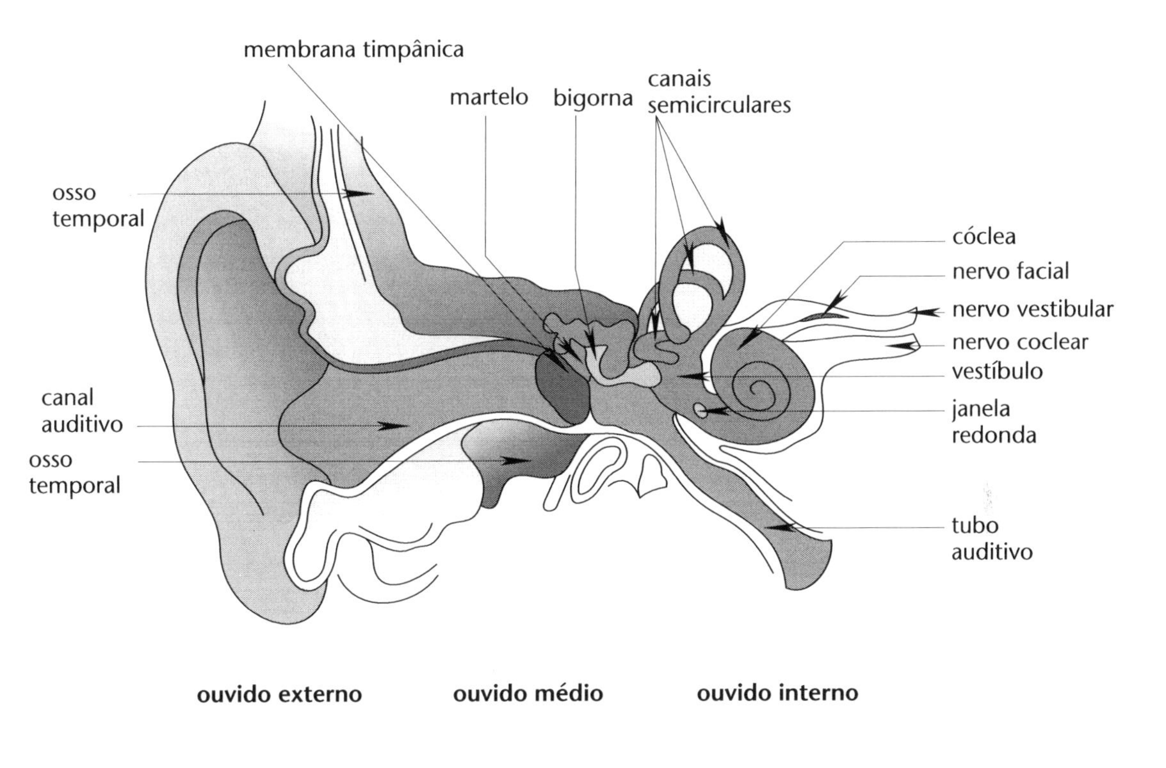

Anatomia das partes externas e internas do ouvido.

Ar interno e ouvido interno

Os antigos gregos eram quase unânimes na crença de que há algum tipo de ar purificado dentro do ouvido, que chega enquanto o feto se desenvolve no útero. Acreditava-se que as vibrações do ar externo eram transmitidas pelo ouvido a esse ar interno que passava a impressão sonora ao cérebro. A crença nesse "ar interno" especial persistiu até o século XVIII, mesmo depois que a anatomia do ouvido externo, médio e interno foi descoberta.

IMPLANTES COCLEARES

Pessoas que não conseguem ouvir porque os cílios da cóclea foram danificados podem ser auxiliadas pelo implante coclear, inventado em 1982. Uma unidade no lado externo da orelha codifica digitalmente os sons e os transmite a um aparelho implantado no ouvido interno. Assim se contorna o processo da audição para estimular diretamente os nervos do ouvido, que então enviam os sinais ao cérebro.

Pelos, não ar

O ouvido médio realmente é cheio de ar, mas não é um ar especial e só serve para transmitir as ondas sonoras para o ouvido interno. O ouvido interno é um tubo espiralado chamado cóclea, cheio de fluido e com uma membrana coberta de cílios ou pelos minúsculos. As vibrações do ouvido médio são transmitidas aos cílios pelo fluido. Os cílios estão ligados a receptores que, estimulados pelo seu movimento, enviam sinais. Os cílios de áreas diferentes da membrana são ativados por frequências sonoras diferentes (interpretadas como notas).

O anatomista italiano Alfonso Corti descobriu os cílios da cóclea em 1851, e o neuroanatomista sueco Gustaf Retzius observou as terminações nervosas perto deles, mas só em 1937 os nervos do ouvido foram adequadamente compreendidos. O neurocientista espanhol Rafael de No mostrou que cada cílio estava ligado a uma ou duas terminações nervosas e que cada fibra nervosa se dividia para servir apenas a poucos cílios. O movimento do cílio provoca a liberação de um neurotransmissor que, por sua vez, faz o nervo coclear enviar um sinal ao cérebro.

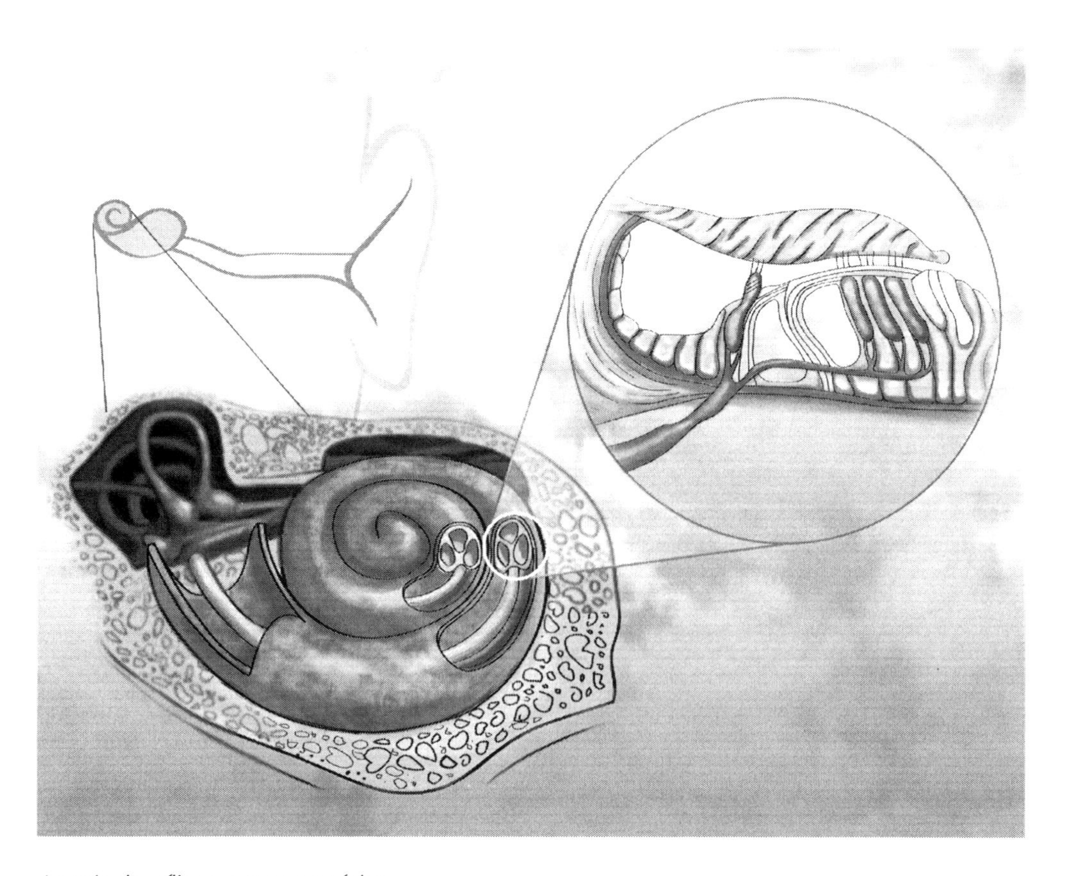

Arranjo dos cílios e nervos na cóclea.

O EFEITO MCGURK

Geralmente, nosso cérebro reúne as informações dos sentidos para interpretar com sucesso um estímulo composto, como algo que se possa ver e ouvir ao mesmo tempo. Mas, se a mensagem dos dois sentidos entrar em conflito, uma delas terá de ser favorecida. A percepção da fala é multimodal, pois inclui tanto informações sonoras quanto visuais (se pudermos ver os lábios de quem fala).

Num efeito descoberto em 1976 pelo psicólogo britânico Harry McGurk, se virmos a boca formar um som mas ouvirmos o áudio de outro som, o som que fica na consciência é o que combina com os movimentos labiais, não o que ouvimos. Isso pode ser demonstrado com som "ba" emitido de modo a combinar com o movimento dos lábios de quem fala e, depois, com a boca formando "fa". O ouvinte escuta este último como "fa" e não como "ba", porque a visão tem prioridade sobre a audição; em alguns casos, o ouvinte pode escutar um terceiro som, como uma combinação das mensagens conflitantes.

Ouça aqui

No século XIX, eram comuns dois modelos de como o ouvido recebia o som. Num deles, diversos locais dentro do ouvido eram considerados receptivos a sons diferentes; no outro, não havia localização dentro do ouvido. Isso espelhava o debate da época sobre a localização das funções no cérebro. Hermann von Helmholtz levou a especialização ao extremo e sugeriu que havia receptores distintos para cada um dos cinco mil tons diferentes que ele acreditava que o ouvido humano conseguia distinguir.

A localização da audição não precisa ser tão específica quanto a exigência de Helmholtz de receptores diferentes para todos os sons possíveis. O modelo mais comum considerava que os sons de alta e baixa frequência eram recebidos por partes diferentes da cóclea. A prova dessa teoria veio do exame de pessoas com a audição prejudicada pela exposição repetida a ruídos altos, principalmente homens que trabalhavam em ferrovias. Também se baseava em expor animais (geralmente, porquinhos-da-índia) a ruídos altos perto dos ouvidos até, finalmente, prejudicar sua audição. Verificou-se que ruídos de alta frequência provocavam lesões na área basal da cóclea.

Os pesquisadores acreditavam que áreas diferentes da cóclea estavam associadas à percepção de sons de frequências diferentes. Mas as lesões descobertas não se restringiam às áreas que, segundo pensavam, percebiam os sons das frequências usadas na experiência. Embora a exposição repetida a sons de alta frequência prontamente provocasse lesões, o mesmo não acontecia com sons de baixa frequência em volume elevado. Parecia que, de certo modo, a percepção dos sons de baixa frequência não se localizava na cóclea.

O sistema do "telefone"

Uma alternativa à teoria da audição localizada foi o que William Rutherford chamou de "teoria do telefone". Ele sugeriu

William Rutherford sugeriu um novo modelo da audição, que só poderia ter-se desenvolvido a partir da evolução eletromecânica do século XIX.

que o ouvido não distingue os sons e que todos os cílios vibram em reação a todos os sons. As vibrações se convertem em vibrações nervosas levadas ao cérebro pelos nervos auditivos. Lá, o cérebro as interpreta e reúne as várias informações sobre frequência e amplitude para produzir a "sensação de som".

A língua e o paladar

O paladar é um tipo diferente de sentido em que claramente há uma substância física envolvida. Em geral, os antigos gregos concordavam que o paladar resulta de partículas minúsculas que entram nos poros da língua e são transportados até o órgão responsável por processar as informações sensoriais, o coração ou o cérebro. Demócrito acreditava que o formato dos átomos determinava sua interação com o corpo: átomos grandes e redondos produzem doçura, átomos grandes e angulares produzem adstringência e assim por diante.

Aristóteles tinha um modelo um pouco diferente. Ele identificou sete sabores básicos: doce, azedo, amargo, salgado, adstringente, pungente e áspero. Ele acreditava que as qualidades do sabor, em vez dos átomos, eram transferidas para a língua e levados pelo sangue até o coração (que para ele era o centro de controle). Galeno observou a necessidade de a língua estar úmida para o paladar funcionar direito e incluiu as glândulas salivares na maquinaria do paladar. Ele tentou descobrir a inervação da língua, mas se enganou quanto aos nervos responsáveis por mover a língua e aos envolvidos no sentido do paladar.

Quatro básicos

Depois de muitas outras tentativas de citar os sabores fundamentais, em 1880 eles foram finalmente reduzidos aos quatro bá-

As papilas da língua, muito ampliadas.

sicos — doce, azedo, amargo e salgado — por Maximilian von Vintschgau. Mas o debate continuou, com alguns querendo mais ou menos sabores básicos. A sugestão de que pode haver processos diferentes para sentir os quatro sabores básicos seguiu-se à descoberta de que anestésicos como a cocaína afetam a percepção dos sabores de forma diferente, com a capacidade de perceber sabores amargos perdendo-se primeiro (logo depois da perda da sensação de dor).

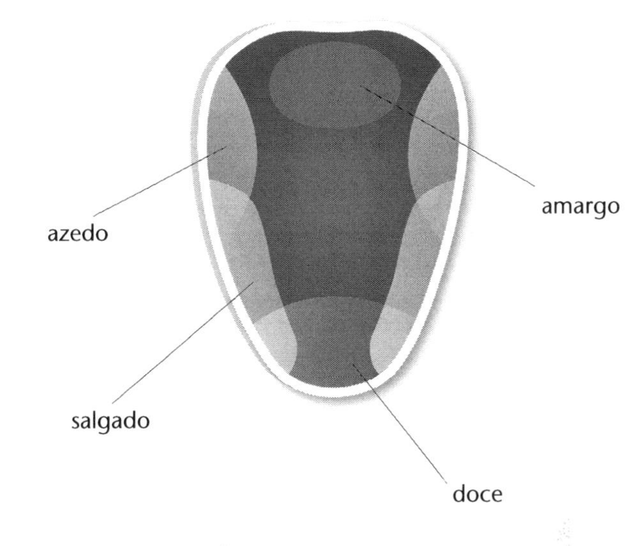

Áreas diferentes da língua são mais sensíveis a tipos diferentes de sabor.

O trabalho para descobrir que partes diferentes da língua são sensíveis aos diversos sabores começou na década de 1820, mas ficou mais detalhado na de 1890 e foi quantificado no início do século XX.

Desde o século XVIII, era claro que a língua não é o único lugar capaz de sentir sabores. O fisiologista Claude le Cat revelou, em 1750, que tinha estudado duas crianças desprovidas de língua (uma nasceu assim, a outra a perdeu depois de uma infecção), e ambas eram capazes de distinguir sabores.

Das papilas gustativas aos sabores

O fato de a língua ser coberta de papilas é óbvia para o mais casual dos observadores. Em 1747, Albrecht von Haller sugeriu que elas poderiam ser os órgãos do paladar, veredito com que tanto Johannes Müller quanto Charles Bell concordaram no início do século seguinte. Bell demonstrou, cutucando as papilas com uma sonda de metal, que algumas percebiam o toque e outras, o sabor (no caso, o gosto do metal). Mas estudos posteriores do médico sueco Hjalmar Öhrwall (1851-1929), que investigava se as papilas se especializam em determinados sabores, indicaram que não. Ele descobriu que a maioria das papilas consegue perceber pelo menos dois sabores diferentes, mas claramente há um órgão mais delicado para perceber o paladar.

Houve um trabalho considerável para determinar que áreas da língua são mais sensíveis a que sabores. Também ficou claro que a sensibilidade ao paladar muda com a idade: bebês e crianças pequenas têm um paladar mais desenvolvido do que os adultos, e a sensibilidade se reduz depois dos 45 anos.

As papilas gustativas foram descobertas em 1867, de forma independente, por pesquisadores que trabalhavam com animais e logo encontradas também na língua humana. Foi difícil investigá-las. As estimativas do número de sensores em cada papila

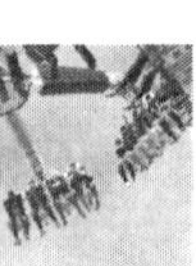

variavam loucamente, e elas ficavam juntas demais para permitir experiências em que se trabalhasse com elas individualmente.

Os detalhes dos nervos que atendem ao paladar e onde o paladar é processado no cérebro custaram a ser identificados. O antigo processo de examinar lesões ou cortar nervos e documentar o efeito funcionava bem menos com o paladar do que com os outros sentidos. Poucas lesões pareciam ter um efeito claro sobre o paladar, e havia menos casos de auras de paladar em pacientes epilépticos do que outros tipos de aura. (A aura é uma perturbação sensorial, como ver luzes ou sentir cheiros sem estímulo externo.) O neurologista escocês David Ferrier associou o paladar ao lobo frontal, e em geral essa opinião foi aceita até meados do século XX. Então, o exame de pacientes com ferimentos a tiro e o estímulo elétrico do cérebro de pacientes cirúrgicos conscientes revelaram que o paladar é processado no lobo parietal do córtex.

Pele sensível

Desde os antigos gregos, houve discordância sobre os sentidos da pele, se era um ou se vários. Sentir calor não é igual a sentir cócegas ou uma espetadela, e tudo isso, de algum modo,seria a mesma coisa?A questão de se e como subdividir o tato foi abordada, entre outros, por Ibn Sina no século XI, Alberto Magno no XIII, Francis Bacon noXVI/XVII e Immanuel Kant no XVIII.

Tipos de tato

A pele é nosso maior órgão sensorial. Ela reveste o corpo inteiro e é capaz de perceber vários tipos de estímulo, hoje separados em calor, frio, toque e dor.

Toques como as cócegas e os carinhos são percebidos por receptores específicos da pele, bem separados dos que percebem outros estímulos, como calor ou dor.

No século IV a. C. , Aristóteles distinguiu pares de qualidades de tato, como duro-mole e quente-frio. Galeno considerava que discernir essas qualidades era uma reação aprendida com base na experiência prévia e, portanto, não tão diferente assim no ponto da recepção do estímulo. Ele acreditava que as informações dos nervos periféricos iam até o cérebro, onde então eram interpretadas para determinar suas qualidades.

A partir de Ibn Sina, os anatomistas tentaram dividir os aspectos do que a pele consegue sentir, mas não supuseram necessariamente que eram sentidos de forma diferente. Em 1844, o cientista polonês Ludwig Natanson (1822-1871) sugeriu que o sentido do tato pode ser dividido em três partes, cada uma com um tipo próprio de órgão receptor: temperatura, toque e cócegas. Ele achava que a dor

resultava de ativar os três ao mesmo tempo. Ele baseou sua teoria na observação de que, quando um membro fica dormente, a sensibilidade a esses diversos estímulos se perde separadamente e na mesma sequência. Hermann von Helmholtz desenvolveu a ideia das modalidades sensoriais e dividiu a recepção sensorial da pele em diversas áreas que, então, são percebidas como uma linha contínua. No fim do século XIX, o fisiologista de origem austríaca Max von Frey (1852-1932) popularizou a opinião de que, em essência, há quatro modalidades cutâneas diferentes: toque, dor, calor e frio. As modalidades atualmente aceitas são toque, pressão, vibração, temperatura (calor e frio por fibras diferentes) e dor. As que hoje são identificadas como toque, pressão e vibração eram reunidas pelos neurologistas do século XIX.

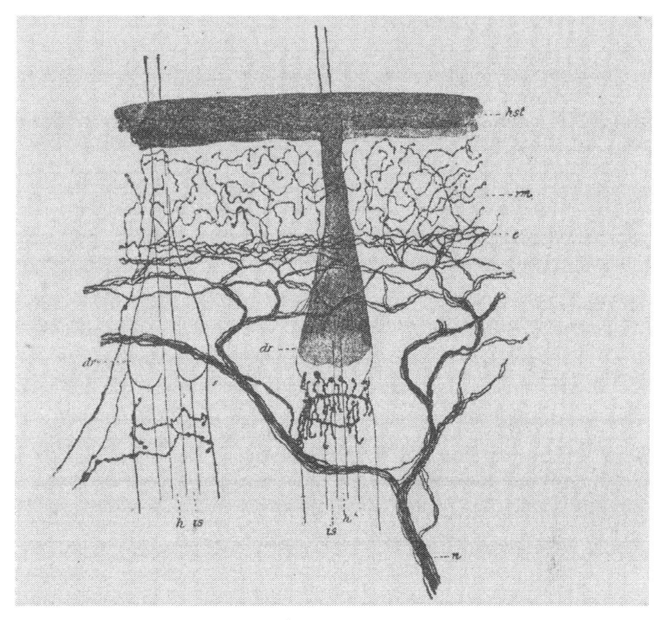

Desenho de Santiago Ramón y Cajal de terminações nervosas na pele de um rato.

As terminações nervosas foram identificadas pela primeira vez em 1741 por Abraham Vater e redescobertas em 1831 por Filippo Pacini. A partir daí, tipos diferentes de receptor foram descritos e batizados entre 1848 e a década de 1930. Os primeiros estudos se concentraram apenas na descrição.

Apenas perceptível

A ideia de que os diversos tipos de sensação podem ser percebidos por receptores diferentes foi proposta e explorada pela primeira vez a partir da década de 1830 pelo médico alemão Ernst Weber (1795-1878). Ele imaginava a pele como um mosaico de áreas minúsculas atendidas por um nervo, e se pôs a pesquisar até que ponto eram próximas — portanto, até que ponto a pele é sensível. Weber trabalhava antes da ideia de modalidades e da descoberta de diferentes terminações nervosas na pele e acreditava que o tato incluía temperatura, pressão e posição e que os aspectos não funcionavam de forma independente. Como exemplo dessa última questão, ele citava provas de que a pressão de um objeto frio parece maior do que pressão de um objeto morno com o mesmo peso.

Weber é mais conhecido pelo trabalho sobre a "diferença apenas perceptível" (DAP); esse é o patamar no qual conseguimos identificar as sensações. Ele começou com a capacidade de sentir diferenças de

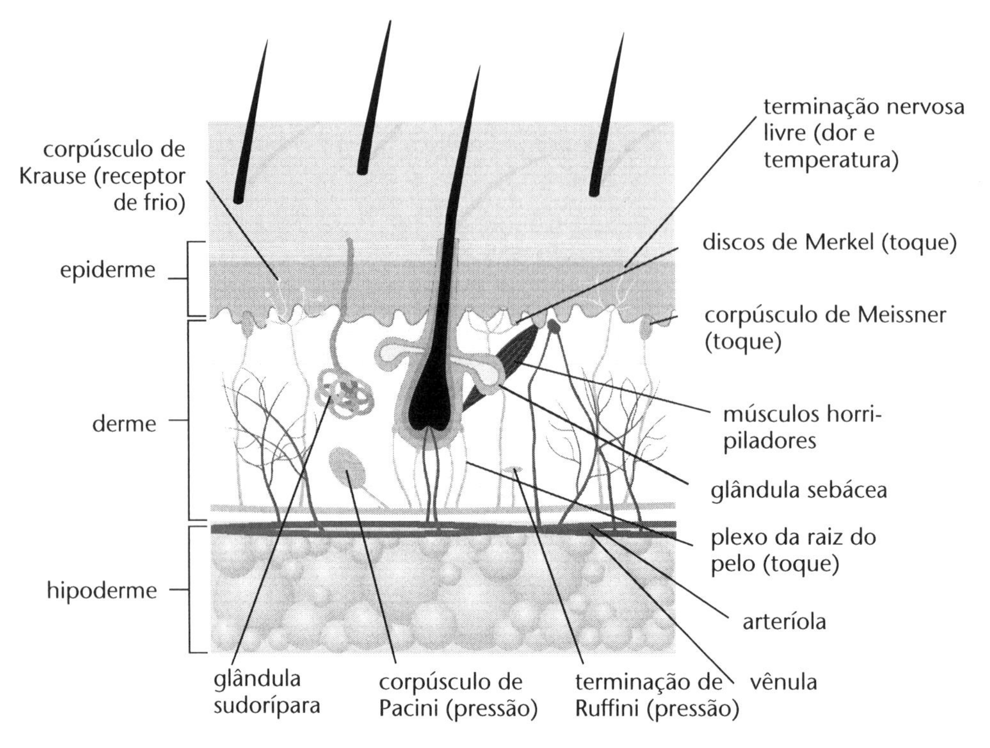

Diversos tipos de receptor sensorial encontrados na pele.

peso (ou pressão) e descobriu que é necessária uma mudança percentual do estímulo para que notemos a diferença, embora o patamar exato varie de um indivíduo a outro. Por exemplo, uma pessoa pode perceber a diferença entre um peso de 30 g e outro de 31 g, mas um peso de 60 g teria de aumentar para 62 g antes de ser percebido como diferente. Ele encontrou patamares de vários tipos de percepção e formulou seus achados na lei de Weber.

Uma espetadinha ou duas

Um dos testes de sensibilidade de Weber envolvia apertar as pontas secas de um compasso contra a pele para determinar quando o indivíduo conseguia distinguir uma e duas sensações. Quando as pontas estavam muito próximas, eram sentidas como um único estímulo.

Ele descobriu que a capacidade de discernir as duas pontas varia nas várias regiões do corpo e diminui com a fadiga. Weber também identificou a capacidade de localizar sensações pedindo a indivíduos vendados que indicassem a posição exata na pele em que tinham sido tocados.

Relacionar terminações nervosas com sensações

Os diversos tipos de terminação nervosa foram descobertos por vários anatomistas durante o século XIX, como Wilhelm Krause (corpúsculos de Krause), Georg Meissner (corpúsculos de Meissner), Friedrich Merkel (células de Merkel), Filippo

TERMINAÇÕES NERVOSAS NA PELE

Hoje a neurologia reconhece seis tipos de receptores cutâneos de estímulos mecânicos e quatro outros tipos de receptor. Há uma superposição em seu funcionamento, e, juntos, eles permitem sensações de toque, pressão, vibração, calor, frio e dor. Em 1831, Filippo Pacini encontrou receptores que percebem pressão e vibrações. Em 1852, Georg Meissner e Rudolf Wagner encontraram receptores sensíveis a toques leves, e em 1860 Wilhelm Krause identificou um receptor sensível a vibrações suaves. Magnus Blix encontrou receptores sensíveis à temperatura em 1882. Max von Frey encontrou pontos ligados especificamente à dor em 1896.

Pacini (corpúsculos de Pacini), Angelo Ruffini (corpúsculos de Ruffini) e Rudolf Wagner (um tipo de gânglio nervoso), mas não ficou imediatamente claro o que todos eles faziam. A princípio, decidir que tipo de terminação nervosa estaria associado a cada modalidade foi uma questão de tentativa e erro, não baseada em indícios anatômicos rigorosos. Von Frey propôs que o toque estaria ligado aos receptores dos pelos e aos corpúsculos de Meissner, a dor às terminações nervosas livres e calor e frio, respectivamente, aos corpúsculos de Ruffini e aos de Krause. Ele não tinha nenhuma boa razão para essas atribuições e escolheu associar as terminações nervosas livres à dor simplesmente porque são muitas.

"De acordo com os diferentes tipos de aparelhos com os quais fornecemos terminais, podemos mandar [por fios] despachos do telégrafo, tocar campainhas, explodir minas, decompor água, mover ímãs, imantar ferro, desenvolver luz e assim por diante. Do mesmo modo, com os nervos a condição de excitação que neles pode ser produzida e por eles é conduzida, até onde se pode reconhecer em fibras isoladas de um nervo, é a mesma em toda parte, mas quando levada a diversas partes do cérebro ou do corpo produz movimento, secreção de glândulas [...], sensações de luz, audição e assim por diante."

Hermann von Helmholtz, 1863

UM ESTUDO DOS NERVOS

No início dos anos 1900, o trabalho do neurologista inglês Henry Head (1861-1940) reforçou ainda mais a teoria da especificidade. Ele se sentia frustrado com a pouca confiabilidade dos relatos de seus pacientes sobe a experiência de cortar e recuperar nervos. Em 1903, ele obteve o auxílio do cirurgião William Rivers para dividir os ramos superficiais do nervo radial de seu próprio braço. Até 1907, Head e Rivers mapearam a perda de sensibilidade e a lenta recuperação do braço de Head. Este notou dois estágios claros na recuperação. Primeiro, ele notou um retorno grosseiro e generalizado da sensação, que chamou de estágio protopático. A sensação não era bem localizada, e Head não conseguia determinar níveis de intensidade; podia distinguir calor e frio, toque e pressão e se a sensação era agradável ou desagradável, mas sem detalhes suficientes para dizer, por exemplo, que tipo de objeto tocava seu braço. O segundo estágio de retorno das sensações cutâneas normais com o nível usual de discriminação foi mais lento. Head a chamou de "sensibilidade epicrítica".

Houve duas abordagens experimentais para identificar exatamente o que faz cada tipo de receptor. Uma delas foi cortar alguns receptores e ver que sentido se perdia; a outra foi aplicar diversos tipos de estímulo a áreas da pele e depois examinar as terminações nervosas ali encontradas para compará-las à sensação descrita pelo indivíduo. Descobrir que há pontos específicos para tipos separados de estímulo foi mais fácil do que ligar receptores a funções.

No início da década de 1880, o fisiologista sueco Magnus Blix fez experiências na própria pele aplicando uma corrente elétrica bem fraca a áreas minúsculas, uma de cada vez, e anotando o tipo de sensação produzida. Ele relatou que o mesmo estímulo em lugares diferentes podia produzir sensações de toque, calor ou frio. Ele achou mais provável que estivesse descobrindo a especificidade dos próprios nervos (ver a página 131) em vez da especificidade dos

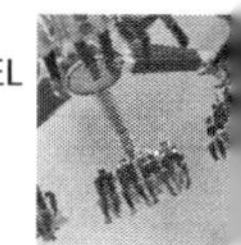

receptores. Blix desenvolveu outras experiências que revelaram que calor e frio são percebidos em pontos diferentes da pele (portanto, por nervos ou receptores diferentes) e que também há uma distinção entre a percepção de pressão e dor.

Alfred Goldscheider confirmou os achados de Blix com suas experiências de 1884 e também demonstrou que, às vezes (com dificuldade), ele conseguia produzir a mesma sensação de temperatura estimulando uma fibra nervosa sob a pele em vez de seu terminal receptivo. Ele distinguiu três intensidades de tato: cócegas (o mais leve), toque e dor. Ele não acreditava que a dor precisasse de um receptor próprio, mas descobriu que alguns receptores (embora não todos) registrariam dor se a pressão do toque aumentasse. Ele teorizou que a dor ocorria quando estímulos muito fortes fizessem a descarga nervosa transbordar por uma via especial na substância cinzenta da medula espinhal. Hoje, os receptores de estímulos dolorosos — nociceptores — são considerados distintos dos que lidam com o toque, a vibração, o calor e o frio. O caso muito específico da dor será tratado no próximo capítulo.

O americano Henry Donaldson também reproduziu a experiência de Blix. Então, ele pediu a um cirurgião que removesse pedaços de sua própria pele em áreas onde encontrara pontos sensíveis a calor e frio, mas não conseguiu identificar os receptores.

Especificidade dos nervos

A ideia da especificidade não se restringia aos receptores e se estendia aos nervos. Primeiro, em 1847, Weber tentou bloquear os nervos que transmitiam sinais relativos ao frio; outros pesquisadores fizeram o mesmo, tentando bloquear diversos tipos de sensação. Isso se baseava na crença de que há nervos dedicados separadamente a sensações como calor, frio e toque, na chamada especificidade dos nervos. Em 1885, Alexandre Herzen mostrou que, se um torniquete fosse usado para bloquear os nervos, as sensações se perdem na sequência frio, toque, calor, dor superficial e, por último, dor profunda. Quando o torniquete era removido, as sensações retornavam na sequência inversa. Isso faz sentido em termos de proteger o organismo; a dor é a sensação mais importante a preservar, porque nos força a nos afastar de lesões.

A atenção a fibras específicas e a pesquisa sobre elas começou no século XX. Em 1916, Stephen Ranson relatou que cortar determinadas fibras nervosas delgadas de um gato eliminava a sensação de dor. Em 1929, um trabalho mais abrangente foi realizado nos EUA por Joseph Erlanger e Herbert Gasser, que descobriram que as fibras nervosas pertencem a três grupos, com a espessura relacionada à velocidade de transmissão. As mais grossas são as fibras A, com a transmissão mais veloz, e as mais finas e lentas são as fibras C. A dor está associada às fibras menores, o calor e o frio às de tamanho intermediário, e o tato, os músculos, os sentidos e o movimento às fibras maiores. Embora as fibras sejam diferentes, a natureza do sinal transmitido é a mesma.

Dentro e fora

Embora tenhamos nos concentrado aqui nos receptores sensoriais da pele, a variedade total da função somatossensorial inclui receptores nas articulações, nos ossos, nos músculos e em outras partes in-

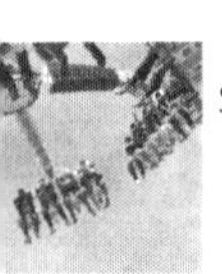

ternas e órgãos que também nos mantêm conscientes de nossa posição e que sentem vibrações e movimento. Além disso, há receptores e sinais dos quais nunca temos realmente consciência, que normalmente-fazem parte do sistema nervoso parassimpático, dedicado a manter nosso corpo em funcionamento (respirando, bombeando sangue, digerindo alimentos etc.).

Dos sentidos ao sensório

Embora seja óbvio que os órgãos sensoriais são especializados para reagir a estímulos diferentes, não fica imediatamente claro se o método de comunicação com o cérebro é ou não especializado. A comunicação entre a língua e o cérebro é a mesma que entre o olho e o cérebro?As informações que produzem impressões sensoriais de diversos tipos diferem no método de percepção, no método de transmissão ou apenas em sua interpretação dentro do cérebro?

Energia de diversos sabores

O neurologista e cirurgião escocês Charles Bell escreveu em 1811 que "cada órgão dos sentidos é provido da capacidade de receber certas mudanças para atuar sobre elas, por assim dizer, mas cada um é totalmente incapaz de receber a impressão destinada a outro órgão dos sentidos". Essa talvez seja a primeira sugestão de que não é o estímulo que determina nossa experiência sensorial, mas o órgão estimulado. Só que o trabalho de Bell não era bem conhecido.

Em 1826, o fisiologista alemão Johannes Müller delineou sua teoria das "energias nervosas específicas" e fez a mesma afirmativa de Bell, mas a relacionou não só aos órgãos sensoriais como também aos nervos que os serviam. Ele afirmou que, não importa como seja estimulado, cada órgão sensorial só pode transmitir ao cérebro informações do tipo para o qual é rotineiramente usado. Por exemplo, como notou Isaac Newton (ver a página 118-19), o olho reage à luz e à pressão produzindo sensações visuais.

Müller sugeriu que as mensagens transmitidas pelos nervos de diferentes órgãos sensoriais têm uma característica específica do órgão. Ele era vitalista e acreditava que os organismos vivos possuem algum tipo de energia vital que não pode ser totalmente explicada pela ciência. Mesmo assim, lançou as bases da moderna abordagem integrada da fisiologia, na qual a anatomia humana e comparada, a química e aspectos da física influenciam a fisiologia. Ele orientou e influenciou muitos grandes fisiologistas do século XIX, como Du Bois-Reymond, Helmholtz e Schwann.

Embora estivesse errado quanto ao princípio dos diferentes tipos de energia,

SINESTESIA

A sinestesia é um exemplo natural do que pode acontecer quando um único estímulo é processado por mais de uma área sensorial do cérebro. As pessoas com sinestesia podem, por exemplo, ver cores e formas quando ouvem um som. A sinestesia pode assumir muitas formas e estar presente desde o nascimento ou se desenvolver depois de uma lesão cerebral. O mecanismo e as causas não são totalmente compreendidos. Muitos dos que a têm a consideram um dom e não uma incapacidade.

Müller deu um passo importante na direção certa ao conjeturar que não é a natureza do estímulo externo (luz, som e assim por diante) que determina a impressão sensorial criada no cérebro. Helmholtz desenvolveu a doutrina de Müller nas décadas de 1850 e 1860 e sugeriu que energias nervosas específicas podem explicar a percepção das diversas cores, notas etc. Isso o levou a sugerir os cinco mil tipos de receptor para os sons.

Mesmo sinal, experiência diferente

A opinião oposta era que o tipo de transmissão é exatamente o mesmo em todos os tipos de fibra nervosa. Du Bois-Reymond, um dos alunos de Müller, preferia esse ponto de vista,que o levou a sugerir que, se pudéssemos trocar os nervos que vão dos olhos e ouvidos até o cérebro para que o nervo auditivo fosse ao córtex visual e vice-versa, seríamos capazes de ver o trovão com os ouvidos e ouvir o relâmpago com os olhos.

Em 1912, Lorde Edgar Adrian demonstrou que o tipo de energia transportada por todos os nervos é exatamente do mesmo tipo: energia elétrica sob a forma de potenciais de ação. O modo como sentimos o estímulo depende da parte do cérebro à qual os nervos levam o estímulo. Assim, as informações vindas do nervo óptico serão sempre interpretadas de forma visual.

Johannes Müller

Como juntar tudo

O modelo antigo de como o sensório constrói experiências a partir das informações sensoriais sugeria que todos os nervos sensoriais entram na área do "senso

"A mesma causa, como a eletricidade, pode afetar simultaneamente todos os órgãos sensoriais, já que são todos sensíveis a ela; ainda assim, cada nervo sensorial reage a ela de forma diferente; um nervo a percebe como luz, outro a ouve como som, outro sente seu cheiro, outro seu sabor, outro ainda a sente como dor e choque. Um nervo percebe uma imagem luminosa por meio de irritação mecânica, outro a ouve como um zumbido, outro ainda a sente como dor. [...] Aquele que se sente compelido a considerar as consequências desses fatos não pode deixar de perceber que a sensibilidade específica dos nervos a certas impressões não é suficiente, já que todos os nervos são sensíveis à mesma causa, mas reagem à mesma causa de maneira diferente."

Johannes Müller, 1835

comum" do cérebro, na primeira célula (ver a página 18). Ali, o cérebro, supostamente, reunia os diversos aspectos de como algo era percebido — digamos, a imagem, o som e a sensação de um cachorro — para formar a imagem composta ou experiência de "cachorrice". Mas é claro que isso era totalmente hipotético.

Percepção e apercepção

Gottfried Leibniz decompôs percepções inteiras em muitas percepções infinitamente miúdas, que ele chamou de "pequenas percepções". (Leibniz, ao mesmo tempo que Newton, foi um dos criadores do cálculo diferencial, que envolve decompor fenômenos maiores em porções minúsculas.) Ele deu o exemplo do som que ouvimos quando escutamos as ondas se quebrarem na praia. O som vem de vários movimentos minúsculos de pequenos corpos d'água; somados, o ruído é alto, mas, se isolássemos apenas uma gota em movimento, ela seria silenciosa demais para ser ouvida.

Mesmo que esses pequenos movimentos não pareçam nada, quando somados temos consciência do mar e uma sensação que não pode ser formada por um monte de nadas. Leibniz propôs que há um ponto de virada ou limiar, que chamou de *limen*, acima do qual temos consciência de um fenômeno e abaixo do qual não o percebemos. Quando a massa de micropercepções é suficiente para ser perceptível, ele a chamou de apercepção; portanto, apercepção é o ponto de consciência. Abaixo do limiar, permanecemos inconscientes das micropercepções; possivelmente essa foi a primeira sugestão da mente inconsciente. Foi esse conceito de limiar da percepção que Weber aproveitou e rotulou de "diferença apenas perceptível".

O que vemos não é o que obtemos

O interessante foi que, quando propôs sua doutrina das energias específicas, Müller afirmou que o cérebro não recebe informações sobre o mundo externo, mas informações sobre o estado dos nervos. Essas é que são interpretadas para gerar a percepção de som, luz, pressão ou seja lá o que for que o nervo específico é capaz de transmitir. "A sensação consiste no sensório recebido [...] um conhecimento de certas características e condições, não de corpos externos, mas dos próprios nervos."

O cérebro reúne tipos diferentes de informação sensorial para construir a noção de piedade por filhotes.

SENSAÇÃO E SENTIMENTOS

Nem todas as fibras nervosas são iguais. Os nervos mielinados transmitem um potencial de ação mais depressa do que os não mielinados, e os nervos de diâmetro maior transmitem uma mensagem mais depressa do que os mais finos. A percepção do toque é transmitida ao cérebro por dois tipos de fibra, uma rápida e outra lenta, que vão para locais diferentes. O primeiro sinal localiza o toque e vai para o córtex somatossensorial. O segundo vai para o córtex insular, que cuida das emoções e provoca a reação emocional ao toque sem envolver o pensamento consciente. Acredita-se que esse mecanismo é importante para construir conexões cerebrais em recém-nascidos que não se desenvolvem quando eles são privados de toques suaves.

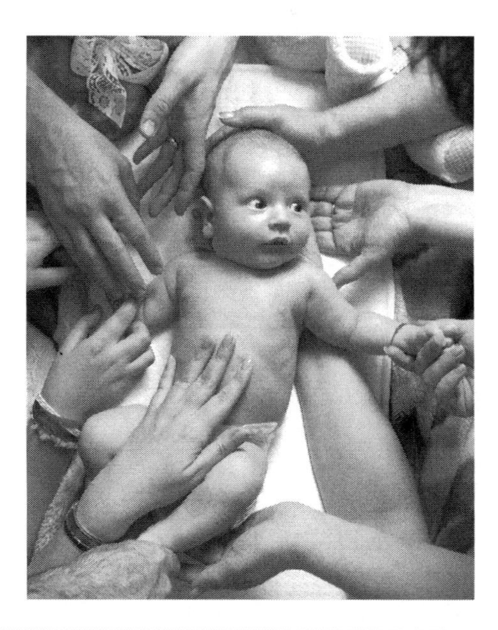

A ILUSÃO DA "MÃO DE BORRACHA"

Nossos sentidos nos tornam conscientes de onde está cada parte do corpo e com o que ele está em contato — mas podem ser enganados. A ilusão da mão de borracha demonstra isso. A mão de alguém é escondida da pessoa atrás de uma tela, e uma mão de borracha é colocada em tal posição que parece ser a dela. A mão real e a mão de borracha são acariciadas ao mesmo tempo e da mesma maneira com um pincel. Em pouco tempo, a pessoa passa a sentir que a mão de borracha é dela, a ponto de se encolher se a mão de borracha for subitamente atingida por um martelo. A ilusão da mão de borracha foi descrita em 1998 e parece demonstrar que a plasticidade do cérebro lhe permite reconfigurar a imagem corporal e sua extensão.

Como vimos, as informações dos nervos sensoriais vão para locais diferentes do córtex, identificados individualmente no decorrer dos séculos XIX e XX. Em 1945, o neurobiólogo americano Roger Sperry mostrou que é o local do cérebro aonde os nervos levam as informações que determina como sentimos um estímulo. Ele fez experiências com animais, cortando nervos e redirecionando-os; em todos os casos, os animais agiram de acordo com a área estimulada no cérebro. Por exemplo, um rato com os nervos das patas esquerda e direita trocados no cérebro sempre ergueria a pata esquerda caso a direita fosse estimulada com um choque elétrico. Sperry descobriu que não importava por quanto tempo permitisse aos animais que se recuperassem; eles nunca se reajustavam. E concluiu que alguns aspectos do controle do cérebro são inerentes e que a plasticidade não se instala para consertar as coisas.

A conclusão é que, embora os receptores sensoriais sejam especializados e reajam a tipos diferentes de estímulo, o meio de transmitir informações a partir deles é idêntico — não há especificidade da energia nervosa. O modo como um estímulo é interpretado pelo cérebro depende apenas de onde termina o nervo que transmite a informação. Se terminar no córtex visual, as informações serão percebidas como visuais, mesmo que sejam produzidas pela pressão do globo ocular e não pela luz na retina, por exemplo, nem se o nervo tiver sido trazido do ouvido. Como Müller notou quase duzentos anos antes, percebemos o estado de nossos próprios nervos e não o mundo externo.

O quadro completo

Os sentidos são nosso meio de coletar informações do mundo fora do corpo — ou fora da mente, já que alguns também estão envolvidos em se comunicar dentro do corpo. Eles constituem uma interface não só entre a mente e o ambiente físico (interno e externo) como, com frequência, também são o ponto de encontro entre a atividade mental e a atividade física. Podem trazer prazer e dor, tanto no domínio físico quanto no emocional. Para isso, o cérebro cria e mantém uma representação do corpo.

Entender os sentidos

Nossos sentidos nos permitem vivenciar muitas coisas, desde assistir a um filme ou ouvir música a apreciar boa comida ou reagir a um abraço. E fornecem informações com base nas quais podemos atuar para manter o corpo em segurança ou sustentá-lo. Ver ou ouvir um predador pode provocar o desejo urgente de fugir ou se esconder; sentir o gosto amargo de uma fruta pode provocar a ânsia de cuspi-la, pois talvez seja venenosa. A reação às informações sensoriais pode ser uma ação volitiva ou involuntária,e até reação interna involuntária: por exemplo, produzir saliva e suco gástrico em resposta ao cheiro ou sabor da comida. Um único tipo de informação sensorial pode ter mais de um efeito se chegar a mais de uma parte do cérebro. Um tipo de informação sensorial que não examinamos aqui é a dor. O modo como percebemos a dor é mais complexo do que os outros sentidos e será discutido separadamente no próximo capítulo.

Paladar, tato, olfato, visão, audição: nossa percepção do mundo depende em grande parte dos sentidos.

CAPÍTULO 7

Um pouco de **DOR**

"Nada pode ser corretamente chamado de dor a menos que seja conscientemente percebido como tal."

William Livingston, 1943

No passado, acreditava-se que a dor física era uma reação exagerada ao toque ou uma sobrecarga dos órgãos sensoriais da pele, mas ela é bem distinta das outras sensações. A percepção da dor varia mais entre os indivíduos do que os outros sentidos; varia também no mesmo indivíduo em épocas e circunstâncias diferentes. Isso acontece porque o cérebro tem um papel maior na construção da experiência, em vez de simplesmente interpretá-la.

A capacidade do faquir de suportar experiências que a maioria consideraria dolorosas reforça a natureza subjetiva da dor.

Dor protetora

Do ponto de vista da neurociência, a dor é interessantíssima. Em toda a história, buscaram-se maneiras de evitar ou aliviar a dor, mas ela é uma reação vital. Quem não sente dor física pode sofrer lesões e doenças terríveis, que põem a vida em risco, sem reconhecer o perigo que corre; a dor é um mecanismo útil de segurança.

Sentir dor

Os antigos gregos não atribuíam ao cérebro nenhum papel na produção da dor. Platão e Aristóteles a consideravam uma emoção, uma "paixão da alma", e não uma sensação física. Aristóteles acreditava que a dor e o prazer se moviam pelo corpo através do sangue para chegar ao coração.

> **DEFINIR DOR**
>
> Usamos a mesma palavra, "dor", para sensações físicas desagradáveis localizadas causadas por lesões, para o desconforto generalizado da doença e para a angústia emocional. A maior parte da discussão neurológica da origem da dor se concentra nos dois primeiros significados, principalmente na dor das lesões.

Em consequência, ele achava que os lugares mais supridos de sangue eram também os mais sensíveis.

A partir do século V a. C., Hipócrates explicou a dor como manifestação do desequilíbrio dos humores do corpo. Galeno aceitava isso, mas continuou dizendo que três coisas eram necessárias para alguém sentir dor: um órgão que recebe uma impressão de dor, uma via que conecte o órgão ao cérebro para transportar a impressão e um centro organizacional no cérebro que reconheça a dor. Ele acreditava que o cérebro era o órgão mais importante envolvido na sensação de dor e reconhecia quatro categorias de dor física: pulsante (latejante), lancinante (perfurante), pesada (surda) e de estiramento (cãibra ou retesamento).

No século XI, Ibn Sina ampliou para quinze as categorias de dor de Galeno, e muitas delas (como as quatro originais de Galeno) correspondem às categorias reconhecidas no questionário usado pelos médicos de hoje para mensurar a dor. Ibn Sina notou que a dor não exige a presença de uma lesão constante; ela pode conti-

A dor impede que o jogador corra o risco de novas lesões continuando a jogar depois de se machucar.

nuar depois que o estímulo original que a causou foi removido.

Causas e mecânica da dor

Dos tempos antigos até, pelo menos, o século XVII, era mais provável ver a dor como infligida de forma divina como punição ou prova, do que como algo que pudesse ser entendido racionalmente. Assim, a dor das doenças não era explicada em termos de como e por que, exatamente, algo não foi bem no corpo e era comum considerá-la imposta aos indivíduos por uma deidade vingativa ou, em algumas culturas, em consequência de uma maldição ou de um feitiço. A dor podia ser vista até como forma de penitência que apressaria a passagem do pobre sofredor pelo purgatório, pois parte do sofrimento já fora suportada com antecedência. Sem dúvida, essa era uma crença útil a alimentar em quem médicos e sacerdotes não podiam ajudar nem consolar; talvez no momento fosse ruim, mas, se pudesse poupar alguns séculos de tormento, valeria a pena, e assim o paciente não se queixaria tanto nem ansiaria por um alívio nada realista.

Dor no corpo e no cérebro

Desde a época de Epícuro (342-270 a. C.), acreditava-se geralmente que a gravidade da dor tinha relação com a extensão da lesão. Essa noção sobreviveu quase intata até a década de 1960. Mas ela ignora vários fatores, dos quais um dos mais importantes é a importância da dimensão psicológica na experiência da dor. De todos os sentidos, a dor é o único principalmente subjetivo: o modo como cada um

Ao banir Adão e Eva do paraíso, o Deus do Gênese amaldiçoou Eva (e, depois dela, todas as mulheres) com a dor do parto. Durante muito tempo, a dor foi considerada uma punição ou dádiva de Deus, que às vezes se transformou numa razão para recusar ou evitar a analgesia durante o parto.

ÁTOMOS DE DOR

O filósofo grego Demócrito ensinava que toda matéria consiste de partículas minúsculas chamadas átomos, embora bem diferentes dos átomos que os físicos descrevem hoje. Ele explicava as sensações com a emissão pelos objetos de alguns átomos seus que entravam no corpo. No caso da dor, átomos afiados ou em forma de gancho se emaranhavam com os átomos da alma.

sente um nível semelhante de lesão pode ser muito diferente. Além disso, um indivíduo pode sentir uma lesão menor — um corte causado por uma folha de papel ou uma afta, por exemplo — como mais dolorosa do que um ferimento grave.

A teoria da dor explicada pelo modelo de Galeno, com um receptor, uma via e um centro de percepção no cérebro, não engloba os tipos de dor não relacionados diretamente a lesões. Por exemplo, a dor dos membros fantasmas descrita com frequência por amputados e a experiência comuníssima da dor crônica para a qual não se encontram causas sistêmicas caem nessa categoria. Até hoje, alguns consideram que essas dores não são "reais". Continua a ser tema de debates se a dor "real" tem de apresentar causa física identificável ou se também pode ser uma experiência mental subjetiva de sofrimento.

A transmissão de sinais nervosos associados a estímulos "nocivos" (prejudiciais ou desagradáveis) tem nome: nocicepção. Em termos de neurologia, é mais fácil começar com o tipo de dor produzida em resposta ao estímulo dos nociceptores.

Trabalho com a dor

O primeiro trabalho neurológico construtivo sobre a dor foi realizado por Johannes Müller. Ele acreditava que há fibras nervosas específicas para a dor e receptores especiais para captar sensações dolorosa se defendia que a dor só podia ser sentida em consequência do estímulo dos nervos sensoriais que transmitem sinais de dor. Isso encaixava a dor no modelo maior da especificidade dos nervos.

A visão oposta de que não há nervos nem receptores especiais para a dor tinha uma longa história. Aristóteles estava entre os que argumentavam que a dor resulta de qualquer tipo de estímulo excessivo. Pode vir do excesso de calor, ruído, luz forte ou muitos outros efeitos extremos e pode ser transmitida à alma de muitas maneiras. Em princípio, esse modelo durou mais de dois mil anos, variando apenas nos detalhes.

No século XVII, Descartes foi o primeiro a ver a dor como algo interno, com explicação racional tanto para a origem quanto para a transmissão. Em sua visão mecanicista do corpo humano, a dor resultava do desequilíbrio da maquinaria ou de algum tipo de enguiço. Ele distinguia o mecanismo da dor — o estímulo que leva o corpo a se afastar de algo prejudicial — da experiência mental da dor. Em 1644, ele descreveu a dor como uma "perturbação" que partia da periferia e viajava pelos nervos até o cérebro.

Em 1874, Wilhelm Erb afirmou que todo tipo de receptor sensorial pode produzir um sinal de dor se estimulado com intensidade suficiente. Mas, em 1858, Moritz Schiff mostrou que vias diferentes da medula espinhal estão associadas à dor e ao toque, sustentando a ideia da especificidade. Os dois modelos — intensidade do

estímulo e especificidade — coexistiram por algum tempo, mas com a intensidade mais favorecida por psicólogos do que por neurologistas. No fim do século XIX, a maioria dos especialistas aceitava a teoria da especificidade. Isso foi ainda mais reforçado pela experiência de Henry Head nos nervos de seu braço na primeira década do século XX (ver a página 130).

Nem Blix nem Goldscheider (ver as páginas 130 e 131) incluíram a dor em sua investigação dos receptores da pele na década de 1880. Dez anos depois de seu trabalho, Max von Frey propôs que a dor era uma modalidade separada, associada às terminações nervosas livres. As ideias de von Frey foram populares, provavelmente por serem bastante simples — um tipo de receptor para cada tipo de sensibilidade cutânea —, mas erravam nos detalhes. Nos anos posteriores, outros pesquisadores encontraram tipos adicionais de receptores também observaram que áreas com receptores nervosos livres podiam ser cortadas sem causar dor. Em resumo, a situação toda era muito mais complicada do que parecia.

No final do século XIX e no início do XX, os fisiologistas tentaram acompanhar os nervos que transmitem sensações cutâneas, inclusive a dor, e identificar as áreas do cérebro responsáveis por transformar as transmissões nervosas em experiências.

Tudo ou nada

Assim como os outros neurônios, as fibras nervosas que transmitem sinais de dor são estimuladas ou não; o sistema é de tudo ou nada. Isso funciona nos neurônios sensoriais que reagem a um estímulo e nos neurônios motores ligados ao tecido muscular que fazem o músculo se contrair. O princípio foi notado pela primeira vez em 1871 pelo fisiologista americano Henry Pickering Bowditch, que trabalhava com a contração do músculo cardíaco. Como é uma reação binária, a força do sinal não

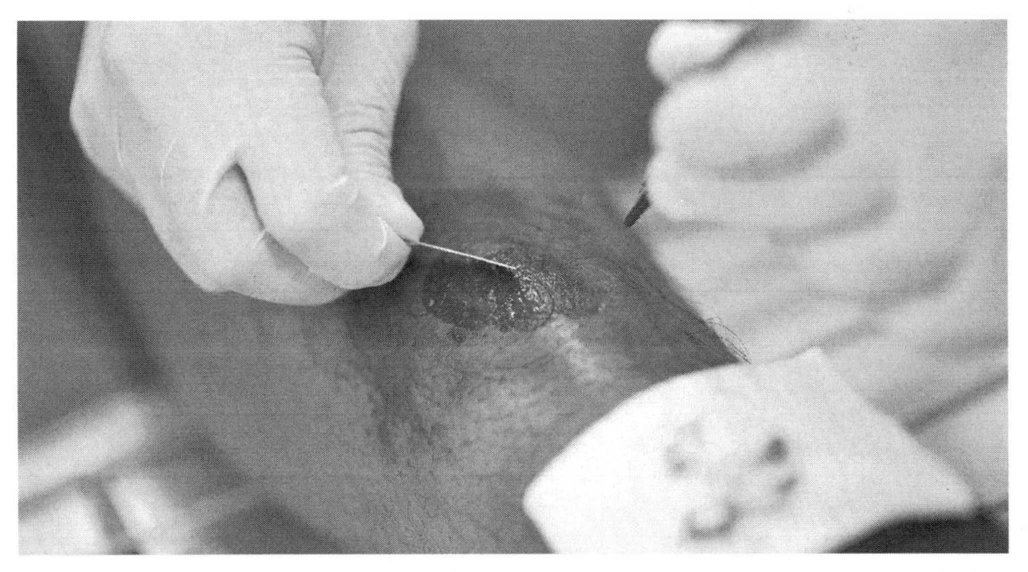

As queimaduras são extremamente dolorosas, o que parecia sustentar a ideia de que a dor poderia ser produzida pelo estímulo excessivo de outros tipos de receptor.

TIPOS DE DOR

Os nociceptores — receptores especializados em estímulos intensos — foram descritos pela primeira vez em 1906 por Charles Sherrington. Tipos diferentes de nociceptores reagem a tipos diferentes de estímulos nocivos: temperatura alta, frio extremo, pressão intensa ou substâncias tóxicas. Desde o trabalho do neurofisiologista inglês Thomas Lewis em 1942, os nociceptores têm sido associados a dois tipos diferentes de neurônio. Eles foram identificados pelo psicólogo canadense Ronald Melzack: um tipo é mielinado e transmite sinais rapidamente (fibras A); o outro não é mielinado e transmite os sinais mais devagar (fibras C). Isso leva a dois tipos diferentes de experiência dolorosa: primeiro, uma dor súbita e aguda; depois, uma dor mais surda e duradoura. (Pense na dor lancinante de um corte, seguido pela dor que se instala depois.) O primeiro tipo está associado à dor aguda, o segundo à dor crônica.

varia; ou o neurônio dispara (inicia um potencial de ação) ou não. Mas, se houver estímulo insuficiente para produzir uma reação imediatamente, ainda há algum efeito no equilíbrio dos íons dentro e fora do neurônio, e, se o estímulo continuar, esse efeito pode ser acumular até um ponto de virada e o neurônio disparar.

A intensidade do que sentimos não está ligada à intensidade do estímulo de neurônios individuais, mas ao número de neurônios estimulados. Se olharmos uma luz forte, muitos neurônios da retina disparam, mas se olharmos uma luz fraca, menos são afetados; isso acontece porque menos fótons atingem a retina, e menos neurônios chegarão ao limiar de estímulo em que disparam. O mesmo acontece com os gatilhos da dor, e por isso pode haver descompasso entre a gravidade da

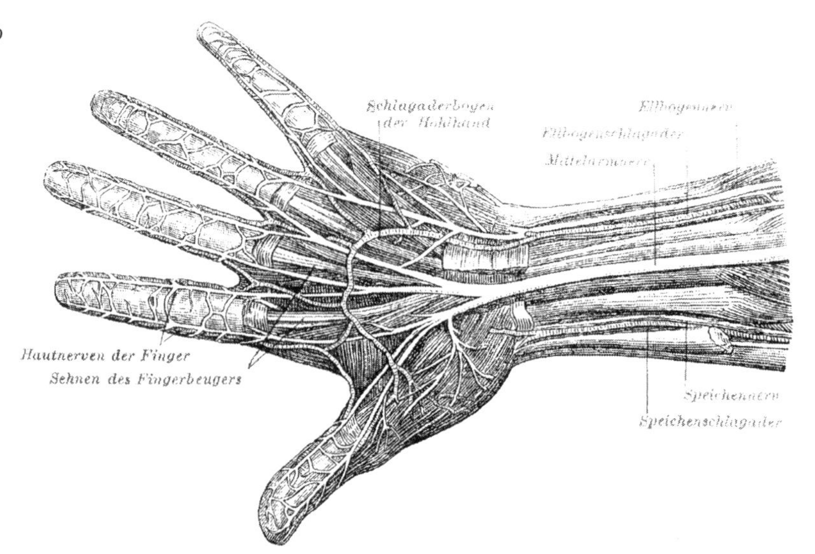

Essa ilustração do século XIX mostra a inervação da mão.

lesão e a sensação de dor. Se você enfiar profundamente uma agulha fina na perna, sentirá menos dor do que se fizer um corte comprido e superficial, simplesmente porque menos nervos sensíveis à dor ficarão no caminho da agulha.

O efeito do limiar não se limita ao disparo dos nervos individualmente. Ficaríamos sobrecarregados se toda vez que um único neurônio disparasse isso produzisse uma experiência de dor. Em vez disso, é preciso haver um número suficiente de neurônios disparando ao mesmo tempo para que se transmita ao cérebro a mensagem para registrar a sensação de dor (ver a página 146). Isso foi descoberto, em princípio, pelo patologista alemão Bernhard Naunyn em 1889. Ele aplicou nos pacientes estímulos pequenos mas rapidíssimos, abaixo do limiar de percepção do toque, e descobriu que, num curto período, um estímulo imperceptível provocava dor insuportável. Ele estimulava os nervos várias centenas de vezes por segundo num período de seis a vinte segundos. E concluiu que a dor é aditiva: se ocorrer estímulo suficiente no decorrer do tempo, a reação de dor será provocada.

Especificidade e intensidade combinadas

Em 1943, o fisiologista americano William Livingston propôs uma teoria conjunta, baseada nos achados de Naunyn e outros,em que, ao atingirem a medula espinhal, os sinais produzidos por um estímulo doloroso se acumulam num circuito de atividade nos interneurônios até um limiar ser atingido. Nesse momento, o sinal ao cérebro é provocado e a dor, registrada. Ele sugeriu que a atividade dos interneurônios também se espalha para outros nervos espinhais e pode provocar mais atividade, como reações mo-

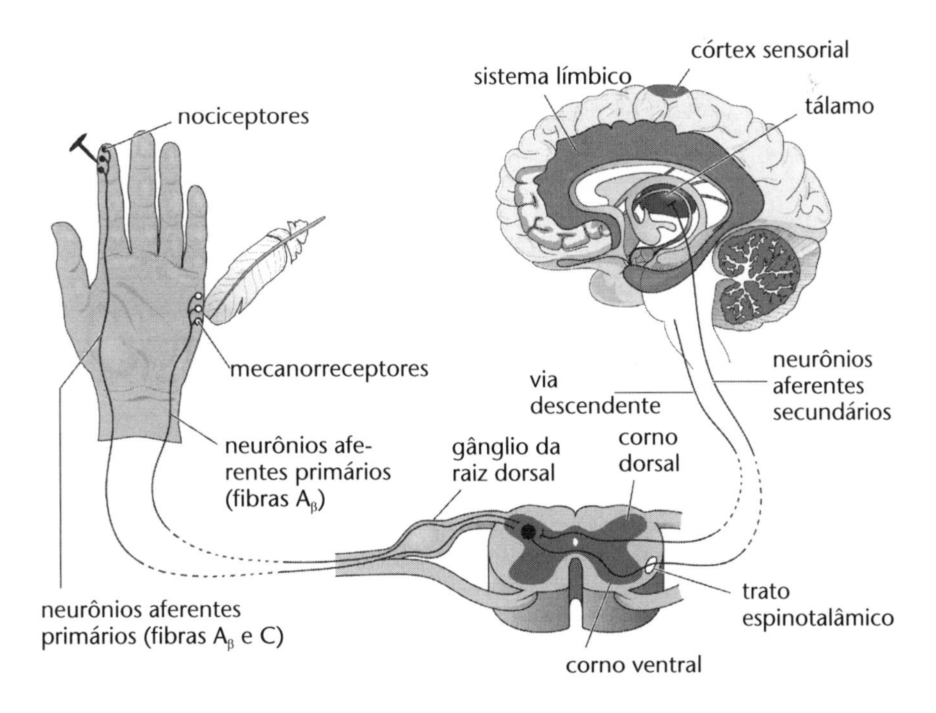

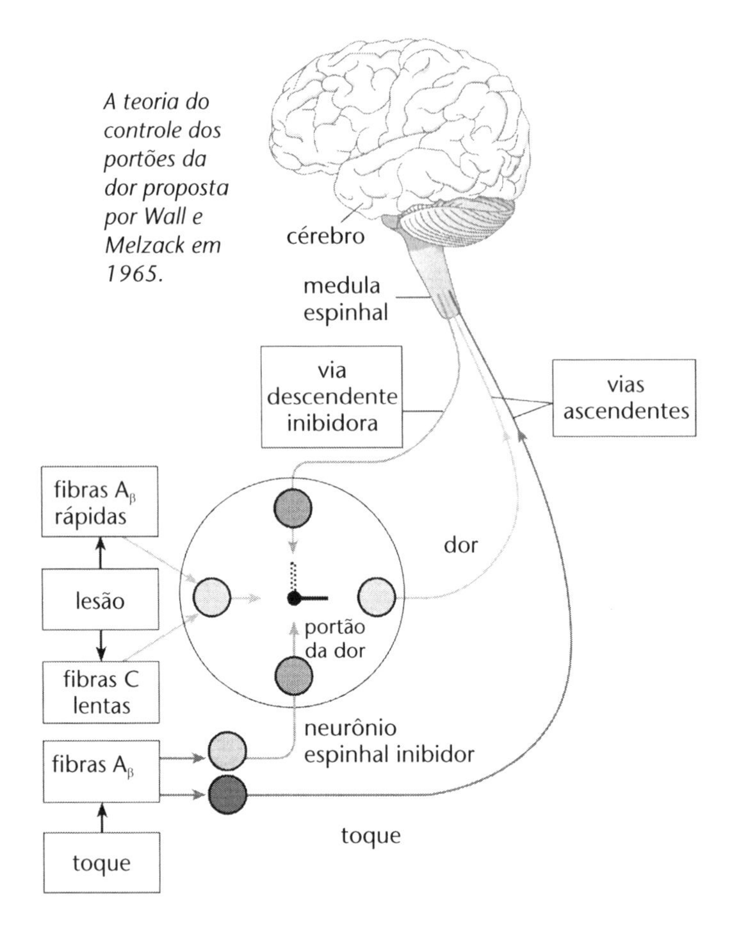

A teoria do controle dos portões da dor proposta por Wall e Melzack em 1965.

toras e do sistema simpático, além do medo e de outras reações emocionais.

Esfregue mais

O pesquisador holandês Willem Noordenbos (1910-1990) notou, em 1953, que os sinais transmitidos pelas grandes fibras nervosas podem efetivamente silenciar os transmitidos pelas fibras mais finas a partir da mesma área. A intensidade da dor que sentimos depende do grau de estímulo das fibras mais finas e mais grossas, transmitindo sinais de dor e de toque/pressão. Um resultado disso é que a dor é genuinamente reduzida quando se esfrega o local da lesão, pois a transmissão dos sinais de toque/pressão amortece o efeito dos sinais de dor.

Deixe a dor passar

Em 1965, o neurocientista britânico Patrick Wall (1925-2001) e o psicólogo canadense Ronald Melzack (n. 1929) deram uma explicação mais detalhada desse efeito com sua teoria de que a dor tem "portões". Ou seja, os sinais têm de passar por "portões" para ir da medula espinhal ao cérebro. Nesses "portões", os sinais dos nociceptores são bloqueados ou têm permissão de passar, e isso determina se sentimos dor e/ou quanta dor sentimos. O trabalho de Melzack se baseou nos achados

de Lorde Adrian e Charles Sherrington com um galvanômetro para medir o potencial de ação das diversas fibras nervosas e na identificação dos três tipos de fibra nervosa, A, B e C, de Gasser e Erlanger. As fibras do tipo B são parcialmente mielinadas e são intermediárias entre os tipos A e C.

O sistema de portões funciona impedindo (ou não) a ação de interneurônios inibidores. Os interneurônios inibidores bloqueiam a passagem do sinal pela medula espinhal até o cérebro impedindo a liberação de um neurotransmissor usado para transmitir os sinais dos neurônios da dor; assim, quando eles funcionam o sinal não passa. Quando sua ação é impedida, eles não conseguem mais interromper o sinal, que então passa. Estimular os neurônios das fibras finas C que transmitem os sinais de dor impede os neurônios inibidores, de modo que o sinal de dor pode ser enviado ao cérebro. Mas estimular as fibras grossas A promove a ação dos neurônios inibidores. Isso significa que, se houver mais ação das fibras grossas, o sinal de dor será inibido ou reduzido. É por essa razão que esfregar uma lesão ou lhe aplicar calor ou frio tende a reduzir a dor. Também é a base sobre a qual age a máquina de estimulação nervosa elétrica transcutânea (TENS, na sigla em inglês) para aliviar a dor.

Finalmente, o cérebro envia mensagens de cima para baixo para determinar se os sinais de dor têm permissão de passar. Melzack propôs outra rota para os sinais de dor que lhes permite provocar um curto-circuito no mecanismo dos portões e ir diretamente para o cérebro. Este, então, toma a decisão de bloquear (ou permitir) a ação inibidora e pode enviar uma mensagem para que a medula espinhal faça isso. Esse controle dos sinais de dor de cima para baixo pode explicar o impacto psicológico já comprovado sobre a dor. Em emergências, às vezes as pessoas não sentem dor, mesmo com ferimentos graves. Isso acontece porque o corpo tem coisas mais importantes a fazer — escapar de uma situação perigosa, por exemplo. Pessoas ocupadas ou tranquilas costumam sentir menos dor do que os ociosos ou estressados.

DOR INTERNA

Os receptores da dor e dos sentidos não se encontram apenas na superfície do corpo, como na pele, mas também em muitos pontos dentro do corpo, como as articulações, os ossos e alguns órgãos internos. Outros órgãos não têm receptores que possam assinalar lesões, o que pode fazer com que doenças avancem perigosamente antes que o indivíduo tenha consciência delas.

A dor e a mente

As explicações da fisiologia da dor podem ser uma boa descrição de como o corpo

É comum usar a máquina TENS para aliviar dores musculares.

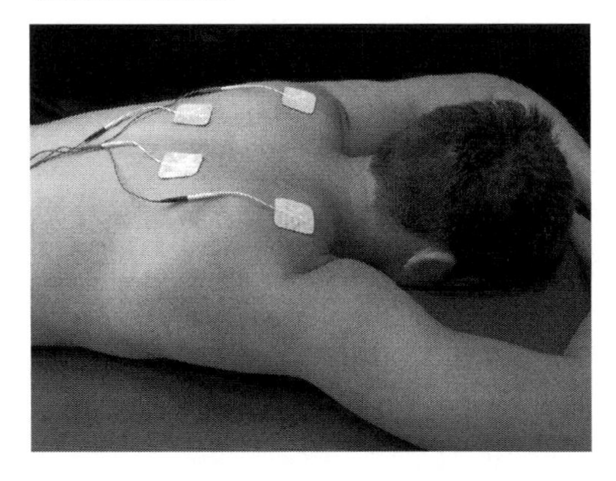

DOR REFLEXA

Algumas vias nervosas "compartilhadas" transmitem sinais de dor de diversas partes do corpo. Nessa situação, o cérebro não tem como reconhecer a origem de um sinal doloroso, e a dor pode ser sentida numa parte do corpo diferente da afetada. Um exemplo comum é o enfarte, que pode ser sentido como dor na mandíbula ou no braço, embora a lesão do músculo cardíaco é que tenha provocado a sensação dolorosa. Nesse caso, o cérebro atribuiu o sinal a áreas onde é mais comum surgirem esses sinais (mandíbula e braço) do que ao coração, que raramente dá origem a eles.

sente e transmite estímulos potencialmente perigosos, mas tudo pode se confundir na mente. É o cérebro que monta a experiência da dor e, ao fazê-lo, aproveita experiências passadas, expectativas e uma série de outros fatores complicadores. Como o mais subjetivo dos sentidos cutâneos, a dor é um campo minado para os pesquisadores, principalmente porque a medição da dor se baseia exclusivamente em relatos pessoais. Não é possível a ninguém "sentir" literalmente a dor do outro. Pode-se sentir dor no lugar "errado" — isto é, não no lugar lesionado ou

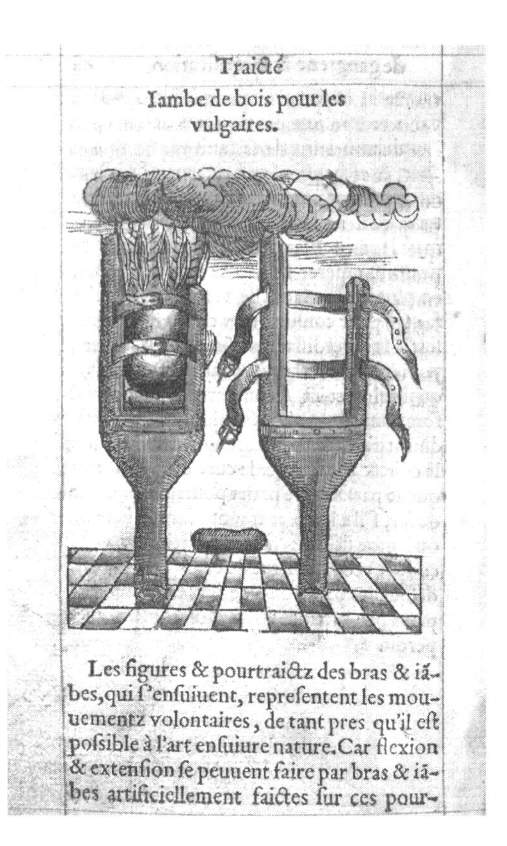

Traicté

Iambe de bois pour les vulgaires.

Les figures & pourtraictz des bras & iambes, qui s'ensuiuent, represent les mouuementz volontaires, de tant pres qu'il est posible à l'art ensuiure nature. Car flexion & extension se peuuent faire par bras & iambes artificiellement faictes sur ces pour-

Pernas artificiais de madeira usadas por Ambroise Paré para ajudar pacientes amputados.

adoecido — e até num lugar que não existe mais.

Dor fantasma

Uma das facetas mais fascinantes da dor que se mostrou especialmente frutífera para os pesquisadores é a dor do membro fantasma sentida por quem perdeu um braço ou uma perna. Ela foi descrita pela primeira vez pelo cirurgião francês Ambroise Paré em 1551 e mencionada também por Descartes. Cerca de 60% a 80% dos amputados dizem que continuam a ter sensações vindas do membro perdido, e a mais comum é a dor.

"[A dor é uma] experiência sensorial e emocional desagradável associada a danos reais ou potenciais aos tecidos ou descrita em termos de tais danos".

Associação Internacional para o Estudo da Dor, 1975

Este sortudo paciente dos santos-cirurgiões pioneiros Cosme e Damião será poupado da dor do membro fantasma por sua milagrosa operação de transplante.

O cirurgião americano Silas Mitchell, que trabalhou no "Hospital dos Tocos" durante a Guerra de Secessão de 1861-1865, relatou que 86 dos 90 amputados que examinou se queixaram de dor no membro fantasma. Com essa grande amostra de pacientes, ele conseguiu obter um quadro amplo: os soldados descreviam um membro fantasma que, em geral, era mais curto do que o original e nem sempre completo. Queixavam-se de dor considerável, que podia ser provocada até por pequenos estímulos, como o vento soprando sobre eles. O uso de prótese também podia provocar a dor, que se mostrou resistente a tratamentos como cauterização dos nervos, acupuntura e medicamentos. De alguns soldados, chegou-se a remover mais um pedaço do membro na esperança de alívio; em geral, eles se desapontaram.

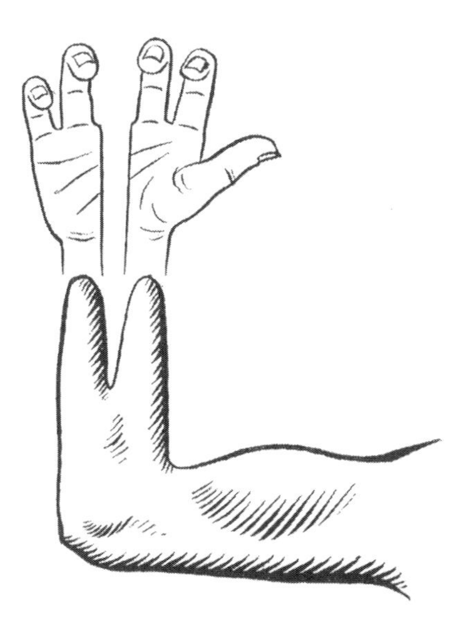

Mitchell e outros acreditavam que a dor era causada pela irritação dos nervos que tinham sido cortados durante a amputação. Isso indicava que o estímulo desses nervos cortados enviava mensagens ao cérebro, interpretadas como vindas das terminações nervosas originais, mesmo que agora não existissem. Os tratamentos eram violentos e raramente bem sucedidos. Uma alternativa a encurtar o toco era cortar os nervos sensoriais entre o toco e a medula espinhal ou até remover a parte do tálamo que era o destino final dos sinais.

Finalmente, Melzack comprovou na década de 1980 que a teoria dos "nervos

Melzack notou que pessoas que tinham o toco de braço dividido para lhes permitir que pegassem objetos descobriam que a dor da mão fantasma também se dividia.

irritados" estava errada. Ele começou abordando o modelo da dor do senso comum que estava por trás de todas as pesquisas anteriores desde a época de Descartes: a ideia de que a dor é sentida na parte ferida e que o sinal da dor é transmitido ao cérebro, onde se transforma na experiência de dor. Tudo isso parece inteiramente lógico até ser confrontado com a dor do membro fantasma e outros tipos de dor crônica que não têm correlação direta com lesões físicas. Melzack também ressaltou a experiência de pessoas paralisadas pelo corte de nervos na coluna que, mesmo assim, continuavam a sentir membros fantasmas. Não podiam estar sentindo irritação de terminais nervosos no membro "fantasma", que fisicamente ainda estava presente mas sem conexão neurológica com o cérebro.

DÓI MENOS QUANDO SE OLHA

Pesquisas no início do século XXI constataram que um procedimento potencialmente doloroso dói menos quando podemos vê-lo — o que é uma boa razão para olhar quando se toma uma injeção ou se tira sangue. Em 2008, exames de ressonância funcional mostraram que áreas do cérebro envolvidas no processamento da dor também processam o tamanho das informações visuais.

Ingredientes da dor

Melzack descreveu um modelo neuromatricial da dor que tira do sistema nervoso periférico a tarefa complexa de construir a dor e a atribui ao sistema nervoso central. Assim, a dor não é produzida pela lesão dos tecidos, mas por várias partes do SNC que agem em conjunto sobre informações do SNP e do ambiente. De acordo com sua teoria e pesquisas subsequentes, as partes do SNC envolvidas são:

- medula espinhal
- tronco cerebral e tálamo
- partes do sistema límbico, como o hipotálamo, a amígdala, o hipocampo e o córtex cingulado anterior
- córtex insular
- córtex somatossensorial
- córtex motor
- córtex pré-frontal

Em conjunto, elas produzem os aspectos sensorial, emocional, cognitivo, comportamental, motor e consciente da experiência da dor. O modelo explica por que a dor nem sempre se relaciona com a quantidade ou a gravidade da lesão tecidual — nem mesmo com a existência de lesões (ou tecidos, no caso da dor do membro fantasma). Também explica o funcionamento do efeito placebo (ver a página 152) e como as pessoas às vezes deixam de notar ou sentir lesões traumáticas em momentos de estresse, como no campo de batalha e em outras situações perigosas.

Melzack sustenta que a neuromatriz, pelo menos em parte, é geneticamente determinada. As crianças nascidas sem membros podem ter um membro fantasma. Isso indica que a neuromatriz combina elementos de formação genética e aprendizado. A importância do aprendizado fica clara com a experiência de pessoas com membros fantasmas que continuam a sentir, por exemplo, a presença de um calo doloroso ou um anel apertado.

Quando a dor crônica não tem relação com lesões óbvias dos tecidos, as estratégias

REESCRITA DO MAPA CORPORAL

O neurocientista indiano Vilayanur Ramachandran (n. 1951) sugeriu que, depois de uma amputação, o mapa do corpo existente no córtex somatossensorial é reescrito (ver a página 148). Ele diz que a "reescrita" do córtex somatossensorial explica por que, para alguns amputados, ser acariciado no rosto vira uma sensação no membro fantasma.

Em 1994, Ramachandran foi pioneiro de um tipo de terapia para a dor do membro fantasma chamada terapia da caixa de espelhos. O paciente insere o membro restante numa caixa com um espelho que cria um reflexo para representar o membro que falta. Ao mover o membro real, alguns pacientes conseguem aliviar a dor do membro fantasma.(Os membros fantasmas geralmente ficam"presos" em posições estranhas e dolorosas.) A terapia do espelho não ajuda todos os que sofrem dessa dor, e a pesquisa para saber quando é eficaz continua.

modernas de controle da dor costumam combinar exercícios, terapia cognitivo-comportamental e medicamentos. Estes se baseiam no modelo da neuromatriz e na ideia de que o corpo constrói a dor em resposta a vários estímulos e padrões internos.

Quase tudo na mente?

Exames por imagem do cérebro realizados quando um paciente sofre experiências

dolorosas revelam que trezentas a quatrocentas áreas do cérebro estão envolvidas na sensação ou construção da dor; o sistema é muito complexo. Em 2004, estudos constataram que a atividade cerebral relacionada à dor se reduzia quando a pessoa se distraía ou meditava durante um estímulo doloroso, confirmando achados da observação e da experiência comum.

Um estudo publicado em 2012 revelou que as crenças e expectativas dos pacientes podem influenciar sua experiência de dor, independentemente do que realmente acontece no corpo. Voluntários receberam uma sensação de ardência no braço enquanto recebiam soro intravenoso que lhes disseram ser analgésico. Eles foram avisados quando o analgésico começou e quando foi interrompido. Disseram-lhes que a dor poderia piorar quando o analgésico fosse removido. As notas médias da dor foram: no início, 6; pouco depois, 5; com analgesia, 2; depois da remoção da analgesia, 6. Na verdade, a analgesia começou no estágio "pouco depois", com um impacto muito pequeno sobre a expe-

riência de dor quando os voluntários não sabiam que a recebiam. Continuou depois que lhes disseram que tinha parado, mas não fez efeito quando não acreditavam que a recebiam. Isso se relaciona com o conhecido efeito "placebo".

Placebo, nocebo

Remédios que se parecem com medicamentos de verdade mas não têm ingredientes farmacologicamente ativos são chamados de placebos. Costumam ser ministrados em estudos clínicos para testar a eficácia de uma substância recém-desenvolvida. Um grupo de pacientes recebe a substância ativa e outro, o grupo de controle, recebe o placebo. Então o resultado dos dois grupos é comparado. Em teoria, os pacientes que recebem o placebo não deveriam mostrar melhoras de seu estado. Mas, na prática, os pacientes que recebem o placebo podem apresentar taxas de melhora ou recuperação comparáveis aos que recebem o medicamento com atividade farmacológica. O efeito placebo pode ser muito poderoso, como demonstrou o estudo da analgesia. O efeito oposto ao do placebo se chama nocebo, quando os pacientes têm efeitos nocivos com um comprimido sem ingredientes ativos (ver quadro abaixo).

Parece que não faz diferença o paciente descobrir que o remédio que funciona para ele é um placebo. Um estudo de 2015 mostrou que, quando os pacientes tomavam um placebo durante quatro dias acreditando ser um analgésico, ele continuaria a funcionar e reduzir sua dor mesmo depois de terem sabido, de forma convincente, que era placebo. O efeito não funcionou em pacientes que receberam o placebo apenas um dia, o que sugere que há um fator de condicionamento envolvido.

Acredita-se que haja algo equivalente ao efeito nocebo por trás de casos confirmados de pessoas que reagiram a maldições, adoeceram e morreram. Na tradição vodum (ou vudu) do Haiti e de regiões da África, pessoas amaldiçoadas podem morrer, a menos que a "maldição" seja suspensa por um mágico ou feiticeiro poderoso. Em geral, a medicina convencional não consegue salvá-las porque não há doença sistêmica a ser tratada. Esse efeito vai bem além de sentir dor sem correlação física; a crença do paciente provoca efeitos físicos complexos, em geral considerados além do controle consciente.

PÍLULAS DE AÇÚCAR FATAIS

Em 2007, um homem que sofria de depressão clínica concordou em participar de estudos de um antidepressivo. Ele não sabia que ficaria num grupo de controle e que tomava cápsulas falsas, sem nenhum antidepressivo. Com tendências suicidas, ele tomou uma superdose de 29 cápsulas. Sua pressão arterial caiu a um nível perigosamente baixo, e ele precisou de fluido intravenoso para se manter vivo. Quando lhe disseram que estava recebendo placebo, seu estado físico voltou rapidamente ao normal.

Cérebro e dor

Parece que, das três entidades que Galeno considerava necessárias para produzir dor, só uma é realmente exigida: o centro organizacional do cérebro que decide se exprimiremos ou não a dor.

Acredita-se que a hipnose seja um estado de atenção concentrada em que o

SUPORTAR DOR INSUPORTÁVEL

Algumas sociedades insistem em fazer os adolescentes passarem por cerimônias de iniciação dolorosas para marcar sua transição à idade adulta e a entrada total na sociedade. Elas podem envolver níveis de agonia aparentemente insuportáveis, mas todos os membros da comunidade passam por esses rituais, com resiliência que parece estoica a quem é de fora. Provavelmente, fatores psicológicos como a expectativa e a participação do grupo os ajudam a suportar a experiência.

indivíduo fica especialmente suscetível a sugestões. Exames de ressonância magnética funcional (fMRI) revelam que, sob hipnose, o cérebro reage a estímulos sugeridos da mesma maneira que o cérebro não hipnotizado reage a estímulos reais comparáveis. Por exemplo, um estudo de 2013 relatou que, quando disseram a indivíduos hipnotizados que estavam recebendo um estímulo doloroso, foram ativadas as mesmas áreas do cérebro no mesmo grau de quando eles receberam o mesmo estímulo sem estar hipnotizados. No teste, colocou-se uma sonda quente sobre a mão dos voluntários, que, depois, classificaram a dor como 5. Quando foram hipnotizados e lhes disseram que a sonda era ativada outra vez — embora não fosse —, eles registraram a mesma reação. Os exames do cérebro foram bem semelhantes aos do estímulo genuíno.

A dor, que parece ser a mais clara e invasiva das sensações físicas, não é tudo o que intuitivamente sentimos que é. O cérebro pode provocá-la sem razão nenhuma ou impedi-la apesar de enormes traumas; ela representa a suprema demonstração da mente sobre a matéria.

DOR FÍSICA E EMOCIONAL SÃO COMPARÁVEIS

Um estudo de 2013 constatou que o cérebro reage à dor emocional liberando opioides analgésicos, mais ou menos da mesma maneira que reage à dor física. Enquanto uma máquina de tomografia por emissão de pósitrons observava seu cérebro, disseram aos participantes que eles tinham sido rejeitados por possíveis parceiros por quem tinham se interessado num site de encontros pela internet. Os que sentiram menos angústia tiveram uma liberação maior de opioides no cérebro. As áreas cerebrais ativadas foram as mesmas ativadas pela dor física.

CAPÍTULO 8

Lições de **LESÕES**

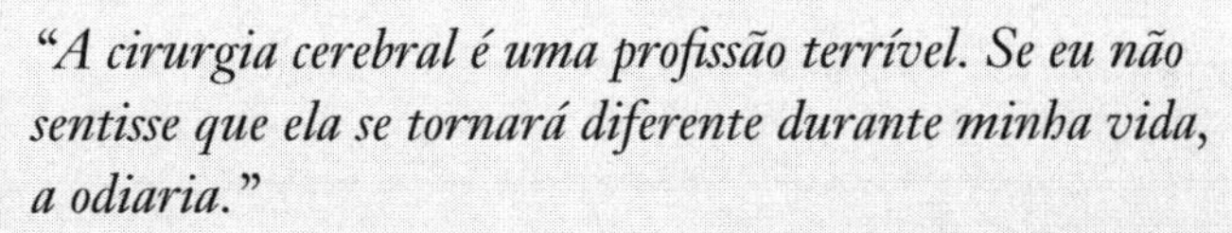

"A cirurgia cerebral é uma profissão terrível. Se eu não sentisse que ela se tornará diferente durante minha vida, a odiaria."

Wilder Penfield, 1921

Há muitos tipos de doenças ou lesões neurológicas, e seu estudo teve papel fundamental no desenrolar da história da neurociência. Investigações clínicas, tentativas de tratamento e autópsias geraram novas informações sobre o cérebro e os nervos. Mas nem sempre os cientistas tomaram o cuidado de pôr em primeiro lugar o bem-estar dos pacientes.

Há milhares de anos tenta-se curar a loucura com cirurgia cerebral, por mais violenta e elementar que seja. Nessa pintura de 1494, A extração da pedra da loucura, *Hieronymus Bosch mostra uma operação primitiva.*

São Nilo cura um menino possuído ungindo-o com o óleo tirado de uma lâmpada que arde diante de uma imagem da Virgem Maria.

A "doença sagrada"

Talvez a doença neurológica mais frutífera para a ciência tenha sido a epilepsia. Foi uma das primeiras doenças a serem registradas. Na Grécia Antiga, era chamada de "doença sagrada". Por volta de 400 a. C. , Hipócrates advertiu contra a noção de que a epilepsia resultava da visita dos deuses ou de um castigo divino. Ele queria que ela fosse tratada como uma doença qualquer que exigia tratamento médico em vez dos encantos e amuletos vendidos por charlatães. Infelizmente, sua atitude comedida não predominou, e a possessão demoníaca e outras causas supersticiosas foram comumente citadas até, pelo menos, o fim do século XVII.

Mesmo quando a epilepsia era considerada uma doença física e não uma punição divina, não havia consenso quanto à sua causa e pouco tratamento era eficaz. Uma mistura usada para tratar a epilepsia incluía crânio humano em pó, raízes de visco e peônia e sementes colhidas na lua nova. As sangrias também eram populares (como em muitas doenças). Galeno achava que a epilepsia ocorria quando os ventrículos eram obstruídos pela fleuma; no século XVI, Paracelso achou que os ataques resultavam da fervura dos espíritos vitais no cérebro; e Thomas Willis culpava as explosões de espíritos animais no *sensorium commune*.

Epilepsia não é insanidade

Foi contra esse pano de fundo supersticioso que Jean-Martin Charcot (1825-1893) encontrou pacientes epiléticos trancados

TEMPESTADES ELÉTRICAS CEREBRAIS

A epilepsia é uma doença caracterizada por ataques causados por surtos súbitos de atividade elétrica desorganizada dentro do cérebro. Eles interrompem o funcionamento cerebral normal e podem incluir perda de consciência, convulsões, enrijecimento dos membros, movimentos descoordenados ou sensações incomuns.

junto de doentes mentais e criminosos insanos no hospital Salpêtrière, em Paris. Ele separou uma enfermaria de mulheres que diagnosticou não como loucas, mas com "histeroepilepsia". No século XIX, houve um esforço considerável para descrever a evolução e a natureza dos diversos tipos de ataque, mesmo que não fossem compreendidos.

O fisiologista Marshall Hall (1790-1857) propôs a primeira explicação fisiológica da epilepsia. Em 1838, ele sugeriu que o aumento da atividade em parte do arco reflexo provocava o problema, sugerindo que a disfunção ocorria na parte central ou sensorial que ligava parte do arco dentro da medula espinhal. Ele achava que os espasmos dos músculos do pescoço impediam o fluxo de sangue no cérebro, provocando sua congestão. Isso levava à perda da consciência e aos espasmos da laringe que, por sua vez, causavam convulsões. Ele defendia sua prevenção com a traqueotomia.

Provocar convulsões

A primeira sugestão de que descargas elétricas poderiam estar envolvidas na epilepsia veio de Robert Bentley Todd, em 1849, mas a descoberta costuma ser creditada a John Hughlings Jackson, em 1873. Jackson definiu a epilepsia como "descarga [elétrica] ocasional, súbita, excessiva, rápida e local da substância cinzenta". Ele observou os pacientes (e sua própria esposa) durante os ataques e anotou sua progressão. Ele deu nome a uma convulsão parcial simples, a "marcha jacksoniana", que começa com formigamento, tremor ou fraqueza no canto da boca ou num dedo da mão ou do pé e depois se estende para a mão ou pé inteiros ou para os músculos fa-

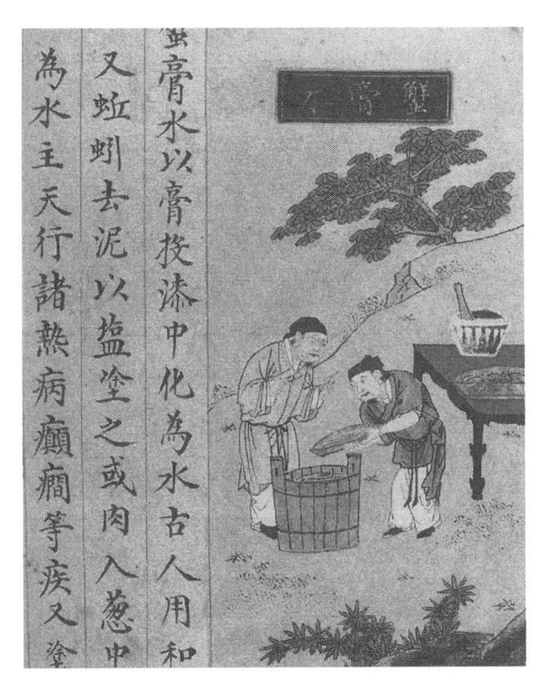

Ilustração chinesa do preparo da água de ovas de caranguejo, usada para tratar epilepsia.

ciais. Afeta apenas um lado do corpo, e o paciente não perde a consciência.

A prova de que a eletricidade está envolvida só se tornou possível com a invenção do eletroencefalograma por Hans Berger, em 1929 (ver as páginas 171 a 174). Berger conseguiu mostrar os padrões excêntricos de descarga elétrica que ocorrem no cérebro durante um ataque epiléptico, provando que o problema é elétrico e se origina no cérebro. A descoberta não foi uma bênção para os pacientes com epilepsia, pois durante várias décadas eles seriam submetidos a tratamentos experimentais aterrorizantes e, muitas vezes, extremamente prejudiciais.

Moléstias da mente

Os epiléticos não foram os únicos a sofrer os resultados da ignorância. Durante muito tempo, as doenças mentais foram atribuídas à influência de demônios ou maus espíritos. Muitas vezes, o tratamento visava a expulsar os espíritos recalcitrantes e incluía surras, algemas com correntes e até fome. Por outro lado, Hipócrates propôs que a doença mental era causada por um desequilíbrio dos humores; ele tentava tratá-la reequilibrando-os.

Essas duas visões opostas da doença mental como problema físico ou espiritual coexistiram durante séculos. Elas produziram uma estranha mistura de tratamentos, que variaram das selvagerias mais cruéis às terapias comportamentais. Não havia nenhum alvo específico para nenhuma dessas práticas; elas tratavam o corpo (ou o espírito) inteiro e não reconheciam a sede da doença.

Caso de cabeça

A noção de que a doença mental poderia ser uma doença do cérebro só surgiu no século XIX, com o advento da anestesia geral e dos antissépticos eficazes. Eles tornaram as cirurgias muito mais seguras; em consequência, a psicocirugia teve uma virada experimental.

Os primeiros tratamentos neurocirúrgicos visavam o cérebro como fonte da disfunção, e não o corpo inteiro. Mas se baseavam em teorias frágeis e, portanto, eram um caso perigoso de tentativa e erro. Hoje a ideia de apenas abrir o cérebro e sair cavando, retirando pedacinhos, cortando nervos e torcendo pelo melhor mais parece um pesadelo. Mas foi esse o início da história da psicocirurgia.

Mulher diagnosticada com mania

O começo da psicocirurgia

Como você se sentiria se alguém abrisse um furo em seu crânio com uma pedra sem anestesia enquanto você estivesse com plena consciência?Nada entusiasmado, provavelmente. Mas a forma mais antiga de intervenção cirúrgica é a trepanação — abrir um buraco na cabeça. As provas em crânios trepanados com cicatrização em torno das bordas cortadas do osso datam do Neolítico, e o procedimento provavelmente foi executado em alguma parte do mundo desde então.

Você não precisa de tanto cérebro

Durante milhares de anos, quando o membro de alguém era profundamente ferido, a amputação era considerada a melhor ou a única opção. Parece temerário usar a mesma abordagem no cérebro, mas as primeiras intervenções realmente envolviam remover ou destruir partes inteiras desse órgão.

A primeira tentativa de psicocirurgia além das trepanações foi realizada na Suíça em 1888. Gottlieb Burckhardt, o médico que realizou a operação, não era cirurgião, e sim psiquiatra e diretor de um pequeno hospital para doentes mentais. Ele realizou cirurgias experimentais em seis pacientes e removeu partes de seu cérebro na tentativa de reduzir os sintomas que sofriam como consequência de várias formas de doença mental. Em termos modernos, seus pacientes poderiam ser diagnosticados com esquizofrenia, mania e demência. No total, tinham alucinações auditivas, delírios paranoicos, agressão, agitação e violência. Burckhardt acreditava que a doença mental era causada por problemas físicos do cérebro e pretendia aliviar os sintomas removendo as partes lesionadas. Infelizmente, ele não tinha nenhuma maneira confiável de saber que partes do cérebro estariam causando os problemas.

O resultado não foi encorajador: dos seis pacientes, um morreu depois de convulsões epiléticas cinco dias depois, um se suicidou, dois não tiveram melhora em seu estado e dois ficaram mais calmos. Somente dois não tiveram efeitos colaterais, que variaram de epilepsia a dificuldades de linguagem e problemas motores. Seu relatório dos procedimentos provocou reação hostil, e ele desistiu da psicocirurgia — um resultado afortunado para os pacientes que lhe restavam. A psicocirurgia só vol-

O paciente James Norris passou dez anos algemado e isolado no Bedlam (Bethlem Royal Hospital, instituição psiquiátrica de Londres). Seu sofrimento, revelado em 1814, provocou leis para regulamentar as condições nos asilos de loucos.

UM BURACO NA CABEÇA?

A descoberta dos primeiros crânios neolíticos trepanados foi recebida com incredulidade. Em 1865, o explorador e etnólogo Ephraim Squier recebeu de presente um crânio de um cemitério inca perto de Cuzco com um buraco quadrado medindo cerca de um centímetro de lado. Squier concluiu que o buraco fora aberto deliberadamente enquanto o dono do crânio estava vivo — e que o paciente sobrevivera à operação.

A Academia de Medicina de Nova York se recusou a acreditar que um índio peruano "primitivo" pudesse realizar uma operação daquelas e fazer o paciente viver, principalmente porque a taxa de sobrevivência de pacientes de trepanação na década de 1860 era de uns 10%. Mas a taxa elevada de infecções nos hospitais do século XIX tornava a operação mais perigosa do que se fosse realizada numa caverna. Estimativas recentes indicam que a taxa de sobrevivência no passado distante pode ter sido de 50% e até de 90%. Além disso, no século XIX a operação só era usada em casos de lesão grave na cabeça, de modo que o paciente já tinha alta probabilidade de morrer com ou sem a intervenção, enquanto quase com certeza era usada em condições menos graves no passado.

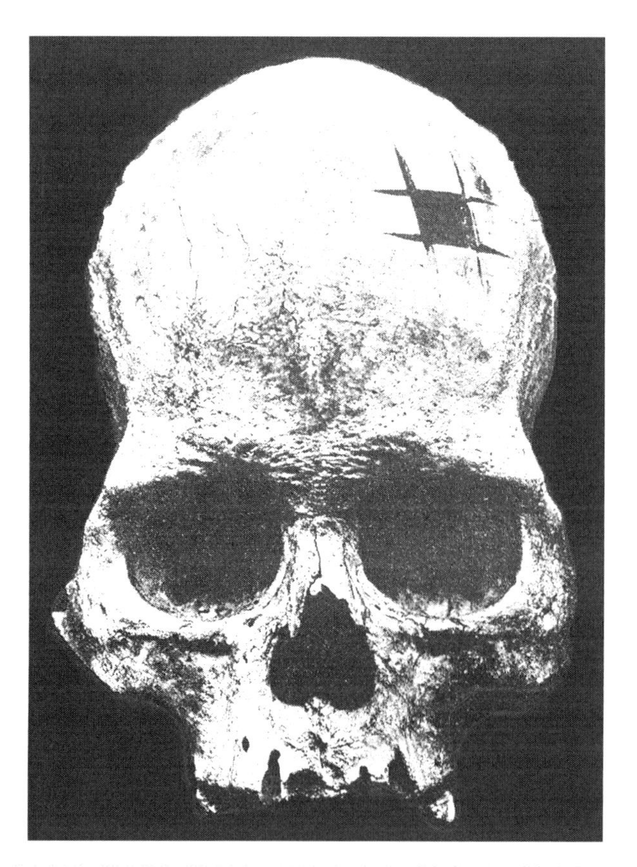

Muitas sociedades que usaram a trepanação eram anteriores à escrita, e não temos registros das razões para a operação. Na Europa, a trepanação era usada para tratar epilepsia e algumas formas de doença mental desde os tempos de Areteus, o Capadócio (*c.*150 d. C.), até o século XVIII e mesmo o XIX. Supunha-se que permitiria a saída de vapores ou humores maus do cérebro.

tou a ser tentada na década de 1930. Mas, quando voltou, foi ousada e violenta.

Um cérebro com duas metades

Em 1928, o cirurgião Walter Dandy removeu todo o hemisfério direito (operação chamada hemisferectomia) na tentativa de tratar pacientes com tumores terminais e inoperáveis (chamados gliomas). Dos cinco pacientes, três morreram em três meses (um deles de imediato). Em 1933, W. James Gardner, outro cirurgião, operou mais três pacientes com epilepsia e, dois anos depois, um deles estava sem convulsões, cognitivamente bem e capaz de andar, sem recorrências. Embora logo fosse superada como tratamento do glioma, a hemisferectomia foi usada na epilepsia, a princípio pelo neurocirurgião sul-africano Roland Krynauw, em 1950. Seu aparente sucesso na cura dos ataques em pacientes jovens levou à adoção entusiasmada do procedimento.

Infelizmente, problemas como hemorragia e encefalite se manifestaram mais tarde, até anos depois da cirurgia. Os cirurgiões tentaram diversas variações da hemisferectomia, deixando algum tecido mas desligando-o do corpo caloso, a grossa faixa de fibras nervosas que liga os hemisférios direito e esquerdo e permite a comunicação entre eles.

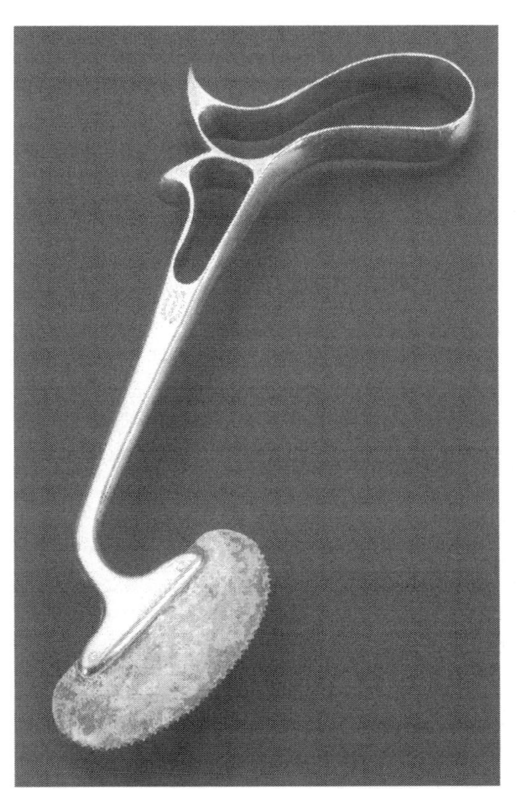

Esse serrote especial era usado para abrir o crânio e dar acesso ao cérebro. Foi inventado por Sir Victor Horsley (1857-1916), cirurgião e fisiologista inglês.

Sperry e o "cérebro dividido"

Na década de 1960, seccionar o corpo caloso se mostrou um tratamento eficaz para formas graves de epilepsia. Era um pouco menos extremo do que remover um hemisfério inteiro. Fazia com que as duas metades do cérebro funcionassem independentemente, mas sem se comunicar, de modo que o disparo aleatório dos nervos no ataque epilético não poderia se espalhar de um hemisfério para o outro. Além de curar a epilepsia, a operação trouxe novas noções para a neurociência. O neuropsicólogo americano Roger Sperry (1913-1994) estudou onze pacientes com "cérebro dividido" para investigar como os hemisférios funcionam juntos normalmente.

Sperry lembrou-se de que o principal centro da fala fica no hemisfério esquerdo e que as informações e o controle do lado esquerdo do corpo são tratados pelo hemisfério direito, e conseguiu demonstrar que os hemisférios atuam juntos para articular informações relativas ao lado esquerdo. Por exemplo, quando uma imagem era mostrada apenas ao olho esquerdo, o paciente não conseguia dizer o que tinha visto; não havia como o centro visual e o centro da fala se comunicarem entre si.

Roger Sperry recebe seu prêmio Nobel pelo trabalho com pacientes com cérebro dividido, 1981.

Do mesmo modo, quando sentia uma textura ou substância com a mão esquerda, o paciente não sabia dizer o que era. Na atividade normal, podemos usar ambos os olhos, ambos os ouvidos, ambas as mãos etc. , e assim essas limitações não eram percebidas de forma imediata, mas foram claramente demonstradas no ambiente experimental. Embora o lado direito do cérebro não pudesse articular na fala ou na escrita o que era o objeto, o paciente era capaz de desenhá-lo e identificar um objeto semelhante. O lado direito também era melhor em tarefas visuais-espaciais. Além disso, Sperry descobriu que, quando um objeto era mostrado a um olho e depois ao outro, o paciente não tinha recordação de já tê-lo visto; cada hemisfério parecia formar suas próprias lembranças. Sperry ganhou um prêmio Nobel por seu trabalho com pacientes com cérebro dividido.

A mais famosa operação cerebral

Assim que Walter Dandy começou a remover hemisférios inteiros do cérebro, outro cirurgião teve a ideia de aniquilar partes específicas dele. Essa abordagem blasé e desinformada da cirurgia cerebral em meados do século XX incluiu a famosa lobotomia pré-frontal, em que se usavam espetos para destruir a conexão entre os

lobos frontais e o resto do cérebro, ou seja, pouco mais que carnificina cerebral.

Macacos calmos, má ideia

Em 1935, o neurologista português António Egas Moniz supervisionou a primeira leucotomia ou lobotomia num hospital de Lisboa. Ele não era neurocirurgião, e suas mãos estavam incapacitadas pela gota; assim, seu assistente Pedro Almeida Lima realizou o procedimento sob sua direção. A ideia por trás era que os lobos frontais do cérebro estão envolvidos em muitos transtornos, e lesões causadas a eles por doenças ou acidentes costumam resultar em mudanças da personalidade ou do comportamento.

Em 1935, o neurologista americano John Fulton exibiu dois chimpanzés antes conhecidos pelo comportamento difícil mas que, depois de uma lobotomia completa, ficaram muito mais calmos e pareciam mais felizes. Moniz então decidiu se aventurar e tentar a técnica em pacientes humanos. Ele explicou a teoria neurológica por trás da operação em termos de associação: o cérebro forma associações (vias neurais) fixas mas insalubres que levam a ideias obsessivas. Ele argumentava que elas podiam ser removidas destruindo-se fisicamente as vias de conexão do cérebro. E achava que o cérebro se adaptaria funcionalmente, construindo novas vias que fossem mais saudáveis.

Nas primeiras cirurgias, Moniz e Lima abriam furos no crânio do paciente e injetavam etanol na substância branca dos lobos frontais para destruir as fibras que os conectavam a outras áreas do cérebro. Depois da oitava operação, frustrados pelo sucesso às vezes limitado do procedimento, eles recorreram à inserção no furo de uma agulha de 8 cm de comprimento, girando-a lá dentro para destruir as conexões nervosas. Em 1949, Moniz recebeu o Prêmio Nobel de Medicina por esse trabalho, prêmio que provocou certa controvérsia.

CÉREBRO ESQUERDO, CÉREBRO DIREITO

O trabalho de Sperry ajudou a provocar um surto de artigos de psicologia popular afirmando que o lado esquerdo do cérebro é analítico e lógico e o direito, criativo e imaginoso. Essa ideia foi expandida para convencer que um dos lados do cérebro é dominante e que isso determina se as pessoas são melhores na lógica ou na criatividade. Mas isso não se conclui do trabalho de Sperry nem é sustentado pela neurociência. Estudos com ressonância magnética funcional para observar o cérebro em ação mostram que ninguém usa um lado mais do que o outro.

O psicólogo Robert Ornstein sugeriu em 1970 que, nas sociedades ocidentais industrializadas, os indivíduos usam com eficiência apenas metade do cérebro; ficamos tão concentrados na lógica, na linguagem e na análise que perdemos o contato com o lado intuitivo. Essa teoria chegou a afetar a prática educacional, com alguns críticos afirmando que nosso estilo de ensino favorece quem aprende com o "lado esquerdo". Mas, novamente, não há provas de que estilos diferentes de pensamento estejam ligados aos hemisférios. Mesmo assim, esse tipo de concepção errônea se tornou imensamente popular e digna de crédito para muitíssima gente.

Escolha o picador (de gelo)

A lobotomia logo ficou muito popular. Nos EUA, o psiquiatra Walter Freeman realizou sua primeira lobotomia (ele rebatizou a operação) em Alice Hood Hammatt, uma mulher de 63 anos do estado do Kansas. Ele acreditava que a doença mental era causada por uma "sobrecarga" de emoções e visava a cortar nervos no cérebro para reduzir a carga emocional e acalmar os pacientes. Além de entusiasta e lobotomista prolífico, ele se tornou quase um homem do palco.

Freeman desenvolveu uma nova técnica que não exigia abrir um furo na cabeça. Chamada de "lobotomia do picador de gelo", era tão aterrorizante quanto parece. Ele usava anestesia geral ou eletrochoque para deixar o paciente inconsciente e depois inseria na órbita, acima do globo ocular, uma ferramenta semelhante a um picador de gelo e usava uma marreta para enfiá-la no cérebro. Ele movia o picador em ângulos e profundidades cuidadosamente prescritos para destruir as conexões do lobo frontal. Depois, fazia o mesmo na outra órbita. Às vezes, para obter um efeito dramático, ele fazia os dois olhos ao mesmo tempo. Freeman realizou cerca de 2. 500 lobotomias na vida, às vezes 25 num só dia, cada uma levando apenas dez minutos. Finalmente, em 1967 ele foi proibido de realizá-las, depois que uma mulher que lobotomizou pela terceira vez sofreu uma hemorragia cerebral e morreu.

Entre quarenta mil e cinquenta mil lobotomias foram realizadas nos EUA e dezessete mil no Reino Unido, a maioria nas décadas de 1940 e 1950. Juntas, a Finlândia, a Noruega e a Suécia realizaram cerca de 9. 300 — uma taxa per capita mais alta

Egas Moniz foi o pioneiro da lobotomia, procedimento que, em poucas décadas, prejudicaria milhares de pacientes.

do que a dos EUA. A operação foi usada para tratar vários tipos de doença mental, como esquizofrenia e depressão, mas às vezes era usada em crianças consideradas "difíceis" e até para reduzir a dor crônica. Eva Perón, esposa do presidente argentino Juan Perón, foi lobotomizada para controlar a dor do câncer.

A lobotomia era eficaz em cerca de um terço dos casos. As pessoas concordavam com ela porque estavam desesperadas. Os hospitais mentais estavam cheios de pacientes em camisas de força, dopados ou aos gritos, com pouca esperança de recuperação ou tratamento eficaz. A lobotomia parecia oferecer alguma esperança de escapar da internação num hospício pelo

resto da vida. Entre os que sobreviviam relativamente intatos, a letargia e o amortecimento da personalidade eram consequências comuns.

A lobotomia perdeu aceitação na década de 1950, quando os medicamentos psicoativos se tornaram disponíveis. Era inevitável que houvesse muitos pacientes permanentemente prejudicados pela lobotomia que poderiam ser sido beneficiados pelos novos tratamentos. A URSS foi o primeiro país a proibir a lobotomia, declarando-a "contrária aos princípios de humanidade". Em 1977, o Congresso americano criou uma comissão para investigar declarações de que a lobotomia fora usada, ao lado de outras técnicas psicocirúrgicas, para subjugar e controlar minorias.

Tratamento chocante

A percepção de que os ataques epiléticos são causados por surtos de atividade elétrica cerebral também apresentou a possibilidade de usar eletricidade no cérebro com fins terapêuticos. Outro projeto ousado e otimista da década de 1930, a terapia eletroconvulsiva ou tratamento de choque provocava deliberadamente uma convulsão para "dar a partida" no cérebro. Era usada para tratar várias doenças mentais, principalmente a depressão grave.

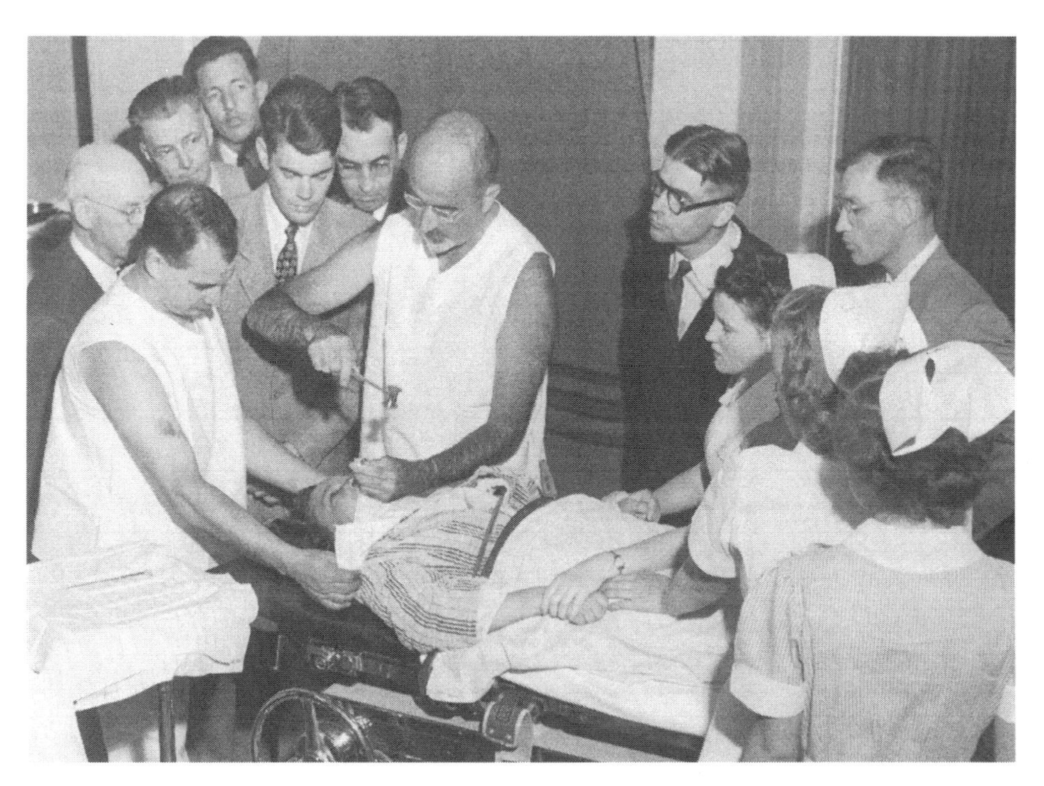

Walter Freeman realiza uma lobotomia usando um instrumento semelhante a um picador de gelo que ele inventou para o procedimento. Depois de inserir o instrumento sob a pálpebra superior do paciente, Freeman corta as conexões nervosas da parte frontal do cérebro.

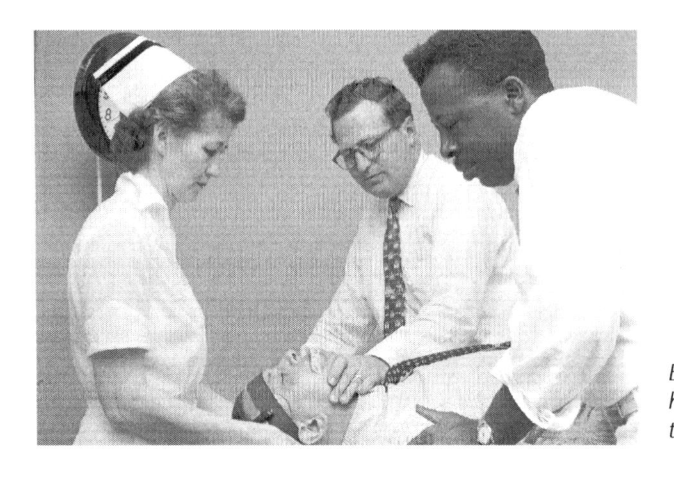

Em 1951, um paciente de um hospital psiquiátrico é submetido à terapia eletroconvulsiva.

Aos solavancos

Hipócrates foi o primeiro a notar que, às vezes, as convulsões pareciam curar doenças mentais. Ele observou pacientes cuja saúde mental melhorou depois que a febre da malária provocou convulsões. Outros notaram a mesma coisa com o passar dos séculos, e passou-se a acreditar que pessoas com epilepsia não podiam também ser loucas (na terminologia da época). Ainda assim, os epiléticos continuaram a ser trancados em asilos.

A partir de 1917, os médicos tentaram provocar convulsões na esperança de curar doenças mentais. Os primeiros casos envolveram dar aos pacientes sangue infectado com malária. Então, em 1927, o neurofisiologista polonês Manfred Sakel descobriu que, com uma dose maciça de insulina, ele conseguiu curar a doença mental de uma paciente. A insulina é um hormônio criado pelo corpo para regular o nível de açúcar no sangue. Insulina demais reduz o nível de açúcar e provoca coma e convulsões. A partir de 1930, Sakel aperfeiçoou o choque insulínico como tratamento da esquizofrenia. Em 1933, um médico húngaro chamado Ladislaus von Meduna descobriu que, ao injetar o medicamento metrazol, ele conseguia induzir fortes convulsões que tratavam doenças mentais. Infelizmente, as convulsões eram tão apavorantes que quase metade dos pacientes sofreu fraturas da coluna. Em 1940, o tratamento foi modificado com a adição de curare (ver a página 103) para reduzir as convulsões, e, mais tarde, acrescentou-se um anestésico para que os pacientes não ficassem conscientes durante o tratamento.

> *"[A] lobotomia pré-frontal [...] esteve em voga nos últimos tempos, provavelmente também por tornar mais fácil a custódia de muitos pacientes. Quero observar, de passagem, que matá-los torna sua custódia ainda mais fácil."*
>
> Norbert Wiener, filósofo e matemático americano, 1948

Um tratamento mais seguro?

A eletroconvulsoterapia (ECT) foi desenvolvida em 1937 pelos médicos italianos Ugo Cerletti e Lucio Bini como alternativa

mais segura e agradável ao metrazol. Eles desenvolveram a técnica de aplicar choques elétricos de curta duração no cérebro, primeiro com animais e depois com pacientes esquizofrênicos. E descobriram que, como o choque também causava amnésia retrógrada, os pacientes não guardavam lembranças do tratamento e não tinham medo dele. Depois de dez a vinte choques, aplicados em dias alternados, havia uma melhora espantosa.

As papoulas do ópio são uma das fontes de drogas que alteram a mente usadas desde a Pré-história.

A ECT logo passou a ser amplamente usada em hospitais de saúde mental do mundo inteiro. Mas muitos abusavam e a usavam para subjugar ou controlar os pacientes, não para tratá-los. Esse abuso foi muito divulgado no romance *Um estranho no ninho*, de 1962, seguido em 1975 por um filme ganhador do Oscar, e a maré virou. Depois de reclamações e processos, a terapia perdeu aceitação e foi substituída por novos tratamentos medicamentosos. Depois, foi revivida, com procedimentos e salvaguardas melhores. Mas, embora eficaz, não sabemos realmente como nem por que funciona.

Continue tomando os comprimidos

O uso de medicamentos (em geral, extratos de plantas) com efeito sobre o cérebro é, pelo menos, tão antigo quanto a trepanação. Eles foram usados para produzir estados de transe ou frenesi em atividades religiosas ou xamânicas, para obter algum nível de anestesia ou alívio da dor e para tratar doenças mentais. As substâncias derivadas de papoulas (opiáceos), coca (cocaína), álcool e fumo são apenas algumas das muitas drogas naturais que alteram a mente e estão conosco há milhares de anos.

Medicamentos e conversa

Hoje, uma combinação de medicamentos (como remédio físico) e terapias da fala (como remédio psicológico) substituiu a maioria das psicocirurgias e terapias de choque. O paciente pode receber, ao mesmo tempo, terapia da fala, como a terapia cognitivo-comportamental (TCC), e medicação, uma tratando a mente, a outra mudando o estado físico-químico do cérebro. A neurociência moderna indica que a terapia da fala também pode mudar o estado físico e químico do cérebro, ou pelo menos sua fiação neural — que se manifesta em estados físicos e químicos em nível celular.

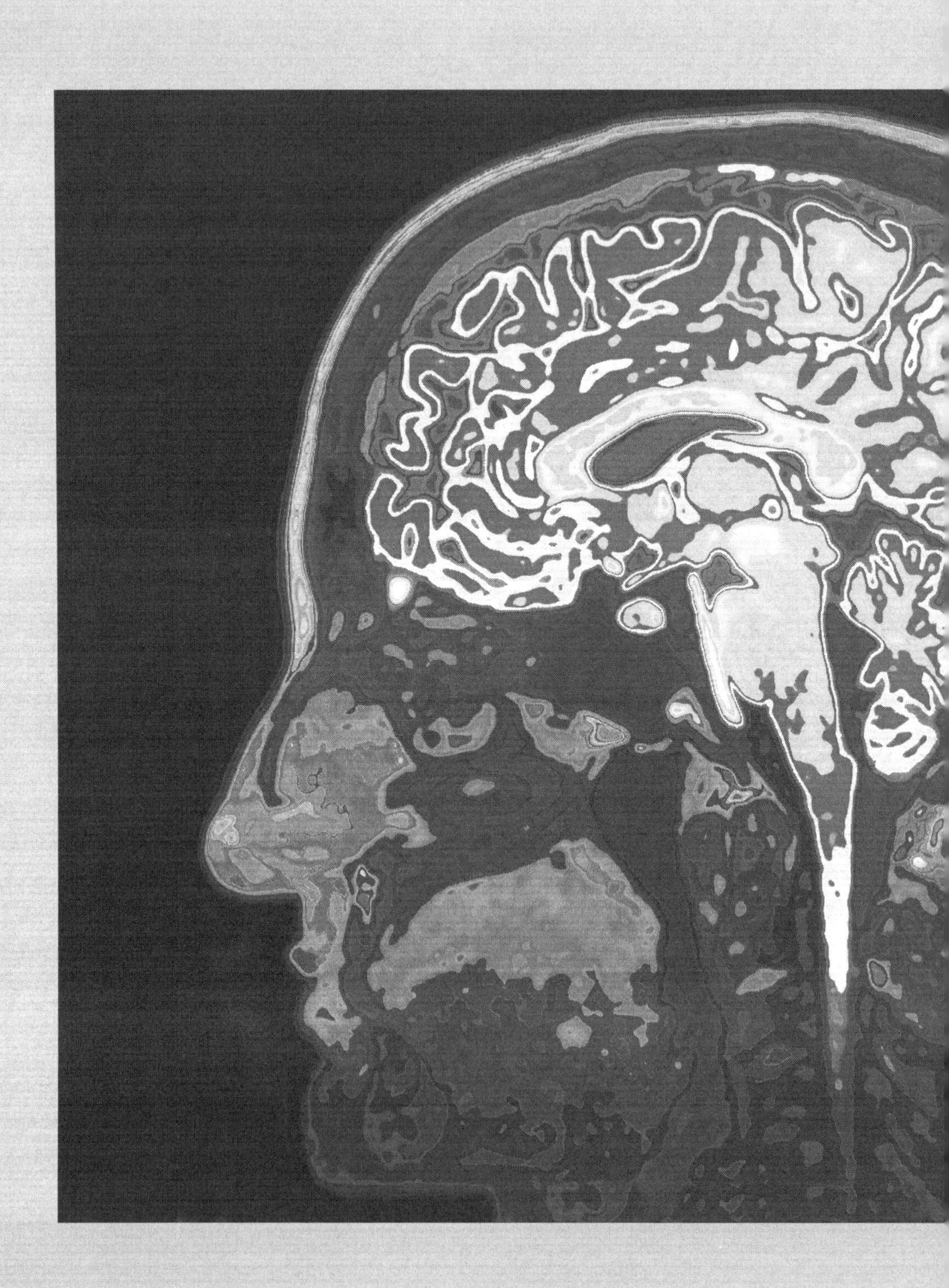

CAPÍTULO 9

O que acontece AÍ DENTRO?

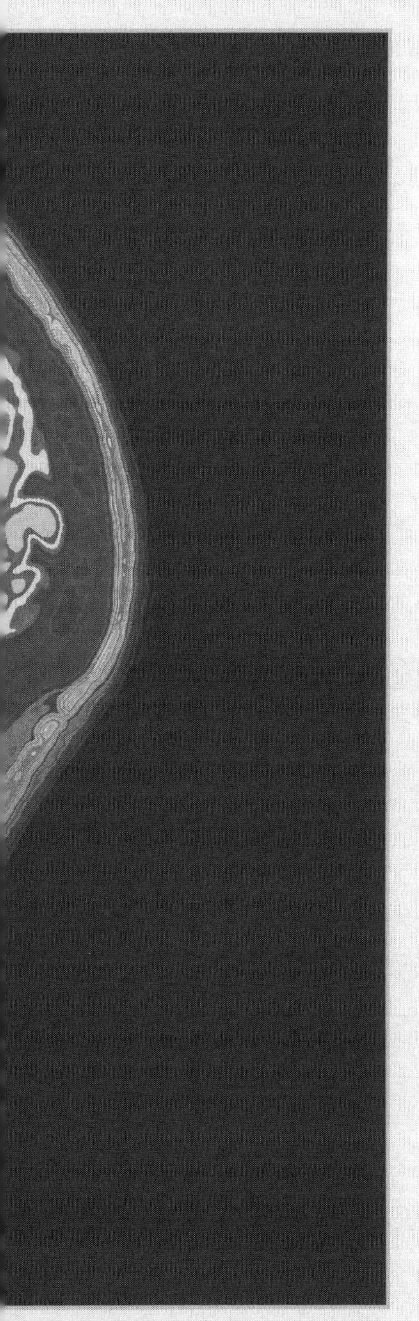

"Pense na leitura da mente como contrária ao senso comum, sábia provisão do Bon Dieu para não podermos ler a mente uns dos outros, isso impediria a civilização e todos voltariam para as florestas."

Thomas Edison, 1885

Até o século XX, havia apenas duas maneiras de localizar funções cerebrais. Uma era olhar áreas lesionadas do cérebro e compará-las com deficiências da função cerebral. A outra era expor o cérebro e, basicamente, cutucá-lo — a ponto de cortar ou destruir grandes porções — e observar os efeitos. As tecnologias de exame por imagem mudaram tudo isso. Agora, podemos ver dentro do cérebro em funcionamento e observar áreas diferentes dispararem enquanto o indivíduo age ou pensa, sem causar nenhum dano.

A ressonância magnética e outras tecnologias de exame por imagem nos permitem observar o cérebro enquanto pensa, sonha e faz seu trabalho de controlar o corpo.

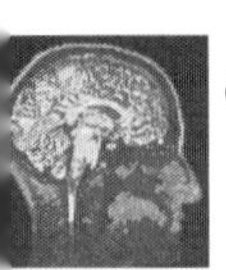

Lesões e limitações

Há duas boas razões para querer olhar o cérebro vivo. Uma é descobrir mais sobre seu funcionamento e ampliar nosso conhecimento da localização. A outra, específica para um determinado paciente, é diagnosticar problemas e, talvez, oferecer tratamento.

Até o fim do século XIX, em geral era necessário que o paciente estivesse morto para descobrir o que havia de errado em seu cérebro. Se mantivessem um registro dos sintomas, os médicos seriam capazes de relacioná-los com as lesões que encontrassem na autópsia — ou não. Essa abordagem produziu algumas informações úteis sobre que parte do cérebro lidava com que função, mas tendia a indicar áreas gerais de atividade em vez de identificar locais precisos. Isso não surpreende; lesões e doenças não se restringem a áreas funcionalmente isoladas do cérebro. Do mesmo modo, era difícil prever o tipo ou local da lesão cerebral do paciente só pelos sintomas.

O reconhecimento de que há eletricidade envolvida nas transmissões nervosas levou os investigadores ao cérebro brandindo seus eletrodos. Muito antes de tentarem acrescentar mais eletricidade com a ECT, eles começaram a monitorar a eletricidade que já havia no cérebro.

Um coelho sob os refletores

Richard Caton (1842-1926) foi a primeira pessoa a medir a atividade cerebral registrando sua atividade elétrica. Ele estudou medicina com David Ferrier e começou com os achados do professor. Ferrier descobrira que o estímulo elétrico de partes do córtex motor fazia um cão ou coelho mover partes específicas do corpo; destruir essas áreas do córtex provocava paralisia nas partes do corpo correspondentes. Em vez disso, Caton decidiu medir a corrente elétrica no cérebro quando o animal reagia ou agia.

Depois de fixar eletrodos na parte do cérebro do coelho que Ferrier considerara responsável pelo movimento das pálpebras, Caton descobriu que voltar uma luz forte para os olhos do coelho provocava uma corrente elétrica naquela parte do cérebro. Foi uma descoberta revolucionária: a primeira prova de atividade elétrica espontânea no cérebro vivo. Caton ligou seus animais e lhes permitiu que andassem, comessem e bebessem enquanto ele monitorava sua ati-

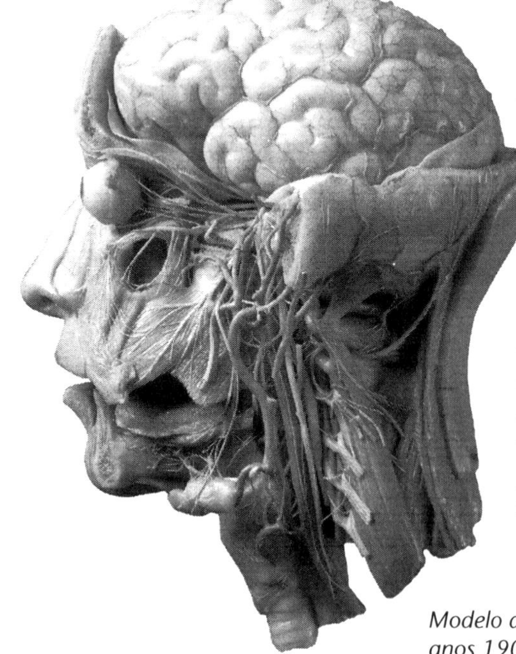

Modelo anatômico da cabeça feito de cera na Europa nos anos 1900.

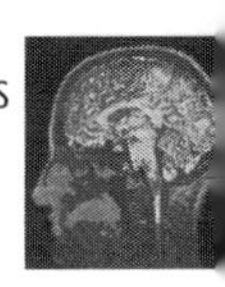

vidade cerebral para descobrir que partes estavam envolvidas em atividades comuns.

A próxima grande descoberta veio em 1929, quando o psiquiatra alemão Hans Berger publicou seus achados sobre os padrões elétricos gerados pelo cérebro humano. Ele os registrara com sua nova invenção, o eletroencefalógrafo (EEG). O caminho até o EEG foi longo. Começou na década de 1890 com dois incidentes não relacionados: um acidente sofrido por Berger e o trabalho de dois psiquiatras que queriam explicar a física da alma.

A energia da alma

Uma das descobertas mais importantes e influentes da física do século XIX foi a conservação de energia. Houve tentativas de aplicar o princípio em diversos campos, inclusive na neurociência. O neuropsiquiatra alemão Theodor Meynert queria criar uma psicofisiologia que cobrisse a lacuna entre mente e corpo ou corpo e alma e procurou alguma conservação fisiológica de energia. Ele afirmava que, quando se produz energia numa parte do cérebro, provocando uma ação ou um pensamento, quantidade igual de energia deve se perder em outro ponto do cérebro, senão a alma humana violaria as leis da física.

Meynert e o colega Alfred Lehmann propuseram que o fluxo de sangue e o de energia estão ligados. Quando o fluxo de sangue a uma parte do córtex cerebral é restringido, sangue extra (e, portanto, energia extra) pode ser fornecido a outras áreas. A energia química (em última análise, derivada dos alimentos) que o cérebro usa é convertida em outras formas de energia quando o órgão trabalha. Ela pode assumir três formas: calor, eletricidade e algo que eles chamaram de "energia P" — a energia psíquica associada a estados mentais diferentes. Para produzir uma quantidade de energia P, quantidade equivalente de algum outro tipo de energia tem de ser convertida.

Theodor Meynert tentou aplicar a física à economia de energia do cérebro.

Enquanto Meynert e Lehmann examinavam a possível física da energia psíquica, um jovem soldado punha em ação sua própria energia psíquica.

Um encontro por pouco com o destino

O jovem Hans Berger foi para a universidade estudar astronomia. Mas não gostou; largou o curso em 1892 e foi para as forças armadas como oficial. Então, sofreu um acidente que mudou o rumo de sua vida. Foi atirado do cavalo diante da carreta de

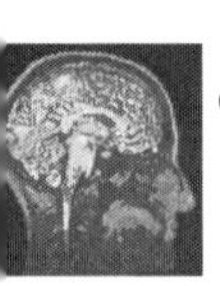

Hans Berger chegou à neurociência por meio de uma experiência psíquica que teve quando rapaz.

um canhão em movimento. Felizmente, o veículo parou bem na hora, salvando-o da morte certa.

Naquela noite, Berger recebeu um telegrama do pai perguntando por sua segurança. Soube-se que a irmã sentira um pavor tão avassalador no momento do acidente que insistiu para que o pai escrevesse para ver se Hans estava bem. Berger se convenceu de que seu próprio terror devia ter se comunicado telepaticamente com a irmã. Quando o ano de serviço militar terminou, Berger voltou à universidade, mas dessa vez para estudar Medicina. Depois de formado, começou a trabalhar com psiquiatria.

Então Berger encontrou o trabalho de Lehmann e Meynert. Ele sentiu que ali havia algo que permitiria uma explicação fisiológica para sua experiência. Então, ele resolveu tentar desemaranhar a fiação elétrica do cérebro, na esperança de entender a energia psíquica.

Sangue e cérebros

Durante trinta anos, Berger investigou meticulosamente o suprimento de energia metabólica do cérebro e sua conversão em calor, eletricidade e energia P, ou fenômenos mentais. Durante o dia, ele levava uma vida muito estruturada, dando aulas e administrando seu ambiente de pesquisa segundo regras e rotinas estritas. Mas, privativamente, ele fazia pesquisas no território que talvez seja o mais fronteiriço que existe: a produção de emoções, pensamentos e estados mentais. Lehmann indicara que as consequências da pesquisa nessa área eram "totalmente imprevisíveis".

Berger começou medindo o fluxo sanguíneo do cérebro vivo. Ninguém fizera isso diretamente, mas Berger tinha um suprimento de pacientes submetidos a craniotomias (remoção de parte do crânio). Um deles era um jovem operário que ficara com um buraco de 8 cm no crânio depois de duas cirurgias para tentar remover uma bala da cabeça. O rapaz concordou em se submeter às experiências de Berger.

Berger fez um gorro de borracha cheio d'água que prendeu ao furo no crânio do homem e o ligou a um instrumento que registrava mudanças de pressão. Ele também media a pressão arterial no braço do rapaz. Então, submeteu-o a choques desagradáveis e experiências agradáveis e lhe pediu que realizasse tarefas mentais. Ao comparar as mudanças do fluxo sanguíneo no braço e no cérebro, Berger descobriu que o fluxo sanguíneo cerebral aumentava com sensações agradáveis e diminuía com as desagradáveis, confirmando a proposta de Lehmann e Meynert. Era um começo interessante, mas não chegava ao núcleo da questão.

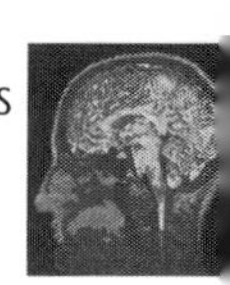

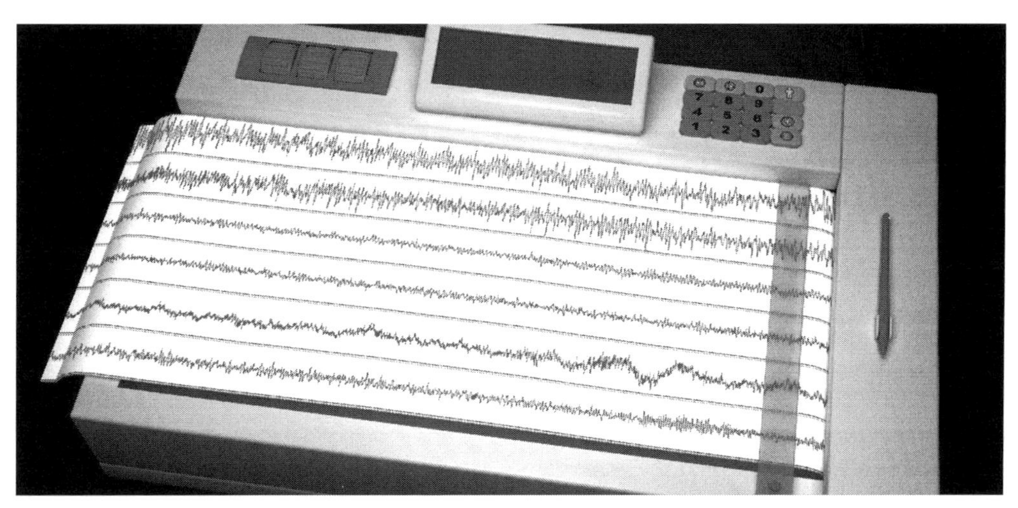

Traçado de um EEG moderno, mostrando os padrões de atividade cerebral.

Medição da energia psíquica

Berger dedicou-se então a medir a corrente elétrica do cérebro, raciocinando que, se conseguisse medir a energia produzida pelo cérebro e excluir a energia convertida em eletricidade e calor, ficaria com uma medida de energia psíquica.

Ele passou muitos anos frustrantes e infrutíferos tentando diversos equipamentos e refinando seus métodos, às vezes distraído ou removido da tarefa por obrigações pessoais ou profissionais (e pela Primeira Guerra Mundial). Em 1910, ele comprou um galvanômetro, aparelho que mede pequenas mudanças de corrente elétrica. Com ele como base, em 1924 Berger desenvolveu seu primeiro eletroencefalógrafo (EEG).

EEG, afinal.

O primeiro sucesso de Berger foi com um estudante de 17 anos chamado Zedel que ficara com um grande buraco no crânio depois de uma cirurgia para remover um tumor. O registro de Berger foi muito básico e não mostrou nenhum dos picos e ondas que eletroencefalogramas posteriores produziriam, mas provou que o conceito funcionava, e isso o estimulou a se esforçar mais. Ele apresentou seu primeiro artigo sobre o EEG humano em 1929. Nessa época, já fizera centenas de registros de cérebros normais e lesionados, e logo identificou as ondas alfa que se relacionam com a atividade mental e as ondas beta menores que correspondem à atividade metabólica do córtex. Berger fizera todo o trabalho sozinho e em segredo, nunca revelando, nem aos colegas acadêmicos mais íntimos, o que fazia em seu laboratório.

O EEG era e ainda é usado para diagnosticar epilepsia e para investigar tumores cerebrais e doenças cerebrais degenerativas. O exame também pode determinar quando ocorre a morte cerebral e monitorar a anestesia, principalmente no coma induzido por medicamentos.

Entre 1935 e 1970, o EEG revolucionou a neurologia e, durante muitos anos, foi a única maneira de acompanhar a ati-

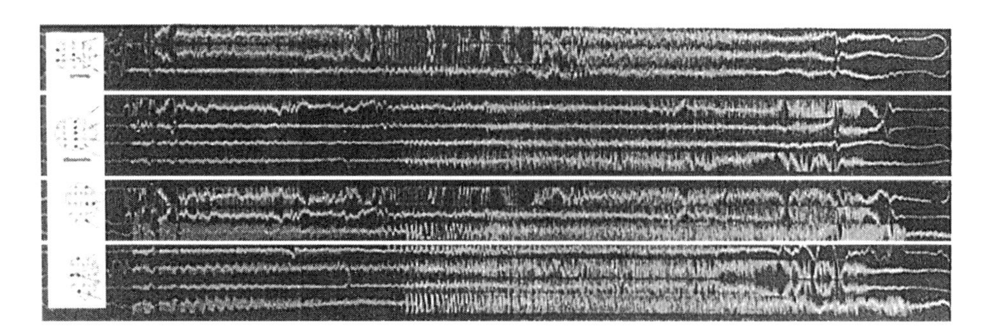

O início de um ataque epilético está marcado no traçado do EEG por um surto súbito de atividade elétrica.

vidade cerebral. Em 1895, o físico alemão Wilhelm Röntgen descobrira os raios X, que também era usados para ver a estrutura estática do cérebro e revelar lesões, mas nada podiam mostrar do que o cérebro realmente fazia. Ainda assim, tanto o EEG quando a radiografia fizeram com que, pela primeira vez na história, pudéssemos olhar dentro do corpo sem abri-lo. Embora hoje o EEG continue a ser uma ferramenta importante, em algumas áreas ele foi substituído por métodos mais complexos de imagiologia cerebral.

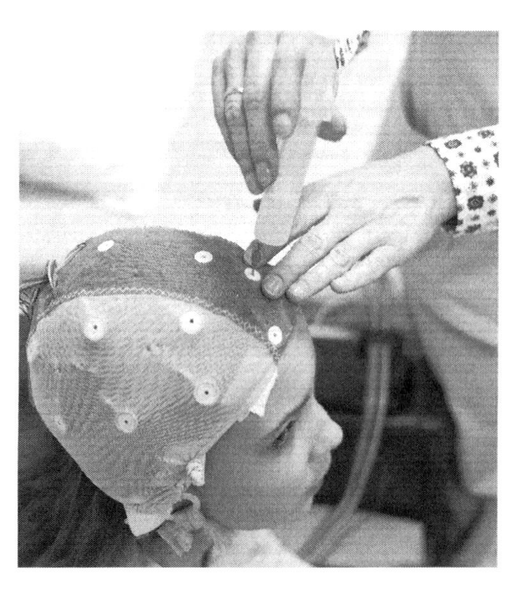

Uma enfermeira espreme gel sob uma touca de borracha antes de realizar um EEG numa jovem paciente.

Cabeças de vento

A primeira descoberta com o uso da radiografia na neurociência aconteceu em 1918, quando Walter Dandy desenvolveu a ventriculografia. Ela envolvia a introdução de ar nos ventrículos do cérebro por furos no crânio. Dandy usou a técnica para diagnosticar a hidrocefalia (excesso de fluido no cérebro). Como o fluido cefalorraquidiano (FCR) e o tecido cerebral se parecem nas radiografias, era difícil perceber o excesso de fluido, mas o ar nos ventrículos aparece com clareza. No cérebro normal não obstruído, o ar se dissipa em poucas horas, mas no paciente com hidrocefalia isso leva muito mais tempo, porque as rotas pelas quais o ar (e o FCR) se dissipariam estão bloqueadas.

No ano seguinte, Dandy apresentou uma variação chamada pneumoencefalografia. Nela, o FCR era completamente drenado por uma punção lombar (uma agulha inserida na coluna) e substituído por ar, oxigênio ou hélio. Embora fosse perigoso e muito doloroso, o procedi-

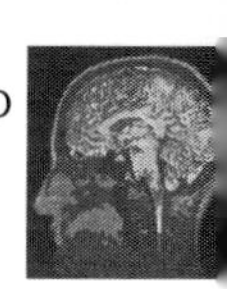

O CÉREBRO COMO ÍMÃ

A corrente elétrica cria um campo magnético, e isso também acontece no cérebro. A magnetoencefalografia (MEG) investiga o funcionamento do cérebro medindo os padrões minúsculos de campo magnético criados pela atividade elétrica do cérebro. O campo magnético produzido tem cerca de um milionésimo do campo magnético de fundo em ambiente urbano e só pode ser medido por equipamentos muito sensíveis.

A MEG só se tornou possível com a invenção do SQUID (*superconducting quantum interference device* ou dispositivo supercondutor de interferência quântica) na década de 1960, aprimorado num padrão útil na década de 1980. Cerca de cinquenta mil neurônios têm de estar ativos para produzir um campo mensurável, e atualmente só a atividade na superfície do córtex pode ser percebida. A MEG é usada na pesquisa neurológica, identificando a localização precisa da atividade cerebral, muitas vezes em combinação com a ressonância magnética funcional (ver a página 177). Seu potencial de ferramenta para diagnóstico também está sendo explorado.

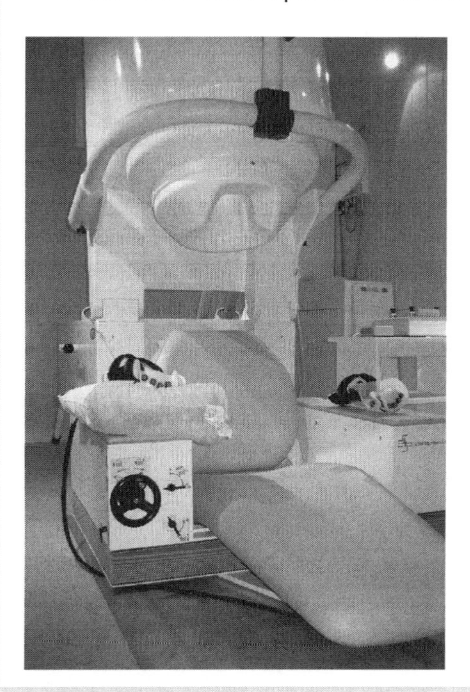

O instrumento da MEG pode ser usado com o paciente adormecido ou em movimento, tornando-o mais versátil do que a ressonância funcional.

mento permitia mostrar com mais clareza a estrutura do cérebro. Mesmo assim, somente uma lesão bem na borda de uma cavidade ou tão grande que distorcesse as áreas adjacentes seria visível. O procedimento era tão desagradável que raramente era repetido para acompanhar o progresso da lesão. Felizmente, o exame ficou obsoleto no fim da década de 1970 com a chegada de procedimentos mais precisos, seguros e confortáveis.

Fatias de cérebro

Foi necessário o desenvolvimento dos computadores, na década de 1960, para que as radiografias pudessem produzir imagens detalhadas do cérebro. Da resolução indistinta e desfocada das primeiras radiografias, começaram a surgir estruturas mais claras e delicadas. Finalmente, os neurocirurgiões sabiam o que esperar antes de abrir o crânio de um paciente.

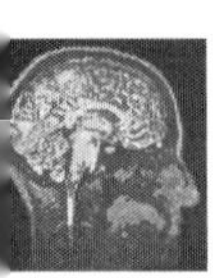

Das frutas aos cérebros

O avanço veio com a tomografia, técnica que produz imagens de um objeto sólido parecidas com "fatias". A partir dessas fatias, era possível montar um modelo tridimensional do cérebro. A tecnologia para isso foi desenvolvida na década de 1930, mas na época não havia computadores disponíveis para combinar os dados e criar uma imagem composta.

Em 1959, o neurologista americano William Oldendorf observou uma máquina que examinava frutas para o controle de qualidade. A tarefa era identificar áreas desidratadas de frutas atingidas por frio intenso. Ele se inspirou a usar o mesmo tipo de tecnologia para examinar o cérebro humano, mostrando efetivamente fatias do cérebro ao examiná-lo com um facho de raios X e assim montar um mapa de densidades. Oldendorf construiu um protótipo que usava uma fonte de raios X e um detector que rodava em torno de um objeto fixo e podia produzir uma radiografia em qualquer ângulo.

Foi preciso muito trabalho de desenvolvimento, principalmente na matemática, antes que a primeira máquina de tomografia computadorizada ficasse pronta em 1971. Inventada pelo engenheiro eletricista britânico Godfrey Hounsfield, ela fazia 160 leituras paralelas em 180 ângulos, separadas por 1°. Um exame levava pouco mais de cinco minutos, com mais duas horas e meia para processar os dados. O primeiro exame ajudou a diagnosticar um tumor no cérebro de um paciente de 41 anos que foi removido pelo cirurgião — um sucesso fenomenal!

A velocidade e a resolução das tomografias aumentaram imensamente desde a década de 1970. Hoje é possível escanear centenas de fatias do cérebro, cada uma com apenas uma fração de segundo, e produzir imagens de alta resolução que permitem diagnósticos detalhados.

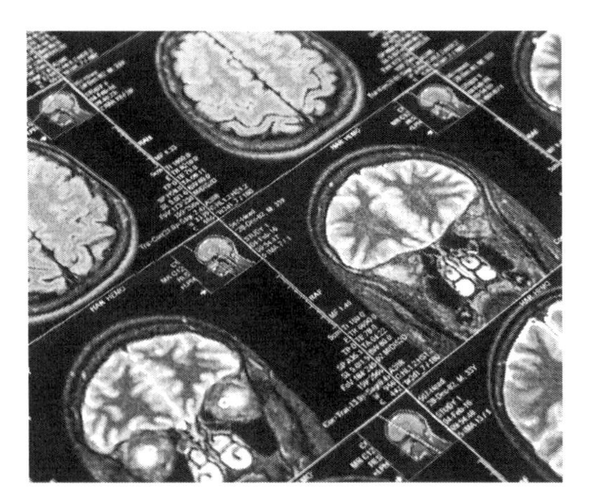

As tomografias mostram seções cortadas do cérebro em diversos ângulos.

Computadores e pósitrons

As tomografias podem mostrar a estrutura do cérebro, indicando lesões e tumores, mas, sozinhas, não mostram função nem atividade. Mais ou menos na mesma época em que a máquina foi desenvolvida, também surgiu a tomografia por emissão de pósitrons (PET).

A ligação feita por Berger entre o fluxo sanguíneo e a atividade nervosa foi aproveitada na PET, que examina o metabolismo da glicose no cérebro, levada até lá pelo sangue, como indicador de atividade. Uma substância química (geralmente glicose) marcada com radioatividade é injetada ou inspirada pelo paciente. Essa substância tem meia-vida curta; toda vez que decai, um átomo radiativo emite um pósitron e um nêutron. Quando o pósitron encontra um elétron, ambos são destruídos, liberando raios gama. O detetor de raios

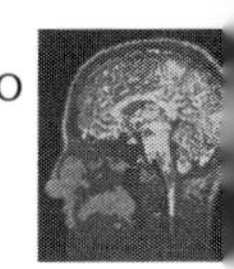

gama da máquina recebe essas emissões e produz uma imagem a partir de sua concentração. Com base no pressuposto de que a atividade metabólica se relaciona com o uso de glicose, as PET podem mostrar padrões de atividade do cérebro com base na concentração de glicose marcada que se acumula nas áreas mais ativas.

Esses exames também podem ser usados com outras substâncias marcadas com radiação para acompanhar a concentração de diversos neurotransmissores no cérebro. Ao revelar a atividade metabólica e a liberação de neurotransmissores, as PET nos permitem observar o cérebro vivo em ação. Quando se combina a PET com a tomografia computadorizada, podemos superpor níveis de atividade a um mapa estrutural do cérebro, mostrando o que acontece e onde acontece.

O cérebro em funcionamento

O próximo tipo de exame de imagiologia cerebral a ser desenvolvido foi a ressonância magnética. Ela usa ondas de rádio deslocadas por um campo magnético para produzir um mapa estrutural do cérebro. Como não usa raios X nem substâncias radiativas, é considerada segura para a maioria das pessoas.

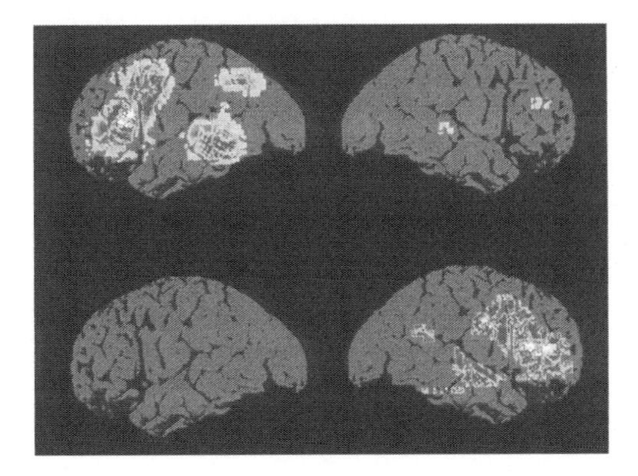

Hoje as ressonâncias são mais conhecidas sob a forma de ressonâncias funcionais, que revelam a atividade cerebral, identificando áreas do cérebro que se "iluminam" quando o paciente é submetido a estímulos ou realiza uma atividade. A técnica foi desenvolvida em 1990 pelo pesquisador japonês Seiji Ogawa. A ressonância magnética funcional se baseia no pressuposto de que o aumento do fluxo sanguíneo corresponde ao aumento da atividade neural e usa a diferença de imantação do sangue oxigenado e não oxigenado para revelar a atividade do cérebro e da coluna vertebral. Ela produz imagens de contraste BOLD (*blood-oxygen level dependent*, ou dependente do nível de oxigênio no sangue) entre áreas de alta e baixa atividade. Ao contrário da PET, a ressonância magnética funcional pode ser usada para monitorar o cérebro durante um período prolongado, enquanto o paciente realiza tarefas mais complexas. A duração das PET é limitada pela meia-vida do agente radiativo.

Do diagnóstico à descoberta

Embora as máquinas de imagiologia ainda sejam extensamente usadas em hospitais, elas também permitiram pesquisas consideráveis sobre a estrutura e o funcionamento do cérebro normal e anormal. Com essas técnicas, principalmente a ressonância funcional, podemos explorar a localização das funções cerebrais em tempo real, observando a atividade mental enquanto ela acontece.

PET de um paciente destro (no alto) e canhoto (embaixo) enquanto realizam tarefas profissionais. O exame mostra quais áreas do cérebro estão ativas, revelando hemisférios opostos operando nos dois pacientes.

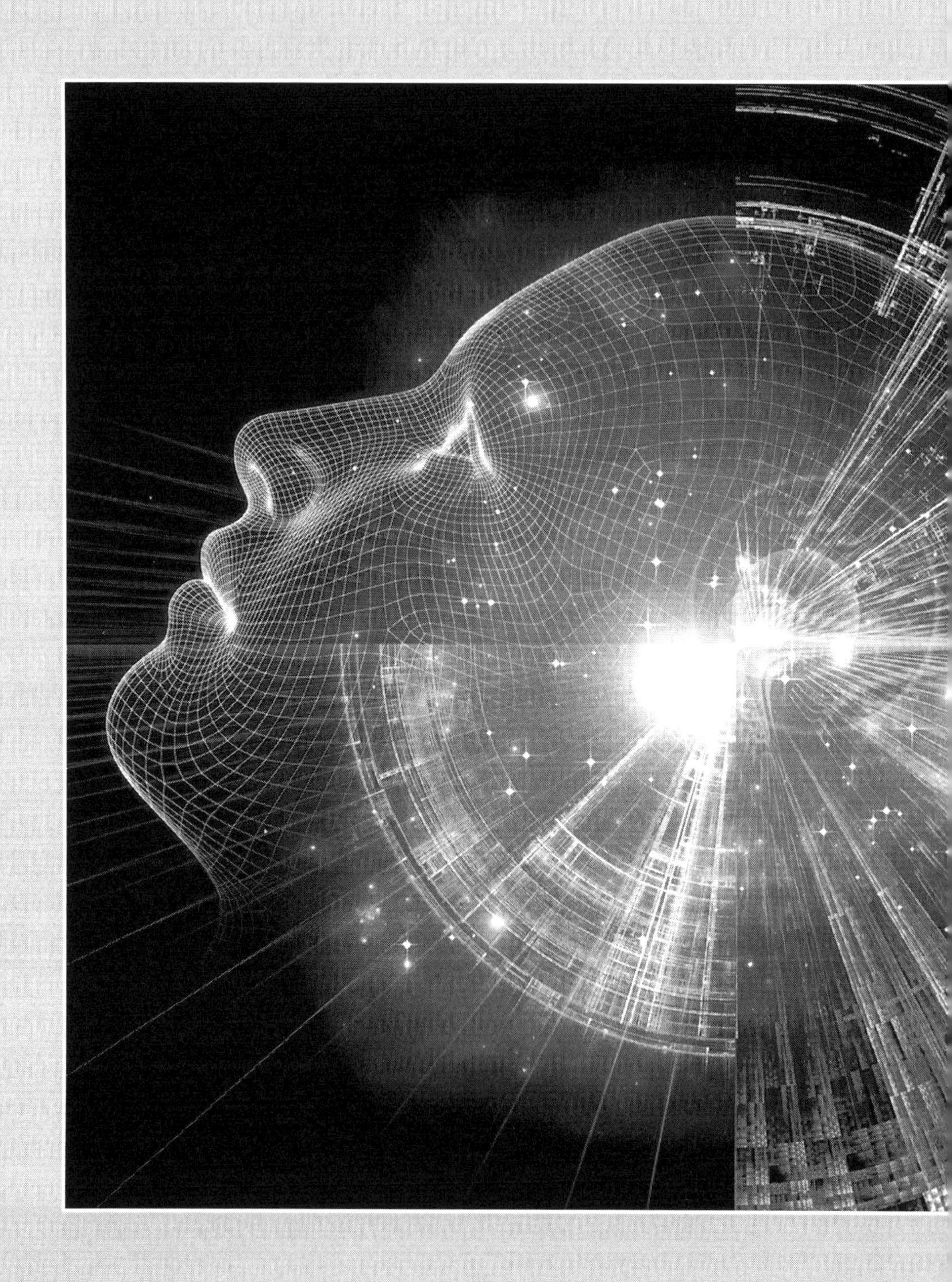

CAPÍTULO 10

Pensar e SER

"Pensar e ser são a mesma coisa."

Parmênides, final do século VI / início do século V a. C.

As tarefas sensoriais e motoras do sistema nervoso central são as mais fáceis de investigar e localizar, mas talvez sua função mais interessante e fugidia seja a mente: os aspectos emocionais e cognitivos do cérebro que nos definem como indivíduos e como seres humanos.

A maioria de nós sente que nossa mente contém nossa identidade, mais que nosso corpo.

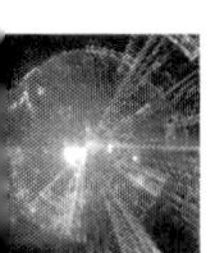

Tudo na mente

Embora não seja fácil, investigar a atividade dos nervos motores e sensoriais é mais fácil do que lidar com o que acontece inteiramente dentro do cérebro, sem sinais manifestos no resto do corpo.

As atividades puramente mentais são pensamento, memória, sonho, imaginação e criatividade. Algumas podem ocorrer sem necessidade de nenhum estímulo externo nem interação com o mundo exterior. Esses são os eventos mais difíceis de estudar, e, antes do desenvolvimento da tecnologia de imagiologia cerebral, estavam, em essência, escondidos da pesquisa. Até a ideia de que ocorrem no cérebro e não em outro lugar (ou em lugar nenhum) do corpo era difícil de demonstrar. Mas é a vida interna que cria nossa noção de identidade e nossa unicidade. Esses aspectos da atividade cerebral estão entre os desafios mais fascinantes e misteriosos da neurociência e constituem o tema da neurociência cognitiva.

Neurociência cognitiva

A neurociência cognitiva combina as disciplinas da neurociência, da filosofia, da psicologia, da linguística, da antropologia e da inteligência artificial. Como tal, apenas parte dela é relevante para a história da neurociência, mas há interseções essenciais que tratam de tópicos como memória, aprendizado, aquisição e processamento da linguagem, consciência, percepção e atenção.

A produção de arte, aparentemente, é exclusiva dos seres humanos e envolve uma série de habilidades cognitivas. O artista usa inspiração, imaginação, memória, previsão, apreciação crítica e avaliação. E, além do trabalho cognitivo, o cérebro cuida das habilidades sensoriais e motoras envolvidas em realmente produzir um quadro.

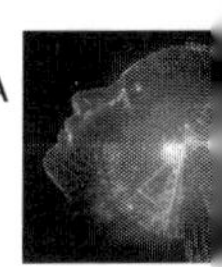

Ver uma fotografia pode despertar lembranças de uma cena, um dia, um evento ou uma pessoa, recriando emoções do passado.

MEMÓRIA DECLARATIVA E NÃO DECLARATIVA

Os psicólogos e neurocientistas distinguem dois tipos de memória: declarativa e não declarativa.

A memória declarativa é consciente e trabalha com o tipo de conhecimento que aprendemos, como o céu ser azul ou o supermercado fechar às 20h. É específica, relacionada a informações que são verdadeiras ou falsas.

A memória não declarativa funciona com habilidades e conhecimentos em que não temos de pensar conscientemente, como andar de bicicleta ou as reações condicionadas. Também diz respeito a hábitos e sensibilização. Expressa-se por comportamentos e desempenho.

É comum dizer que a memória declarativa se preocupa com "saber o quê" e a não declarativa, com "saber como" (nas palavras do filósofo inglês Gilbert Ryle).

Na década de 1960, os primeiros psicólogos cognitivos rejeitaram a abordagem behaviorista da psicologia (ver a página 185), que ignorava tudo o que ocorresse na mente e se concentrava apenas nos estímulos (entrada) e o comportamento resultante (saída). Em vez disso, os psicólogos cognitivos visavam a demonstrar que a percepção é construtiva: começa com a entrada de informações, mas o cérebro trabalha com essa informação para criar algo novo, transformando-a em percepção significativa e na ação (ou lembrança) resultante. A abordagem cognitiva do comportamento se baseava na ideia de que cada ato ou informação que entra é representado internamente no cérebro por padrões de atividade nervosa. Os psicólogos cognitivos estudaram a própria parte do processo que os behavioristas ignoraram e até negaram: a parte que acontece dentro do cérebro, a parte que não podemos ver — a atividade mental.

Não temos espaço para tratar de todos os interesses da neurociência cognitiva e assim nos concentraremos nos dois que, talvez, sejam os mais importantes: a memória, base do aprendizado e da personalidade, e nossa noção de identidade, forjada a partir da personalidade, da consciência e da crença no livre arbítrio.

Ideias de memória

A memória é uma importante função mental. É essencial para o aprendizado e o funcionamento social. Pessoas com problemas de memória costumam ter dificuldade para lidar com o cotidiano.

Há dois aspectos a considerar ao investigar a memória: primeiro, que partes do

TRÊS DEPÓSITOS DA MEMÓRIA

É claro que nem tudo o que vemos, ouvimos, provamos, cheiramos ou encontramos é recordado. Há um processo de filtragem ou seleção em andamento. Os psicólogos dividem a memória em três tipos: memória sensorial, memória de curto prazo (ou de trabalho) e memória de longo prazo. A memória sensorial é muito transitória, mantida por um ou dois segundos. Se olhar para o outro lado da sala, tudo o que há na cena fica momentaneamente disponível na memória sensorial. Mas você não lembrará de nada alguns minutos depois. O que puder ser útil é transferido para a memória de curto prazo (também chamada de memória de trabalho). Portanto, se você vir alguém conhecido no outro lado da sala, ou talvez vir fumaça passando sob a porta, isso seria selecionado para retenção e, talvez, processamento posterior.

Podemos usar a memória de curto prazo para guardar nove ou dez itens para recordar em poucos minutos. Por exemplo, você pode lembrar um número telefônico ou uma lista de compras, mas em geral eles se perderão da memória em pouco tempo. Informações mais importantes que realmente queremos aprender podem ser transferidas para a memória de longo prazo. Até onde sabemos, ela é ilimitada em capacidade e resistência. Algo aprendido aos 5 anos pode ser recordado aos 95, e podemos continuar aumentando nosso depósito de lembranças e conhecimentos durante toda a vida, mesmo que longa. É mais provável mover as coisas para o armazenamento de longo prazo quando as repetimos (recordando e reforçando a lembrança).

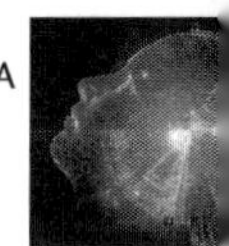

cérebro estão envolvidas na formação, no armazenamento e na recuperação de lembranças e, segundo, exatamente como, no nível celular, as lembranças são formadas, armazenadas e recuperadas. O primeiro é um problema da neurociência cognitiva; o segundo, da neurobiologia molecular. Houve progresso considerável no primeiro desde a década de 1950, mas ainda há um longo caminho a percorrer para entender o segundo.

Começar com as células

O modelo mais antigo da memória é que os estímulos sensoriais entram na primeira célula, na frente do cérebro, são processados na segunda célula e armazenados na terceira, na parte de trás do cérebro. A divisão do armazenamento da memória em três estágios correspondentes a três locais é reproduzida nas teorias psicológicas modernas sobre o armazenamento separado da memória (ver o quadro na página ao lado).

O modelo moderno da memória também identifica três processos envolvidos na formação e no uso das lembranças: codificação, armazenamento e recuperação. A codificação cobre o primeiro estágio: as informações sensoriais enviadas ao cérebro são interpretadas e criam uma marca na memória. Aqui há dois subestágios: a aquisição de informações pelos sentidos e sua consolidação. O armazenamento é a passagem da informação codificada para a parte do cérebro onde fica guardada. A recuperação é recordar a lembrança quando necessário.

Aprender por associação

A memória é requisito do aprendizado. O componente essencial do aprendizado e da compreensão é formar associações entre diversas informações ou dados sensoriais.

Aristóteles acreditava que formamos vínculos ou "associações" mentais entre sensações e eventos que são de certa forma relacionados: associamos ideias que parecem próximas no tempo ou no espaço, são semelhantes, costumam ocorrer juntas ou têm um contraste claro (como quente e frio). Então, as associações formam a base do conhecimento. Criamos um construto mental a partir de elementos de algo que vivenciamos, de modo que a aparência física, o cheiro e o sabor, digamos, de uma laranja são vivenciados juntos e associados, dando a experiência e a ideia de uma laranja.

Essa ideia foi desenvolvida no século XVIII por David Hartley. Ele se concen-

David Hartley considerava que as vibrações dos nervos davam origem a sensações e ideias.

OS CÃES BABÕES DE PAVLOV

Em 1903, o fisiologista russo Ivan Pavlov (1849-1936) investigou o reflexo que levava cães a salivar quando sentiam cheiro ou gosto de carne. Ele descobriu que, se tocasse um som para os cães antes de alimentá-los, eles logo aprendiam a associar o som ao alimento e salivavam ao ouvir o som, mesmo que ele não apresentasse alimento nenhum. Hoje esse é o chamado condicionamento clássico.

"Deem-me uma dúzia de bebês saudáveis e bem formados e meu próprio mundo especificado para criá-los e garanto que pegarei qualquer um deles ao acaso e o treinarei para se tornar qualquer tipo de especialista que eu escolher — médico, advogado, artista plástico, mercador e, sim, até mendigo e ladrão, sejam quais forem seus talentos, pendores, tendências, habilidades, vocações e a raça de seus ancestrais."

John B. Watson, 1913

trou no agrupamento de ideias ou impressões para criar o pacote que representa uma ideia ou experiência. Ele tentou explicar a transição da percepção sensorial à ideia, propondo que a percepção dos sentidos produz vibrações nos nervos que vão até o cérebro, levando-o a produzir sensações. Depois que uma sensação imediata passou, Hartley acreditava que ecos das vibrações, que ele chamava de "vibraciúnculos", permanecem no cérebro; essa é a forma assumida pelas ideias. As ideias simples podem se agrupar em ideias cada vez mais complexas. As sensações vivenciadas juntas se associam entre si e se ligam no cérebro, de modo que uma pode chamar a outra na memória ou quando interpretamos informações sensoriais.

No início do século XIX, o filósofo britânico James Mill (1773-1836) tornou a associação a base de tudo o que a mente pode fazer. Ele acreditava que as associações explicam a "física" da mente, do mesmo modo que a física newtoniana explica o universo natural.

O domínio da psicologia

No início do século XX, muito trabalho sobre a memória e o aprendizado foi realizado por psicólogos. Boa parte foi efetuada pelos behavioristas, que sustentavam que só comportamentos físicos são suscetíveis de exame

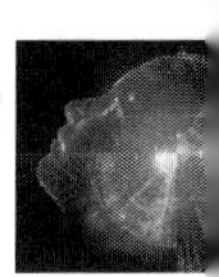

e, como não podem ser observados diretamente, os estados mentais devem ser ignorados — ou talvez nem existam. Boa parte de seu trabalho foi com animais. O ponto de partida foi o trabalho de Ivan Pavlov com o condicionamento clássico de cães (ver quadro na página ao lado). O pioneiro behaviorista John B. Watson, muito influenciado por Pavlov, acreditava que o condicionamento clássico pode explicar todos os tipos de aprendizado, tanto em seres humanos quanto em animais, até mesmo a linguagem. A crença de que, com efeito, todo comportamento é programação levou à conclusão de que todos os resultados podem ser manipulados. Levado à conclusão lógica, isso significaria que o livre arbítrio não existe e que as pessoas podem ser moldadas ou projetadas controlando-se o que lhes acontece e ao que se expõem no início da vida. Esse é um achado perturbador, mas a neurociência retornaria a ele.

Tornar físico

Embora filósofos e psicólogos lidassem com teorias e ideias sobre memória e aprendizado, coube à neurociência tentar descobrir exatamente o que acontece no sistema nervoso quando formamos e recuperamos lembranças. É uma tarefa desafiadora que está longe de se completar.

Localizar a memória

O primeiro trabalho experimental que tentou localizar a memória foi realizado pelo neuropsicólogo americano Karl Lashley (1890-1958). Ele fez experiências com ratos, extirpando uma parte do córtex depois da outra e registrando o resultado. Ele treinou seus ratos para encontrar o caminho por labirintos, antes ou depois da mutilação do córtex, e depois buscou algum vestígio localizado no cérebro da lembrança do labirinto (o chamado engrama; ver quadro acima). Sua busca foi malsucedida; ele descobriu apenas que, quanto mais o córtex era destruído, mais as habilidades e lembranças do rato eram prejudicadas. Isso ele chamou de lei da ação de massa. Em 1929, ele propôs que as lembranças não ficam armazenadas num só lugar e se distribuem pela superfície do cérebro.

ENGRAMAS

A palavra "engrama" foi cunhada pelo zoólogo alemão Richard Semon no início do século XX. Ele queria dizer uma marca na memória, codificada de forma indelével nas células nervosas, que pode ser reativada se um elemento do complexo original de estímulos for reencontrado; assim, podemos recordar uma cena ou evento a partir de uma única parte (como um cheiro ou imagem). Infelizmente, ele estragou uma boa ideia ao acreditar que essas marcas ou mudanças no cérebro pudessem ser herdadas, de modo que unidades de memória passassem de uma geração à seguinte.

O psicólogo canadense Donald Hebb (1904-1985) foi o primeiro a tentar uma explicação microbiológica para os achados da "ação de massa" de Lashley. Ele relacionou sua explicação ao antigo conceito de associação:"A ideia geral é antiga, de que duas células ou sistemas de células repetidamente ativas ao mesmo tempo tenderão a se tornar 'associadas', de modo

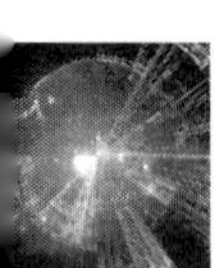

Os roedores são organismos-modelo úteis em projetos de pesquisa em neurociência, mas muitas vezes condenados.

que a atividade de uma facilita a atividade da outra."

Hebb descobriu que uma nova percepção ou mudança de atenção dispara um pacote de neurônios em conjunto, que ele chamou de "agrupamento de células". Ele deu o exemplo da criança que ouve passos e depois vê o pai ou mãe se aproximar. Os passos levam um agrupamento de células a formar um pacote de percepção. O mesmo estímulo (ouvir passos) excitará o mesmo agrupamento na próxima vez. Ver o pai ou a mãe provoca outro agrupamento de células. Se o pai ou mãe aparece logo depois dos passos, os dois agrupamentos podem ser ligados, formando o que ele chamava de "sequência de fase". Na próxima vez que o primeiro agrupamento de células for provocado por ouvir passos, a criança prevê a chegada do pai ou mãe.

Essa é uma explicação clara e biológica da associação e do aprendizado. Ela se exprime mais comumente sob a forma de reforço das vias neurais: quanto mais dois (ou mais) neurônios são ligados por disparos consecutivos, mais forte fica o vínculo entre eles e mais provável que o disparo de um leve ao disparo do outro. Como os neurônios envolvidos num agrupamento ou sequência de fase podem estar distribuídos pelo córtex, a memória consegue suportar danos limitados ao córtex, explicando o resultado de Lashley com seus ratos.

O caso de H. M.

Em 1953, um paciente chamado Henry Molaison (conhecido como H. M.) sofreu uma cirurgia para a epilepsia intratável. O cirurgião removeu as partes do cérebro que identificara como causa da epilepsia: os lobos temporais mediais. Depois da operação, H. M. sofreu grave deficiência de memória. Em 1957, seu estado foi descrito por Brenda Miller, que tinha experiência anterior com um paciente semelhante após a remoção do hipocampo. H. M. não conseguia formar novas lembranças, aprender novo vocabulário nem recordar coisas que fizera de um dia para o outro. Não conseguia recordar lembranças formadas nos três anos anteriores à operação. Mas não mostrava perda intelectual nem percepção degradada. O processo de consolidação — enraizar firmemente uma lembrança — envolve mover essa lembrança de uma parte a outra do cérebro. A conclusão tirada do caso de H. M. foi que o aspecto medial do lobo temporal é fundamental para a memória. Sua infeliz experiência deu início ao moderno trabalho cognitivo e neurológico com a memória.

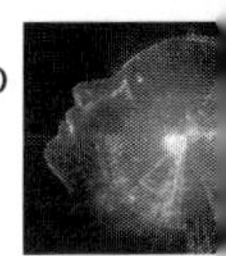

"Se as entradas de um sistema causam a ocorrência repetitiva do mesmo padrão de atividade, o conjunto de elementos ativos que constitui o padrão se interassociará de maneira cada vez mais forte. Isto é, cada elemento tenderá a ligar cada um dos outros elementos e [...] a desligar os elementos que não fazem parte do padrão. Em outras palavras, o padrão como um todo se tornará 'autoassociado'. Podemos chamar de engrama um padrão aprendido (autoassociado)."

Donald Hebb, 1949

Na verdade, algo ainda mais complexo surgiu do caso de H. M. Embora sua memória declarativa estivesse gravemente prejudicada, ele era capaz de formar memória não declarativa. Podia adquirir novas habilidades motoras, mas não era capaz de dizer que as aprendera; sabia *como* fazer alguma coisa, mas não *que* sabia fazer. Isso, então, indicou que a memória não declarativa não se forma no hipocampo. Além disso, ele conseguia manter a atenção por muito tempo e reter informações por um período curto, indicando que a memória de trabalho ou de curto prazo não se localiza no lobo temporal medial. Como conseguia recordar lembranças formadas muito antes da cirurgia, era claro que a memória de longo prazo não se localizava na área que fora removida. Supunha-se que o armazenamento de longo prazo ocorre no neocórtex. Finalmente, a função intelectual e perceptual inalterada demonstrava que ela não se baseia no lobo temporal medial.

O caso de H. M. levou à distinção biológica entre memória declarativa e não declarativa. Ficou claro que a "memória não declarativa" não é, na verdade, um tipo de memória, mas um termo abrangente para tudo que não seja suscetível de recordação consciente e deliberada. Foi especificamente a memória declarativa que H. M. perdeu. A memória não declarativa inclui todos os hábitos e preferências acumulados que fazem de nós quem somos como indivíduos; portanto, o caráter de H. M. permaneceu intacto.

O fato de H. M. recordar lembranças pessoais mais distantes — aquelas formadas três ou mais anos antes da cirurgia — indica que o papel dos lobos

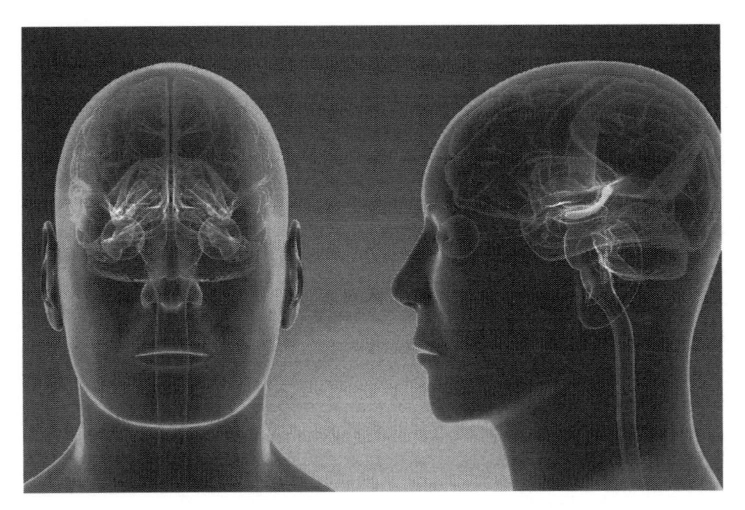

O hipocampo fica profundamente dentro do cérebro, no lobo temporal medial de cada lado.

temporais mediais na retenção da memória se reduz com o tempo. A pesquisa com outros pacientes e animais confirmou essa conclusão. Um estudo com camundongos, publicado em 2005, constatou que a atividade no hipocampo se reduzia aos poucos depois do aprendizado, mas a atividade em várias regiões do córtex aumentava, indicando que o fardo do processamento e do armazenamento do novo aprendizado passava do hipocampo para outras áreas.

A teoria atual postula que algumas lembranças são armazenadas na área originalmente responsável por receber e processar as informações sensoriais, de modo que as lembranças visuais ficariam armazenadas na área do cérebro responsável por processar informações visuais. Isso parece se confirmar com a experiência de um pintor descrita pelo psicólogo Oliver Sacks em 1995. Um acidente o deixou cego às cores, provavelmente por lesionar a parte do cérebro envolvida em sua percepção; além de incapaz de ver as coisas em cores, ele também ficou incapaz de recordar ou visualizar cores. Um estudo alemão com EEG relatou, em 2016, que as mesmas áreas do cérebro são ativadas quando se codifica uma lembrança e, depois, quando ela é recuperada, indicando também que algumas lembranças são armazenadas onde a percepção se formou.

Testes com outros indivíduos com formas específicas e diferentes de amnésia e lesões diversas mostram que determinadas categorias de informação se perdem, indicando que o modo como as informações são armazenadas no cérebro (e o local do armazenamento) depende de muitos aspectos da informação, como se os objetos são definidos por seu uso ou suas características.

A conclusão de mais de cinquenta anos de estudo que começaram com H. M. é que o lobo temporal medial, especificamente o hipocampo e a região imediatamente em torno dele, está envolvido no processamento e na consolidação das informações da memória de trabalho para armazenamento de longo prazo como memória declarativa. A armazenagem de longo prazo se distribui pelo neocórtex, com elementos de uma memória composta sendo armazenados (e depois recuperados) nas áreas originalmente envolvidas em sua percepção. O papel do hipocampo na consolidação da memória em seus locais apropriados pode levar anos — daí a lacuna de três anos antes da cirurgia na memória de H. M.

Vias neurais

Como vimos, Hebb sugeriu que as conexões entre os neurônios do cérebro é que são fundamentais para o aprendizado e a memória. Ramón y Cajal também concluiu que, no cérebro adulto, as células

> *"Suponhamos que a persistência ou repetição de uma atividade reverberatória (ou "marca") tenda a induzir mudanças celulares duradouras que aumentem sua estabilidade.[...] Quando um axônio da célula A estiver perto da célula B o suficiente para excitá-la e, de forma repetida ou persistente, tome parte em dispará-la, algum processo de crescimento ou mudança metabólica ocorre numa célula ou em ambas, de modo que a eficiência de A, como uma das células que dispara B, aumenta."*
>
> Donald Hebb, 1949

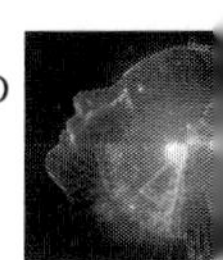

A colorida lesma marinha do gênero Aplysia fez carreira como animal-modelo da neurociência.

nervosas perderam a capacidade de se dividir e se reproduzir, de modo que a plasticidade cerebral deve se basear na criação de ramos para formar e fortalecer as redes entre as células.

Continuava a questão de como isso funciona no nível celular e molecular. Como se efetuam as mudanças dos neurônios?Os mesmos tipos de mudança estarão envolvidos na memória de curto e longo prazos, na memória declarativa e não declarativa?Era preciso um organismo-modelo para a pesquisa; a criatura de sorte escolhida foi a aplísia ou lebre-do-mar.

Lesmas com memória

A aplísia é um tipo grande de lesma marinha. Tem ação reflexa e afasta suas guelras e mecanismo de sifão em reação a um estímulo potencialmente ameaçador. Ela é muito útil como organismo de teste por ter um número pequeno de neurônios grandes e facilmente visíveis, e cada um dos comportamentos pode ser ligado a pequenos grupos de cerca de cem neurônios. É possível criar lembranças em aplísias e depois investigar os neurônios para descobrir quais mudaram e localizar a memória formada.

O neurocientista de origem austríaca Eric Kandel, trabalhando com aplísias nas décadas de 1960 e 1970, demonstrou que o aprendizado não se realiza com a construção de novas conexões entre neurônios, mas com o fortalecimento das vias que já existem. Isso se efetua reforçando as conexões sinápticas entre os neurônios. Kandel estudou três tipos de reação de aprendizado em aplísias:

- Habituação — o animal se acostuma com um estímulo, e sua reação diminui
- Desabituação — um novo estímulo faz a reação voltar a ocorrer
- Sensibilização — o animal é sensibilizado por um estímulo, e a reação se fortalece (fica mais acentuada)

Como funciona

Quando a aplísia recebe um estímulo sensibilizante (como um leve choque elétrico), o nervo sensorial estimulado libera o neurotransmissor serotonina,que modula a força da conexão entre o neurônio sensorial e o neurônio motor. Antes que o animal aprenda o estímulo, um potencial de ação no neurônio sensorial produz um pequeno potencial no neurônio motor. Mas, depois que o animal foi sensibilizado, o potencial de ação no neurônio sensorial produz um potencial maior no neurônio motor. Isso aumenta a probabilidade de que cada neurônio motor conectado seja ativado e produza uma

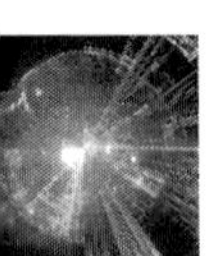

reação maior (contração maior do músculo). Logo, a mesma ativação do nervo sensorial produz um resultado maior; o animal se sensibilizou. Isso acontece porque a conexão entre os neurônios sensorial e motor se fortaleceu.

Formar uma lembrança de curto prazo envolve modular os canais da membrana do neurônio pelos quais passam as substâncias químicas. As mudanças bioquímicas resultantes são de curto prazo. O mesmo tipo de mecanismo bioquímico está envolvido em toda a memória de curto prazo, inclusive nossa própria lembrança de coisas que queremos recordar por alguns minutos. Se você decorar um número telefônico apenas pelo tempo suficiente para usá-lo, por exemplo, ele fica armazenado na memória de curto prazo, usando os mesmos sistemas bioquímicos que a aplísia usa para "lembrar" que acabou de ser cutucada, ainda que, no caso da aplísia, a memória não seja consciente, mas reflexa.

O resultado dos estudos com aplísias e outros organismos simples revelou, na década de 1970, que a memória não declarativa não precisa de nenhum neurônio ou órgão especial dentro do cérebro e é armazenada nos mesmos neurônios que fazem parte da via reflexa. Tipos diferentes de aprendizado ou memória podem ser armazenados, e o aprendizado ou memória pode se distribuir pela via.

> *"Um requisito para estudar a modificação comportamental é a análise do diagrama de fiação por trás do comportamento. Realmente descobrimos que, quando se conhece o diagrama, a análise de sua modificação fica muito simplificada."*
>
> Eric Kandel, 1970

Exploração da memória de longo prazo

A memória de longo prazo é um mecanismo muito diferente. Em vez das mudanças químicas transitórias dentro de um neurônio que produzem a memória de curto prazo, a de longo prazo envolve mudanças na estrutura dos neurônios. É a chamada potenciação de longa duração (PLD).

A PLD foi observada pela primeira vez no hipocampo de um coelho, em 1966. Em Oslo, na Noruega, Terje Lomo descobriu que, se provocasse uma série de estímulos de alta frequência num neurônio pré-sináptico e, depois, um estímulo de pulso único, o efeito no neurônio pós-sináptico durava muito mais do que se provocasse apenas o pulso único. O neurônio pós-sináptico fora potenciado pela série rápida de estímulos.

Ainda não se sabe exatamente como a PLD funciona. Os neurônios são capazes de formar (e perder) processos novos chamados espinhas dendríticas, consideradas envolvidas no armazenamento da memória e na formação de conexões entre neurônios. Cada dendrito pode ter milhares de espinhas. Os achados de Kandel com a aplísia indicam que a neuroplasticidade não chega a formar conexões inteiramente novas, mas fortalece ou reduz os vínculos existentes entre os neurônios. Ele descobriu que a "fiação" nervosa básica já está instalada e é herdada; o impacto da experiência forja vias preferenciais a partir da estrutura básica (ou permite que as vias sejam erodidas).

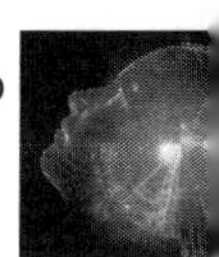

Camundongos superespertos

A formação de espinhas dendríticas envolve o uso de proteínas e a alteração da expressão genética. Estão envolvidos pelo menos 25 genes, com um número correspondente de proteínas, e os neurocientistas ainda exploram essa área.

O mecanismo básico veio à luz em 1996, com o trabalho do pesquisador cerebral chinês Joe Tsien, da Universidade Princeton. Tsien usou técnicas de engenharia genética para criar um camundongo transgênico que tinha receptores extras de NMDA (N-metil-D-aspartato) e, como esperado, descobriu que o camundongo era mais inteligente do que o normal. Tsien já constatara que limitar a expressão do gene que controla a produção de NMDA resultava em camundongos mais burros.

O camundongo superesperto, apelidado de Doogie, aprendia mais depressa e recordava informações por mais tempo do que os camundongos de controle. Essa foi a primeira confirmação molecular da teoria de Hebb. Ela também traz esperança de tratamento para dificuldades de memória em pacientes humanos. Mas, em 2001, os pes-

FAZER E DESFAZER LEMBRANÇAS

Em 2014, pesquisadores da Universidade da Califórnia que trabalhavam com ratos conseguiram remover e fortalecer lembranças. Eles usaram uma técnica chamada optogenética, que acrescenta aos neurônios um gene sensível à luz e depois os ativa lançando sobre eles uma luz forte. A experiência permitiu a primeira prova da teoria de que a potenciação de longa duração está na base da memória. Os pesquisadores conseguiram fortalecer a memória do rato reforçando a conexão entre os neurônios e erradicá-la enfraquecendo a conexão. Conseguiram até reinstituir a memória mais tarde voltando a fortalecer a conexão. Essa estratégia poderá ser usada algum dia para ajudar quem sofre de transtorno do estresse pós-traumático (removendo ou reduzindo as lembranças) ou de doenças que envolvam perda de memória, como a de Alzheimer.

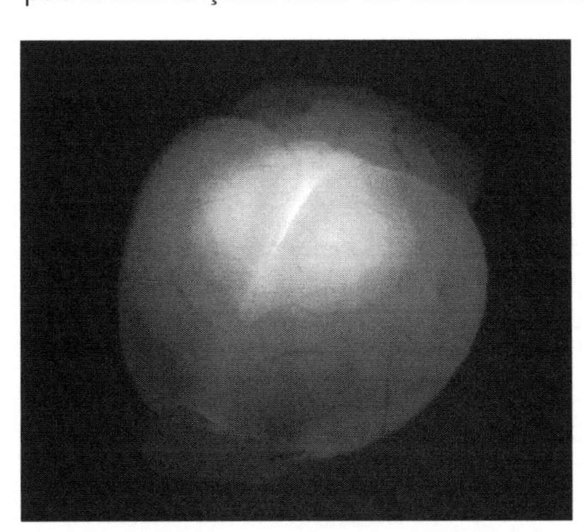

Um LED em miniatura incorporado ao cérebro de um camundongo dá aos pesquisadores um meio de disparar neurônios de forma menos invasiva do que usando uma sonda convencional.

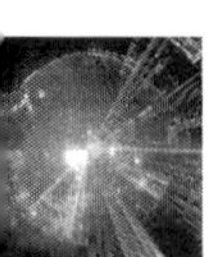

quisadores descobriram que os camundongos Doogie são mais suscetíveis à dor crônica. Qualquer tratamento para deficiência de memória que use o NMDA terá de levar em conta essa vulnerabilidade, e qualquer tentativa de limitar o NMDA para controlar a dor terá de levar em conta as possíveis interações com a memória. A neurociência é cheia dessas complicações.

De volta ao hipocampo

O caso de H. M. revelou que o hipocampo está envolvido na formação, embora não no armazenamento, da memória de longo prazo. Também é essencial no raciocínio espacial e na orientação. Já se descobriu que as "células de lugar" do hipocampo ajudam os camundongos a identificar locais e saber onde estão. Elas foram identificadas em 1971. Quando colocado num novo ambiente, o animal tem de fazer um "mapa" novo no hipocampo para entender e recordar locais. Um estudo importante com motoristas de táxi londrinos demonstrou que o hipocampo também é importante na memória espacial e na orientação dos seres humanos.

"Eu estava com aquele neurônio na traseira do táxi..."

Um estudo de 2000 constatou que os motoristas de táxi de Londres têm o hipocampo maior do que os integrantes de um grupo de controle. Outros estudos com aprendizes de taxistas mostraram que, conforme os motoristas vão adquirindo o "Conhecimento" (a memória detalhada das ruas de Londres), o volume de substância cinzenta no hipocampo posterior intermediário cresce, e o volume do hipocampo anterior diminui. A comparação com os motoristas de ônibus (submetidos

Os taxistas de Londres têm de aprender a se orientar pelas ruas da cidade — uma façanha formidável da memória.

Nossas experiências se combinam para construir nosso caráter. Em geral, um padrão de experiências felizes e seguras ajuda a construir um indivíduo confiante; traumas e infortúnios afetam negativamente o caráter.

a rotinas e ambientes diários semelhantes, mas com rotas predeterminadas) mostra que a mudança está diretamente relacionada ao aprendizado e armazenamento de informações espaciais complexas. O hipocampo é uma das poucas áreas do cérebro capazes de criar não só novas conexões neurais como neurônios inteiramente novos na idade adulta. Os taxistas não tiveram desempenho tão bom em tarefas de memória e aprendizado visual, sugerindo que pagam um preço ao adquirir seu conhecimento especializado.

Verificou-se que o hipocampo também é importante na recordação, pelo menos na memória episódica. Quando alguém se lembra de um evento da vida, como uma viagem em família, o hipocampo reúne muitos aspectos da cena, como sons, imagens e cheiros, armazenados em diversas partes do córtex.

Quem você pensa que é?

A maioria das pessoas tem a noção natural de que sua identidade é produzida pela mente e, embora possa se localizar no cérebro, não é exatamente a mesma coisa que o cérebro. A neurociência sugere que talvez não seja assim e que a mente e o cérebro são a mesma coisa; nossa personalidade seria inteiramente forjada pelas conexões entre os neurônios do cérebro.

Uma das coisas que a memória faz é construir a personalidade. Todos somos construídos com base nas experiências anteriores e em seus efeitos conscientes e subconscientes, com base no que aprendemos e nas consequências de ações passadas. A personalidade configura nossas escolhas e ações — e ainda assim gostamos de sentir que temos liberdade de escolha no que fazemos. Até que ponto o caráter é determinado pela fisiologia neu-

Phineas Gage, fotografado em 1848 depois do terrível acidente.

ral é alvo de debate. A menos que aceitemos algum tipo de alma metafísica que influencia nossos pensamentos e ações, temos de decidir que somos inteiramente determinados pela estrutura material do cérebro e pelo padrão de conexões neurais construído pela experiência e determinado pela genética.

Os frenologistas Gall e Spurzheim estavam convencidos de que a personalidade é determinada pelo tamanho físico de diversos órgãos ligados a características ou qualidades do caráter, como benevolência e curiosidade. Mais ou menos na mesma época em que a frenologia fazia sucesso, um acidente nas ferrovias americanas permitiu uma nova noção das partes do cérebro envolvidas na construção da personalidade.

Uma explosão no passado

Um dos casos mais famosos da neurologia é o do ferroviário americano Phineas Gage. Ele estava encarregado de instalar explosivos para destruir rochas na construção de ferrovias. Em 1848, num triste acidente, uma ferramenta de ferro parecida com um pé de cabra foi lançada contra sua cabeça, entrou abaixo do olho esquerdo e saiu pelo alto do crânio, levando consigo parte do cérebro e do osso. Contra todas as probabilidades, ele sobreviveu, mas não sem alguns efeitos prejudiciais. Além da cicatriz e da perda de um olho, Gage sofreu mudanças mentais. Passou da pessoa gregária e alegre descrita pelo médico John Harlow a "instável, irreverente, grosseiramente profano, com pouca deferência pelos colegas" e "caprichoso e vacilante". Embora em 1850 Henry Bigelow, professor de Cirurgia da Universidade Harvard, dissesse que Gage "recuperara bastante bem as faculdades do corpo e da mente", em 1868 Harlow escreveu que sua personalidade mudara de maneira tão radical que seus amigos e conhecidos disseram que ele "não era mais o mesmo". Gage morreu em 1860, depois de uma série de ataques epiléticos. É difícil avaliar agora quanto seu caráter mudou; certamente ele perdeu o emprego na ferrovia, mas trabalhou como cocheiro de diligência durante um período considerável. Pesquisadores modernos sugerem que a rotina e a previ-

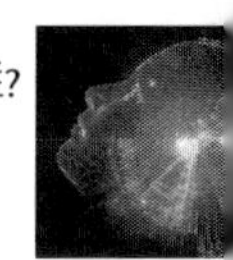

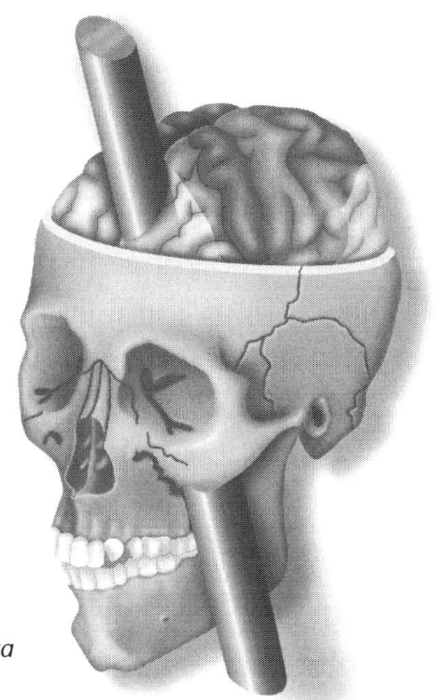

O caminho da barra de ferro pela cabeça de Gage, danificando o lobo frontal.

sibilidade de seu trabalho ajudavam Gage a aguentar a vida.

O acidente de Gage forneceu alguns dos primeiros indícios de que o córtex frontal está envolvido na personalidade. Em 1878, Gage foi usado como caso de apoio pelo neurologista escocês David Ferrier ao publicar seu trabalho com primatas. Ferrier descobriu que as lesões no córtex frontal não afetavam a capacidade física dos animais, mas produziam "uma alteração bem definida do caráter e do comportamento".

Os pesquisadores continuam a trabalhar com o crânio de Gage. Em 2012, Jack Van Horn, no campus de Los Angeles da Universidade da Califórnia, produziu um modelo digital do caminho da vara de ferro pelo cérebro que indicava que até 4% do córtex cerebral e mais de 10% do total de substância branca podem ter sido destruídos. Além disso, Gage perdeu conexões entre o córtex frontal esquerdo e outras áreas dos córtices frontais, as estruturas límbicas. A perda dessas conexões dentro do cérebro pode ter sido mais importante do que a lesão propriamente dita do córtex frontal esquerdo para explicar a mudança de comportamento.

A volta da frenologia?

Antes do desenvolvimento da imagiologia cerebral, não era possível identificar a correlação entre a estrutura cerebral e a personalidade senão pelo estudo dos efeitos de lesões ou danos. Mas hoje, usando o EEG e a ressonância funcional, é possível ver que partes do cérebro disparam quando alguém age ou reage de determinada maneira. Por exemplo, os pesquisadores podem mostrar a alguém uma imagem angustiante e observar quais áreas do cérebro ficam imediatamente ativas. Essas partes podem estar relacionadas com a angústia emocional — ou não. Infelizmente,

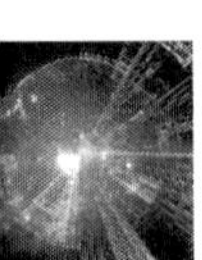

o cérebro não tem etiquetas, e é igualmente possível que a atividade corresponda ao desejo de se afastar do estímulo ou a outra coisa muito diferente. São necessários muitos testes e muita referência cruzada para encontrar algumas designações com que os neurocientistas concordem, e muitos estudos com ressonância funcional usam amostras pequenas.

No final do século XX e começo do XXI, um grande número de estudos com ressonância funcional afirmou encontrar áreas do cérebro comprovadamente relacionadas à atividade emocional, como empatia ou angústia social, e com traços da personalidade. No entanto, não se sabe se mais atividade cerebral significa uma tendência ou reação mais forte. Em alguns casos, o contrário é verdadeiro, e especialistas numa tarefa usam menos poder cerebral para cumpri-la do que os novatos, que têm de se esforçar e se concentrar. Em 2008, críticas lançaram dúvidas sobre a validade de muitos estudos da personalidade, das emoções e da cognição social usando a ressonância magnética funcional.

Como você se sente?

Entender as áreas mostradas pelos exames de ressonância funcional é importantíssimo para que os exames tragam informações significativas. Em 2013, um estudo feito em Pittsburgh, nos EUA, examinou o cérebro de atores profissionais que ensaiaram uma série de emoções; depois, todas essas imagens foram carregadas num computador para que a máquina "aprendesse" os padrões cerebrais associadas a elas. Para verificar que os padrões não eram diferentes porque os atores simulavam as emoções, eles os compararam com experiências genuínas das mesmas emoções. Então, o sistema de aprendizado do computador conseguiu identificar, com exatidão razoável, as mesmas emoções num novo participante, indicando que, em determinadas emoções, há padrões de atividade cerebral passíveis de generalização. Ser capaz de ler as emoções de um participante de pesquisa evita a pouca confiabilidade da autodescrição. O estudo revelou áreas muito distribuídas pelo cérebro envolvidas em reações emocionais.

As técnicas de imagiologia como a ressonância magnética funcional estão longe de ser capazes de revelar o tipo de composição do caráter que os frenologistas afirmavam conseguir. Elas revelam a atividade atual, não padrões de comportamento ou pensamento. Podemos ser capazes de observar os padrões de ativação cerebral de alguém que sente gentileza por outra pessoa em determinado momento, mas não podemos ver se há predisposição à gentileza. Por enquanto, ler a personalidade está além do horizonte.

Arbítrio

Fundamental para nossa noção de eu é a crença de que controlamos nossos pensamentos e ações. Mas pode parecer que o conceito de livre arbítrio ficará comprometido se concedermos demasiada influência à genética ou aos impactos ambientais (natureza ou criação) no desenvolvimento do caráter. Isso parece ainda mais verdadeiro quando consideramos a codificação neurológica dessas influências. Se a massa de conexões nervosas do cérebro, formada por uma mistura de DNA e memória, determina nossos pensamentos e ações, quan-

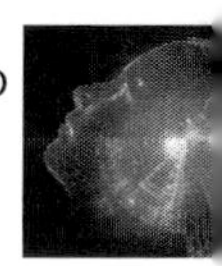

UM SALMÃO MORTO PODE LER EMOÇÕES HUMANAS?

A interpretação das ressonâncias magnéticas funcionais envolve o uso de programas de computador, que têm de ser ajustados com tolerâncias que equilibremos "ruídos" (sinais sem sentido), erradicados com dados genuínos que faltem. Craig Bennett, pesquisador em neurociência, mostrou em 2009 o perigo de errar nesse ajuste quando pôs um salmão morto numa máquina de ressonância, o expôs a imagens de seres humanos exibindo emoções diferentes e lhe pediu que identificasse as emoções. Os dados crus do aparelho mostraram pixels alaranjados, identificando atividade, em áreas do cérebro do salmão que sugeriam que ele realmente pensava ou reagia às imagens. A conclusão de Bennett não foi que salmões mortos conseguem perceber emoções, mas que o uso descuidado dos dados das ressonâncias funcionais podem gerar resultados pouco confiáveis.

to livre arbítrio realmente temos?Alguns estudos sobre tomada de decisões tentam responder a essa pergunta.

A experiência de Libet

Em 1983, o neurofisiologista americano Benjamin Libet realizou uma experiência para determinar o tempo decorrido entre o momento em que o cérebro de alguém mostra que uma decisão foi tomada e o momento em que a pessoa toma consciência da decisão. O participante tinha de escolher um momento aleatório para mover o pulso, observando a posição de um ponto num relógio quando fizessem a escolha. O participante ficava ligado a um EEG para medir a atividade cerebral o tempo todo.

A experiência aproveitava o potencial de prontidão, acúmulo de sinais elétricos antes que uma ação física ocorra. Em 1965, Libet descobriu que a mudança do potencial de prontidão, costumava acontecer cerca de meio segundo antes de o participante ter consciência de que formara a intenção de se mexer. A conclusão de Libet foi que a decisão inconsciente é tomada antes que tenhamos consciência dela; assim, acreditamos tomar uma decisão consciente, mas na verdade só tomamos

A sensação de livre arbítrio dá significado à vida. Se acreditarmos que todas as nossas ações são predestinadas pela biologia (ou por alguma divindade), precisamos buscar em outra parte a sensação de propósito, valor e agência.

consciência da decisão já que foi tomada de forma inconsciente.

Em geral, outros estudos reforçam o achado de que a consciência vem algum tempo, medido em segundos ou frações de segundo, depois da atividade cerebral, o que indica que algum tipo de passo decisivo rumo à ação já se iniciou. Uma versão revista da experiência de Libet, realizada em 2008, removeu a necessidade de o participante avisar quando teve (ou notou) a intenção de se mexer, sendo essa informação também lida diretamente no cérebro. O resultado foi que, às vezes, o participante só tomava consciência da decisão depois que começava a se mexer, sugerindo que notar o movimento era interpretado como tomar a decisão.

Em 2011, o neurologista americano Itzhak Fried investigou a tomada de decisões no nível do acompanhamento individual dos neurônios enquanto disparavam. Ele encontrou um retardo de até dois segundos entre o disparo de um neurônio e o participante tomar consciência de sua decisão.

A conclusão óbvia de que o livre arbítrio é uma ilusão pode simplesmente mostrar que atribuímos importância demasiada à consciência em nossas ações cotidianas. A questão pode ser tanto de semântica quanto de filosofia. O que queremos dizer com "livre arbítrio" e a definição de sua relação com a consciência podem ser tão importantes quanto os próprios indícios experimentais. O filósofo canadense Daniel Dennett disse que o tipo de livre arbítrio que essas experiências negariam é um tipo que não vale a pena ter.

Libet ressaltou que a vontade consciente ainda pode vetar a decisão no últi-

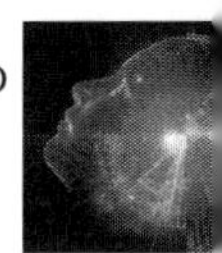

mo momento, e o meio segundo registrado como ida da escolha à consciência pode ser apenas um estágio de preparo que poderia ser abandonado.

Agir com base em escolhas

A partir da década de 1970, os neurocientistas tiveram técnicas para estudar a atividade de neurônios isolados. A partir do trabalho com macacos, Edward Evarts e Vernon Mountcastle conseguiram mostrar correlações entre processos cognitivos como percepção e tomada de decisões e os padrões de disparo individual dos neurônios. Tornou-se possível traçar a via neural exata desdeo estímulo até o processamento e o comportamento.

Agora, as técnicas de um só neurônio podem ser aplicadas ao cérebro humano. Elas podem mapear atividades cerebrais em vias neurais típicas de algumas doenças neurológicas (como a de Parkinson) e, de forma mais drástica, em interfaces

PODEMOS LER SEUS PENSAMENTOS?

Faz tempo que a leitura de mentes é um tópico popular na ficção científica, e parece que a ressonância funcional seria o caminho para que isso acontecesse na realidade. Na segunda década do século XXI, vários estudos de acompanhamento da atividade neural do cérebro conseguiram reconstruir palavras a partir de informações auditivas cerebrais, aproximar sinais visuais e controlar objetos ou elementos no computador aproveitando o disparo de neurônios, e parece provável que a ressonância funcional poderia constituir um mecanismo detector de mentiras, mas isso ainda não aconteceu. Há muitas consequências éticas a levar em conta antes de usar a tecnologia para ler o cérebro dos outros, mas também há aplicações clínicas claras, como ajudar pacientes incapazes de se comunicar, como os que estão em estado vegetativo permanente.

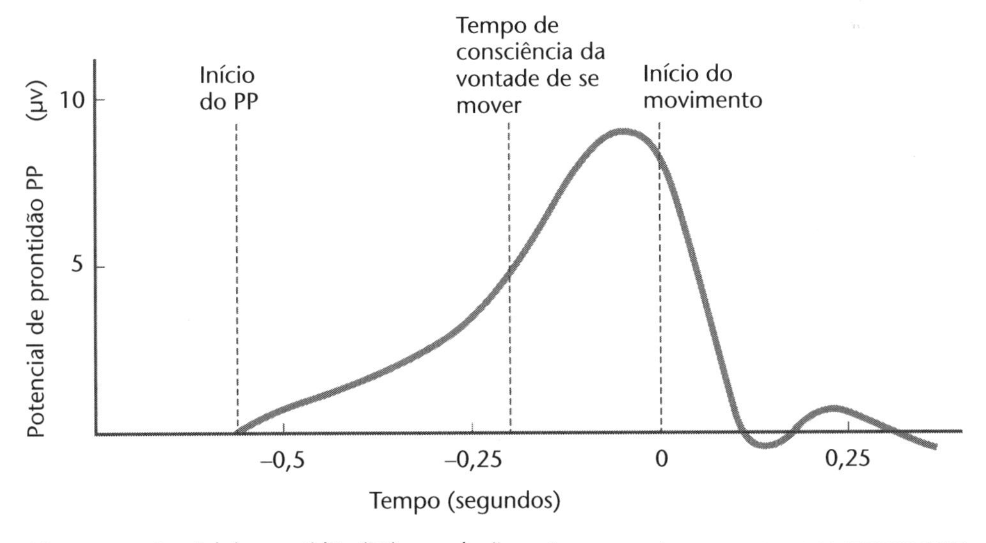

Mapear o potencial de prontidão (PP) em relação ao tempo mostra que o corpo se prepara para a ação antes que o indivíduo decida agir conscientemente.

Um estudo japonês de 2015 descobriu que o computador poderia prever, com base em exames de imagem do cérebro, qual a opção das pessoas que jogam pedra, papel, tesoura antes que elas se movessem.

cérebro-máquina. Estas usam eletrodos no cérebro para captar os sinais elétricos associados ao disparo de um neurônio e passá-los a um computador. Em última análise, a meta é captar a intenção de se mover e passá-la para uma prótese, permitindo que pacientes com paralisia ou perda de membros se comuniquem e se movam. A tecnologia ainda não é suficientemente boa, mas o conceito está estabelecido; escolhas feitas no cérebro (conscientes ou não) podem ser interpretadas e transmitidas a um aparelho computadorizado que as implemente.

Tem alguém aí?

Ficou famosa a frase de Descartes:"Penso, logo existo. "Ele partia do pressuposto da existência de um "eu", que provavelmente chamaríamos de consciência. Mas a consciência em si é difícil de definir.

Em 1995, o filósofo e cientista cognitivo australiano David Chalmers definiu o que chamava de "difícil problema da consciência". Os problemas mais fáceis da consciência ele identificou como aqueles que podemos abordar de forma plausível usando mecanismos neurais ou computadorizados. Entre esses, ele listou características como o foco da atenção, a diferença entre sono e vigília e o controle deliberado do comportamento. Ainda não foram totalmente explicados, mas os neurocientistas e os cientistas cognitivos têm maneiras de abordá-los empiricamente.

Mas o problema "difícil" da consciência resiste a essas e outras abordagens. Ao tentar definir consciência, ele disse:"um organismo é consciente quando há algo que é como ser aquele organismo, e um estado mental é consciente quando há

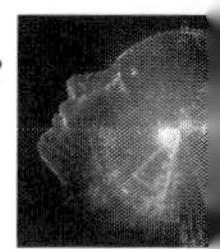

algo como estar naquele estado". Com a própria natureza da consciência, ficamos num impasse. A consciência é aquilo que produz experiência a partir da matéria bruta que a mente tem para trabalhar. Um cão, um gato ou uma minhoca podem ver o que vemos, mas desconfiamos que não vivenciam os fenômenos da mesma maneira que nós. Até indivíduos humanos podem não vivenciar os mesmos fenômenos da mesma maneira. Nas palavras de Chalmers:

"Essa [...] é a questão-chave do problema da consciência. Por que todo esse processamento de informações não acontece 'no escuro', livre de qualquer sentimento interno?Por que, quando ondulações eletromagnéticas se impingem numa retina e são discriminadas e categorizadaspor um sistema visual, essa discriminação e categorização são vivenciadas como uma sensação de vermelho-vivo?Sabemos que a experiência consciente surge quando essas funções são realizadas, mas o próprio fato de que surja é o mistério central. Há uma lacuna explicativa[. . .]entre as funções e a experiência, e precisamos de uma ponte explicativa para atravessá-la. "

Alma não existe?

O problema difícil da consciência parece puxar as rédeas da neurociência: tudo o mais parece suscetível de um tipo ou outro de explicação fisicalista, mesmo que, para seu detalhamento, dependa de coisas ainda não totalmente explicadas, mas a consciência não pode ser explicada desse modo. Estamos de volta a Descartes, olhando o abismo intransponível entre corpo e alma, remoldado em vestes do século XXI. A diferença é que não compartilhamos necessariamente da confiança de Descartes de que haja um espírito.

A questão que nos resta não é abordada pela neurociência: se a mente, se toda a atividade cognitiva, é inteiramente produzida pela ação dos neurônios ou se há algo mais — semelhante a uma alma, talvez — separado das atividades físicas e químicas do cérebro. Há neurocientistas que acreditam que existe uma alma, outros que não.

Tocar uma peça complexa não exige a percepção consciente de cada nota; alguns atos escolhidos livremente não se baseiam no envolvimento consciente contínuo.

NO FUTURO

O desenvolvimento da neurociência causou impacto sobre disciplinas tão variadas quanto filosofia, informática, direito e linguística e causará ainda mais.

Inteligência, artificial ou não

Atualmente, a inteligência artificial é bem pouco inteligente. Uma abordagem que usa redes neurais artificiais pretende mudar isso. Ela tenta imitar o modo como o cérebro humano reforça ou enfraquece as conexões neurais no processo de aprendizado. A rede neural artificial tem uma coleção de unidades neurais e "aprende" com a exposição a muitos exemplos ou situações, forjando suas próprias conexões. Atualmente, as redes neurais artificiais mais avançadas têm apenas alguns milhões de unidades neurais e milhões de conexões — mais ou menos o potencial cognitivo de uma minhoca não muito inteligente. Por sua vez, o cérebro humano tem cerca de 84 bilhões de neurônios, alguns com milhares de conexões. Há muito caminho a percorrer. Ironicamente, os neurocientistas usam sistemas de inteligência artificial para identificar padrões de atividade neural que correspondam a estímulos ou reações específicos.

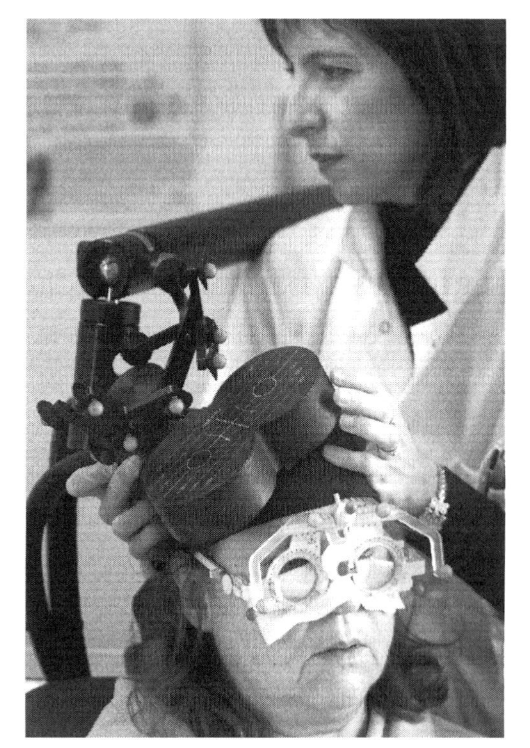

A estimulação magnética transcraniana usa campos magnéticos para provocar correntes elétricas no cérebro e começou recentemente a ser usada para tratar depressão e transtornos alimentares.

Controle do cérebro, para o bem e para o mal

Como em muitas áreas do desenvolvimento científico, há ameaças e possíveis benefícios no que a neurociência promete nos trazer nos próximos anos. Medir ou controlar a atividade cerebral pode ajudar pessoas com deficiência a controlar o ambiente ou falar, por exemplo. Mas o exame da atividade cerebral pode ser usado para saber se alguém mente, para ler ou talvez até mudar seus pensamentos. Em 2008, na Índia, uma mulher foi condenada pelo assassinato do ex-noivo depois que indícios do EEG mostraram que ela conhecia detalhes do crime. Saber como provocar sensações pode ser usado para criar prazer ou dor sem correlação física. É necessário que filósofos éticos e especialistas em direito trabalhem juntamente com os neurocientistas.

Mas, realmente, onde está você?

A neurociência se preocupa com as ocorrências físicas e químicas do sistema nervoso. Atualmente, ela não pode responder perguntas como por que uma pessoa é mais compassiva ou musical do que outra, como uma ideia ou inspiração criativa brota na mente, por que sentimos as coisas do jeito que sentimos ou o que nos faz escolher um rumo de ação a longo prazo em vez de outro. O fantasma na máquina, se existir, continua tão fugidio como sempre foi. E, se ele não existir, talvez o milagre seja ainda maior.

SENHAS PENSADAS

Se você tem dificuldade de lembrar suas senhas, talvez goste da possiblidade de usar pensamentos. Um EEG que identifique exclusivamente suas ondas cerebrais poderá, algum dia, substituir outros métodos de segurança. Em 2013, na Califórnia, um trabalho com essa tecnologia obteve exatidão de mais de 99%.

"Como menos de um quilo e meio de massa gelatinosa que dá para segurar na palma da mão consegue imaginar anjos, contemplar o significado do infinito e até questionar seu próprio lugar no cosmo?"

V. S. Ramachandran,
neurocientista, 2011

Ainda não sabemos de onde vem o impulso de criar arte nem como a criatividade e a inspiração surgem e se traduzem em movimentos físicos.

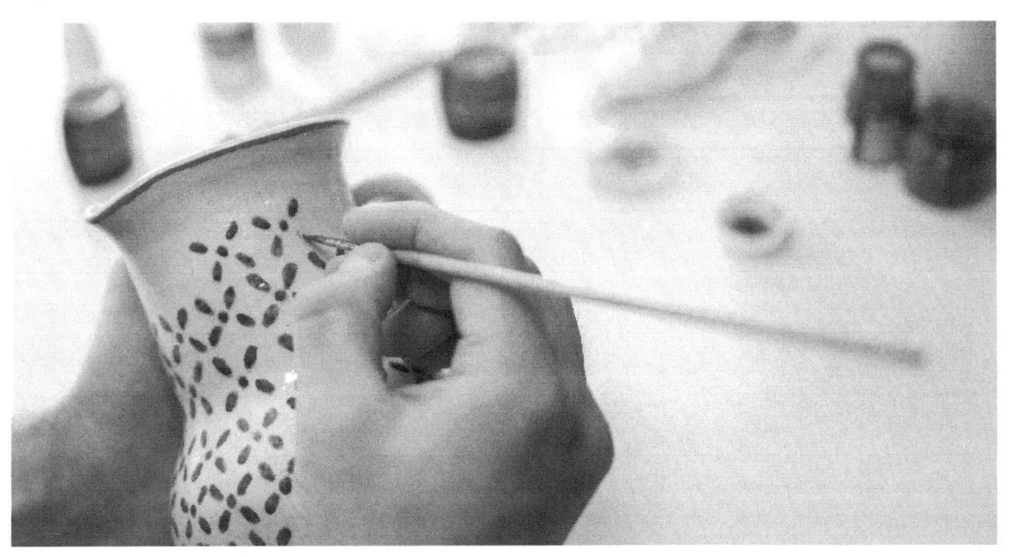

Índice Remissivo

Crédito das fotos

Alamy Stock Photo: 23 (Mary Evans Picture Library), 96 (Granger Historical Picture Archive), 117, 138-9, 174 (alto)

Bridgeman Images: 48, 116, 154-5

Diomedia: 103 (Natural History Museum, Londres, Reino Unido), 118

Getty Images: 14 (UIG), 21 (Bettmann), 24 (Science & Society Picture Library/Science Museum Pictorial), 30, 64, 77, 78, 90-91 (ALP), 95 (à dir.), 106 (The Asahi Shimbun), 153 (UIG), 162, 165 (Bettmann), 166, 170 (SSPL/Science Museum), 172 (ullstein bild), 184 (UIG), 195 (UIG)

123RF:25 (kmiragaya)

Laboratory of Neuroimaging and Martinos Center for Biomedical Imaging, Consortium of the Human Connectome Project: 111

Science & Society Picture Library: 42-3 (Science Museum Pictorial), 191

Science Photo Library: 10, 46, 95 (à esq.), 97, 122, 146, 164 (National Library of Medicine), 177, 194 (Science Source), 202

Shutterstock: 6, 8-9, 12, 17, 22, 32, 34, 44, 61, 62, 65, 70, 99, 101, 105, 107 (embaixo), 110, 112-13, 120, 121, 124 (embaixo), 125, 128, 129, 135 (×2), 137, 140, 141, 143, 144, 145, 147, 151, 167, 168-9, 174 (embaixo), 175, 176, 178-9, 180, 181, 182, 186, 187, 189, 192, 193, 197, 198, 200, 201, 203

Wellcome Library, Londres: 13, 16 (×2), 26, 28-9, 35, 37, 38, 39, 40, 49, 50, 51, 52, 53, 54, 55, 56, 57, 58, 60, 68-9, 72, 73, 76, 79, 81, 82, 83, 85, 86, 87, 92, 93, 94, 108, 115, 119, 124 (alto), 126, 127, 130, 133, 148, 149 (alto), 156, 157, 158, 159, 160, 161, 171, 183

Ilustrações de David Woodroffe: 7, 18, 107 (alto), 199